U0165106

国家出版基金资助项目

现代数学中的著名定理纵横谈丛书

丛书主编　王梓坤

PELL EQUATION IN DIOPHANTINE EQUATION THEORY

Diophantine方程理论中的Pell方程

刘培杰数学工作室　编

哈尔滨工业大学出版社

HARBIN INSTITUTE OF TECHNOLOGY PRESS

内 容 简 介

本书详细介绍了佩尔方程的历史与现状、佩尔方程的解法、若干特殊佩尔方程的解法研究及佩尔方程的公解.

本书适合大学师生、佩尔方程研究人员及数学爱好者参考阅读.

图书在版编目(CIP)数据

Diophantine 方程理论中的 Pell 方程/刘培杰数学工作室编. —哈尔滨:哈尔滨工业大学出版社,2024.3
(现代数学中的著名定理纵横谈丛书)
ISBN 978－7－5603－9076－5

Ⅰ.①D… Ⅱ.①刘… Ⅲ.①丢番图方程－研究 Ⅳ.①O156.7

中国版本图书馆 CIP 数据核字(2020)第 181590 号

DIOPHANTINE FANGCHENG LILUN
ZHONG DE PELL FANGCHENG

策划编辑 刘培杰 张永芹
责任编辑 刘春雷
封面设计 孙茵艾
出版发行 哈尔滨工业大学出版社
社　　址 哈尔滨市南岗区复华四道街 10 号　邮编 150006
传　　真 0451－86414749
网　　址 http://hitpress.hit.edu.cn
印　　刷 辽宁新华印务有限公司
开　　本 787 mm×960 mm　1/16　印张 24.5　字数 260 千字
版　　次 2024 年 3 月第 1 版　2024 年 3 月第 1 次印刷
书　　号 ISBN 978－7－5603－9076－5
定　　价 88.00 元

(如因印装质量问题影响阅读,我社负责调换)

读书的乐趣

你最喜爱什么——书籍.

你经常去哪里——书店.

你最大的乐趣是什么——读书.

这是友人提出的问题和我的回答. 真的,我这一辈子算是和书籍,特别是好书结下了不解之缘. 有人说,读书要费那么大的劲,又发不了财,读它做什么? 我却至今不悔,不仅不悔,反而情趣越来越浓. 想当年,我也曾爱打球,也曾爱下棋,对操琴也有兴趣,还登台伴奏过. 但后来却都一一断交,"终身不复鼓琴". 那原因便是怕花费时间,玩物丧志,误了我的大事——求学. 这当然过激了一些. 剩下来唯有读书一事,自幼至今,无日少废,谓之书痴也可,谓之书橱也可,管它呢,人各有志,不可相强. 我的一生大志,便是教书,而当教师,不多读书是不行的.

读好书是一种乐趣,一种情操;一种向全世界古往今来的伟人和名人求教的方法，一种和他们展开讨论的方式；一封出席各种活动、体验各种生活、结识各种人物的邀请信；一张迈进科学官殿和未知世界的入场券；一股改造自己、丰富自己的强大力量.书籍是全人类有史以来共同创造的财富，是永不枯竭的智慧的源泉.失意时读书，可以使人重整旗鼓；得意时读书，可以使人头脑清醒；疑难时读书，可以得到解答或启示；年轻人读书，可明奋进之道；年老人读书，能知健神之理.浩浩乎！洋洋乎！如临大海，或波涛汹涌，或清风微拂，取之不尽，用之不竭.吾于读书，无疑义矣，三日不读，则头脑麻木，心摇摇无主.

潜能需要激发

我和书籍结缘，开始于一次非常偶然的机会.大概是八九岁吧，家里穷得揭不开锅，我每天从早到晚都要去田园里帮工.一天，偶然从旧木柜阴湿的角落里，找到一本蜡光纸的小书，自然很破了.屋内光线暗淡，又是黄昏时分，只好拿到大门外去看.封面已经脱落，扉页上写的是《薛仁贵征东》.管它呢，且往下看.第一回的标题已忘记，只是那首开卷诗不知为什么至今仍记忆犹新：

日出遥遥一点红，飘飘四海影无踪.

三岁孩童千两价，保主跨海去征东.

第一句指山东，二、三两句分别点出薛仁贵(雪、人贵).那时识字很少，半看半猜，居然引起了我极大的兴趣，同时也教我认识了许多生字.这是我有生以来独立看的第一本书.尝到甜头以后，我便千方百计去找书，向小朋友借，到亲友家找，居然断断续续看了《薛丁山征西》《彭公案》《二度梅》等，樊梨花便成了我心

2

中的女英雄.我真入迷了.从此,放牛也罢,车水也罢,我总要带一本书,还练出了边走田间小路边读书的本领,读得津津有味,不知人间别有他事.

当我们安静下来回想往事时,往往会发现一些偶然的小事却影响了自己的一生.如果不是找到那本《薛仁贵征东》,我的好学心也许激发不起来.我这一生,也许会走另一条路.人的潜能,好比一座汽油库,星星之火,可以使它雷声隆隆、光照天地;但若少了这粒火星,它便会成为一潭死水,永归沉寂.

抄,总抄得起

好不容易上了中学,做完功课还有点时间,便常光顾图书馆.好书借了实在舍不得还,但买不到也买不起,便下决心动手抄书.抄,总抄得起.我抄过林语堂写的《高级英文法》,抄过英文的《英文典大全》,还抄过《孙子兵法》,这本书实在爱得狠了,竟一口气抄了两份.人们虽知抄书之苦,未知抄书之益,抄完毫末俱见,一览无余,胜读十遍.

始于精于一,返于精于博

关于康有为的教学法,他的弟子梁启超说:"康先生之教,专标专精、涉猎二条,无专精则不能成,无涉猎则不能通也."可见康有为强烈要求学生把专精和广博(即"涉猎")相结合.

在先后次序上,我认为要从精于一开始.首先应集中精力学好专业,并在专业的科研中做出成绩,然后逐步扩大领域,力求多方面的精.年轻时,我曾精读杜布(J. L. Doob)的《随机过程论》,哈尔莫斯(P. R. Halmos)的《测度论》等世界数学名著,使我终身受益.简言之,即"始于精于一,返于精于博".正如中国革命一样,必须先有一块根据地,站稳后再开创几块,最后连成一片.

丰富我文采,澡雪我精神

辛苦了一周,人相当疲劳了,每到星期六,我便到旧书店走走,这已成为生活中的一部分,多年如此.一次,偶然看到一套《纲鉴易知录》,编者之一便是选编《古文观止》的吴楚材.这部书提纲挈领地讲中国历史,上自盘古氏,直到明末,记事简明,文字古雅,又富于故事性,便把这部书从头到尾读了一遍.从此启发了我读史书的兴趣.

我爱读中国的古典小说,例如《三国演义》和《东周列国志》.我常对人说,这两部书简直是世界上政治阴谋诡计大全.即以近年来极时髦的人质问题(伊朗人质、劫机人质等),这些书中早就有了,秦始皇的父亲便是受害者,堪称"人质之父".

《庄子》超尘绝俗,不屑于名利.其中"秋水""解牛"诸篇,诚绝唱也.《论语》束身严谨,勇于面世,"己所不欲,勿施于人",有长者之风.司马迁的《报任少卿书》,读之我心两伤,既伤少卿,又伤司马;我不知道少卿是否收到这封信,希望有人做点研究.我也爱读鲁迅的杂文,果戈理、梅里美的小说.我非常敬重文天祥、秋瑾的人品,常记他们的诗句:"人生自古谁无死,留取丹心照汗青""休言女子非英物,夜夜龙泉壁上鸣".唐诗、宋词、《西厢记》《牡丹亭》,丰富我文采,澡雪我精神,其中精粹,实是人间神品.

读了邓拓的《燕山夜话》,既叹服其广博,也使我动了写《科学发现纵横谈》的心.不料这本小册子竟给我招来了上千封鼓励信.以后人们便写出了许许多多的"纵横谈".

　　从学生时代起,我就喜读方法论方面的论著.我想,做什么事情都要讲究方法,追求效率、效果和效益,方法好能事半而功倍.我很留心一些著名科学家、文学家写的心得体会和经验.我曾惊讶为什么巴尔扎克在51年短短的一生中能写出上百本书,并从他的传记中去寻找答案.文史哲和科学的海洋无边无际,先哲们的明智之光沐浴着人们的心灵,我衷心感谢他们的恩惠.

读书的另一面

　　以上我谈了读书的好处,现在要回过头来说说事情的另一面.

　　读书要选择.世上有各种各样的书:有的不值一看,有的只值看20分钟,有的可看5年,有的可保存一辈子,有的将永远不朽.即使是不朽的超级名著,由于我们的精力与时间有限,也必须加以选择.决不要看坏书,对一般书,要学会速读.

　　读书要多思考.应该想想,作者说得对吗? 完全吗? 适合今天的情况吗? 从书本中迅速获得效果的好办法是有的放矢地读书,带着问题去读,或偏重某一方面去读.这时我们的思维处于主动寻找的地位,就像猎人追找猎物一样主动,很快就能找到答案,或者发现书中的问题.

　　有的书浏览即止,有的要读出声来,有的要心头记住,有的要笔头记录.对重要的专业书或名著,要勤做笔记,"不动笔墨不读书".动脑加动手,手脑并用,既可加深理解,又可避忘备查,特别是自己的灵感,更要及时抓住.清代章学诚在《文史通义》中说:"札记之功必不可少,如不札记,则无穷妙绪如雨珠落大海矣."

许多大事业、大作品,都是长期积累和短期突击相结合的产物.涓涓不息,将成江河;无此涓涓,何来江河?

爱好读书是许多伟人的共同特性,不仅学者专家如此,一些大政治家、大军事家也如此.曹操、康熙、拿破仑、毛泽东都是手不释卷,嗜书如命的人.他们的巨大成就与毕生刻苦自学密切相关.

王梓坤

1

2

3

4

5

第 一 编

佩尔方程及其解法

从几道奥数试题谈起

§1 引言 —— 从两道韩国和越南奥数试题的解法谈起

韩国和越南虽然在经济体量上是小国,但在数学上却不可小视.下面举两道奥数试题为例.

试题 1 设 n 为正整数.证明:存在无穷多个三元整数组 (x,y,z),使得 $nx^2 + y^3 = z^4$,且 $(x,y)=(y,z)=(z,x)=1$.

(2012 年第 25 届韩国数学奥林匹克决赛)

证明 将原方程改写为

$$y^3 = z^4 - nx^2 = (z^2 - \sqrt{n}x)(z^2 + \sqrt{n}x) \tag{1}$$

设 $y = s^2 - nt^2, (n,t)=1$,则

$$y^3 = (s^3 - 3\sqrt{n}s^2 t + 3nst^2 - n\sqrt{n}t^3) \cdot$$
$$(s^3 + 3\sqrt{n}s^2 t + 3nst^2 + n\sqrt{n}t^3) =$$
$$(z^2 - \sqrt{n}x)(z^2 + \sqrt{n}x)$$

于是,对于任意的 x,z 有

$$z^2 = s^3 + 3nst^2 \tag{2}$$

$$x = 3s^2 t + nt^3 \tag{3}$$

且满足方程(1).

若 $3n$ 不为完全平方数,设 $s=1$,则方程(2)为佩尔(Pell) 方程

$$z^2 - 3nt^2 = 1 \tag{4}$$

由于佩尔方程有无穷多组解,且若设 (z_1, t_1) 为一组最小的正整数解,则第 k 组正整数解 (z_k, t_k) 满足

$$z_k + \sqrt{3n} t_k = (z_1 + \sqrt{3n} t_1)^k \tag{5}$$

接下来证明:有无穷多组 (z_k, t_k) 满足 $x_k = 3t_k + nt_k^3$,$y_k = 1 - nt_k^2, z_k = \sqrt{1 + 3nt_k^2}$,且 x_k, y_k, z_k 两两互素.

事实上

$$(x_k, z_k) \mid (x_k, z_k^2) = (t_k(3 + nt_k^2), 1 + 3nt_k^2) =$$
$$(3 + nt_k^2, 1 + 3nt_k^2) =$$
$$(3 + nt_k^2, -8)$$

其中,第二个等号用到了 $(t_k, 1 + 3nt_k^2) = 1$.

$$(y_k, z_k) \mid (y_k, z_k^2) = (1 - nt_k^2, 1 + 3nt_k^2) =$$
$$(1 - nt_k^2, 4)$$
$$(x_k, y_k) = (3t_k + nt_k^3, 1 - nt_k^2) =$$
$$(4t_k, 1 - nt_k^2) =$$
$$(4, 1 - nt_k^2)$$

其中,第二个式子第三个等号用到了 $(t_k, 1 - nt_k^2) = 1$.

若 n 为偶数,或 t_k 为偶数,则 $(x_k, y_k) = (y_k, z_k) = (z_k, x_k) = 1$.

在方程(5)中,易知当 k 为偶数时,t_k 为偶数,且这样的 (z_k, t_k) 有无穷多个.

若 $3n = m^2 (m \in \mathbf{Z}^*)$,设 $s = u^2, z = uv$,则方程(2)

4

化为
$$u^4 = v^2 - 3nt^2 = (v-mt)(v+mt) \qquad (6)$$

于是,对于每个正整数 k,知 $u_k = 2mk+1$, $v_k = \dfrac{u_k^4+1}{2}$, $t_k = \dfrac{u_k^4-1}{2m}$ 满足方程(6),且 u_k 为奇数,t_k 为偶数.

由
$$(u_k, nt_k) \mid (u_k, 2 \times 3nt_k) =$$
$$(u_k, 2m^2 t_k) =$$
$$(u_k, mu_k^4 - m) =$$
$$(u_k, m) = 1$$

得 $(u_k, nt_k) = 1$,且
$$(t_k, v_k) = (t_k, mt_k + 1) = 1$$

因为 $x_k = 3u_k^4 t_k + nt_k^3$, $y_k = u_k^4 - nt_k^2$, $z_k = u_k v_k = u_k(mt_k + 1)$ 满足方程(1),所以只需证明
$$(x_k, y_k) = (y_k, z_k) = (z_k, x_k) = 1$$

事实上,由于 u_k 为奇数,t_k 为偶数,因此
$$(x_k, y_k) = (3u_k^4 t_k + nt_k^3, u_k^4 - nt_k^2) =$$
$$(4u_k^4 t_k, u_k^4 - nt_k^2) =$$
$$(4, u_k^4 - nt_k^2) = 1$$

其中,第三个等号用到了 $(u_k^4, u_k^4 - nt_k^2) = (t_k, u_k^4 - nt_k^2) = 1$.
$$(y_k, z_k) = (u_k^4 - nt_k^2, u_k v_k) =$$
$$(u_k^4 - nt_k^2, v_k) \mid (u_k^4 - nt_k^2, v_k^2) =$$
$$(u_k^4 - nt_k^2, u_k^4 + 3nt_k^2) =$$
$$(u_k^4 - nt_k^2, 4nt_k^2) =$$
$$(u_k^4 - nt_k^2, 4) = 1$$

其中,倒数第二个等号用到了 $(u_k^4 - nt_k^2, nt_k^2) = 1$.

5

$$(x_k,z_k)=(3u_k^4t_k+nt_k^3,u_kv_k)=$$
$$(3u_k^4+nt_k^2,u_kv_k)=$$
$$(3u_k^4+nt_k^2,v_k)\mid(3u_k^4+nt_k^2,v_k^2)=$$
$$(3u_k^4+nt_k^2,u_k^4+3nt_k^2)=$$
$$(-8nt_k^2,u_k^4+3nt_k^2)=$$
$$(8,u_k^4+3nt_k^2)=1$$

其中,倒数第二个等号用到了 $(nt_k^2,u_k^4+3nt_k^2)=1$.

于是,$(x_k,y_k)=(y_k,z_k)=(z_k,x_k)=1$.

综上,有无穷多个三元整数组 (x_k,y_k,z_k) 满足方程(1),且

$$(x_k,y_k)=(y_k,z_k)=(z_k,x_k)=1$$

近年来,越南改革力度之大受世界瞩目. 但在这之前吴宝珠获菲尔兹奖更令亚洲国家震惊,越南深厚的数学教育传统更值得尊敬. 我们也引一例.

试题 2 设 a,b 为正整数,且不为完全平方数. 证明:方程 $ax^2-by^2=1$ 和 $ax^2-by^2=-1$ 中最多有一个方程有正整数解.

(2009 年越南国家队选拔考试)

证明 先证明一个引理.

引理 若方程

$$Ax^2-By^2=1 \tag{7}$$

存在正整数解(A,B 均为非完全平方数),设其最小的一组正整数解为 (x_0,y_0),则佩尔方程 $x^2-ABy^2=1$ 有正整数解,设其最小的一组解为 (a_0,b_0),则 (a_0,b_0) 满足方程

$$\begin{cases}a_0=Ax_0^2+By_0^2\\b_0=2x_0y_0\end{cases}$$

证明 因为 (x_0,y_0) 为 $Ax^2-By^2=1$ 的一组解,

6

所以 $Ax_0^2 - By_0^2 = 1.$

令 $u = Ax_0^2 + By_0^2, v = 2x_0y_0$, 则

$$u^2 - ABv^2 = (Ax_0^2 + By_0^2)^2 - AB(2x_0y_0)^2 =$$
$$(Ax_0^2 - By_0^2)^2 = 1$$

故 (u,v) 为 $x^2 - ABy^2 = 1$ 的根.

又 (a_0, b_0) 为 $x^2 - ABy^2 = 1$ 的最小解, 若 $(u,v) \neq (a_0, b_0)$, 则 $u > a_0, v > b_0.$

一方面

$$a_0 - \sqrt{AB}b_0 < (a_0 - \sqrt{AB}b_0)(a_0 + \sqrt{AB}b_0) =$$
$$a_0^2 - ABb_0^2 = 1 \Rightarrow$$
$$(a_0 - \sqrt{AB}b_0)(\sqrt{A}x_0 + \sqrt{B}y_0) <$$
$$\sqrt{A}x_0 + \sqrt{B}y_0 \Rightarrow$$
$$(a_0x_0 - Bb_0y_0)\sqrt{A} +$$
$$(a_0y_0 - Ab_0x_0)\sqrt{B} <$$
$$\sqrt{A}x_0 + \sqrt{B}y_0$$

另一方面

$$a_0 + \sqrt{AB}b_0 < u + \sqrt{AB}v = (\sqrt{A}x_0 + \sqrt{B}y_0)^2 \Rightarrow$$
$$(a_0x_0 - Bb_0y_0)\sqrt{A} - (a_0y_0 - Ab_0x_0)\sqrt{B} =$$
$$(a_0 + \sqrt{AB}b_0)(\sqrt{A}x_0 - \sqrt{B}y_0) <$$
$$(\sqrt{A}x_0 + \sqrt{B}y_0)^2(\sqrt{A}x_0 - \sqrt{B}y_0) =$$
$$\sqrt{A}x_0 + \sqrt{B}y_0$$

令 $s = a_0x_0 - Bb_0y_0, t = a_0y_0 - Ab_0x_0$, 则上述两不等式可改写为

$$\sqrt{A}s + \sqrt{B}t < \sqrt{A}x_0 + \sqrt{B}y_0 \qquad (8)$$

$$\sqrt{A}s - \sqrt{B}t < \sqrt{A}x_0 + \sqrt{B}y_0 \qquad (9)$$

故

$$As^2 - Bt^2 = A(a_0 x_0 - Bb_0 y_0)^2 - B(a_0 y_0 - Ab_0 x_0)^2 =$$
$$(a_0^2 - ABb_0^2)(Ax_0^2 - By_0^2) = 1$$

注意到

$$s > 0 \Leftrightarrow a_0 x_0 > Bb_0 y_0 \Leftrightarrow a_0^2 x_0^2 > B^2 b_0^2 y_0^2 \Leftrightarrow$$
$$a_0^2 x_0^2 > Bb_0^2 (Ax_0^2 - 1) \Leftrightarrow$$
$$(a_0^2 - ABb_0^2) x_0^2 > -Bb_0^2 \Leftrightarrow$$
$$x_0^2 > -Bb_0^2$$

最后一式显然成立,故 $s > 0$.

由

$$t = 0 \Leftrightarrow a_0 y_0 = Ab_0 x_0 \Leftrightarrow a_0^2 y_0^2 = A^2 b_0^2 x_0^2 \Leftrightarrow$$
$$(ABb_0^2 + 1) y_0^2 = Ab_0^2 (By_0^2 + 1) \Leftrightarrow$$
$$y_0^2 = Ab_0^2$$

因为 A 为非完全平方数,所以 $t \neq 0$.

若 $t > 0$,则 (s, t) 为 $Ax^2 - By^2 = 1$ 的解. 而由 (x_0, y_0) 为最小解,有 $s \geqslant x_0, t \geqslant y_0$,与不等式(8)矛盾.

若 $t < 0$,则 $(s, -t)$ 为 $Ax^2 - By^2 = 1$ 的解.

而 $s \geqslant x_0, -t \geqslant y_0$,与不等式(9)矛盾.

综上,$u = a_0, v = b_0$.

回到原题.

假设题设方程 $ax^2 - by^2 = 1$ 和 $by^2 - ax^2 = 1$ 同时有解.

设 (m, n) 为方程 $x^2 - aby^2 = 1$ 的最小解,(x_1, y_1) 为方程 $ax^2 - by^2 = 1$ 的最小解,(x_2, y_2) 为方程 $bx^2 - ay^2 = 1$ 的最小解,则应用引理,有

$$\begin{cases} m = ax_1^2 + by_1^2 \\ n = 2x_1 y_1 \end{cases}$$

或

8

$$\begin{cases} m = bx_2^2 + ay_2^2 \\ n = 2x_2 y_2 \end{cases}$$

又由 $ax_1^2 = by_1^2 + 1, ay_2^2 = bx_2^2 - 1$，即得

$$ax_1^2 + by_1^2 = bx_2^2 + ay_2^2 \Leftrightarrow$$

$$2by_1^2 + 1 = 2bx_2^2 - 1 \Leftrightarrow$$

$$b(x_2^2 - y_1^2) = 1$$

由于 $b > 1$，显然矛盾.

§2　不定方程

　　不定方程是指解的范围为整数、正整数、有理数或代数整数等的方程或方程组. 一般来说，其未知数的个数多于方程的个数. 为纪念曾研究过若干不定方程问题的古希腊数学家丢番图（Diophantus），不定方程又被称为丢番图方程. 不定方程是数论最古老的分支之一，一些不定方程问题（如勾股数问题）在各文明古国的早期文化中就有所反映，由于不定方程与数学的其他分支如代数群论、代数几何学、组合数学等都有着密切的关系，在有限群论和最优设计中也常提出不定方程问题，因而这个古老的分支一直受到数学界的重视，是现代数论的重要研究方向之一.

　　最简单的不定方程问题是一次不定方程. 公元1世纪成书的中国数学名著《九章算术》中的"五家共井"问题，就是一次不定方程组问题. 公元5世纪成书的中国另一部数学名著《张丘建算经》中的"百鸡问题"则是一个著名的求正整数解的一次不定方程组问题. 一次不定方程组一般是化为一次不定方程求解

的. $s(s \geqslant 2)$ 元一次不定方程

$$a_1 x_1 + a_2 x_2 + \cdots + a_s x_s = n$$

中 $a_i(i = 1,2,\cdots,s),n$ 都 是 给 定 的 整 数，且 $a_1 a_2 \cdots a_s \neq 0$.

对于 $s=2$ 的情形,在 17 世纪就得到了深入的研究. 当 $a_1 > 0, a_2 > 0, (a_1,a_2) = 1$ 时,二元一次不定方程的非负整数解问题是在 19 世纪时由英国数学家西尔维斯特(Sylvester)解决的,他证明了:当 $n > a_1 a_2 - a_1 - a_2$ 时,二元一次不定方程有非负整数解,而在 $n = a_1 a_2 - a_1 - a_2$ 时没有非负整数解. 多元不定方程的非负整数解的求解算法则是近几十年的工作.

满足不定方程

$$x^2 + y^2 = z^2 \qquad (1)$$

的正整数,叫作勾股数,也称商高数或毕达哥拉斯(Pythagoras)数. 中国古代,公元前 11 世纪的商高已给出方程(1)的一组正整数解 $x=3, y=4, z=5$,因此后人把方程(1)的解称为商高数,《九章算术》中给出了一系列勾股数. 古巴比伦人和古印度人也给出了一些勾股数. 古希腊数学家毕达哥拉斯也给出方程(1)的一些正整数解,所以西方称之为毕达哥拉斯数.

最早得出完善的一般勾股数公式的是中国古代的刘徽,是他在注解《九章算术》勾股章的"二人同立"题时得到的. 原题:"今有二人同所立,甲行率七,乙行率三. 乙东行,甲南行十步而斜东北与乙会. 问甲、乙行各几何? 答曰:乙东行一十步半,甲斜行一十四步半及之." 刘徽注解:"此以南行为勾,东行为股,斜行为弦,并勾弦率七. 欲引者,当以股率自乘为幂,如并而一,所得为勾弦差率. 加并之半为弦率,以差率减,

10

余为勾率. 如是或有分, 当通而约之乃定. "这里就包含了得到勾股数的一般的也就是具有充要性的公式. 这一点得到了国际学界的公认.

最迟至 16 世纪, 西方也得出方程 (1) 的一般解. 如果 $(x,y)=d$, 由式 (1) 可得 $d \mid z$, 因而可设 $(x,y)=1$, 此外, x 和 y 必有一奇一偶. 不定方程 (1) 满足 $(x,y)=1, z \mid x$ 的全部正整数解可表为 $x=2ab, y=a^2-b^2$, $z=a^2+b^2$, 式中 a,b 为满足 $a>b>0, (a,b)=1, 2 \nmid (a+b)$ 的任何整数.

费马 (Fermat) 曾提出了在数论史上非常重要的三个定理:

(1) 每一个形如 $4k+1$ 的素数 p 可唯一地表成两个正整数的平方和, 即
$$p=x^2+y^2, 0<x<y$$

(2) 每一个正整数能够表成四个整数的平方和;

(3) 不定方程
$$x^4+y^4=z^4, (x,y)=1 \tag{2}$$
没有 $xy \neq 0$ 的整数解.

费马说他能证出定理 (1), 但未发表证明. 第一个完全的证明是欧拉 (Euler) 在 1749 年给出的, 1773 年和 1783 年他又给出两个新证法. 近代, 人们进一步求出了具体的表示式 (构造性解). 现也未发现费马关于定理 (2) 的证明, 它的第一个证明是拉格朗日 (Lagrange) 于 1772 年给出的, 1773 年欧拉给出一个更简单的证明. 这一定理后来在组合数学中得到应用. 费马给出了定理 (3) 的证明, 在证明中他创造性地应用了无穷递降法, 这个方法至今仍十分有用.

关于勾股数, 有这样一个猜想: 设 a,b,c 是勾股

数,x,y,z 是正整数,且满足 $a^x+b^y=c^z$,那么 $x=y=z=2$. 对于这个猜想,许多人进行过研究,但至今仍未彻底解决.

最简单的二次不定方程是佩尔方程

$$x^2-Dy^2=N, N=\pm1,\pm4 \tag{3}$$

式中 $D>0$ 不是平方数. 一般先考虑 $N=1$ 的情况,即不定方程

$$x^2-Dy^2=1 \tag{4}$$

佩尔是 17 世纪英国人,他并没有研究(3)或(4)型的方程,由于欧拉弄错了才冠以佩尔的名字 —— 实际上是另一位英国数学家布隆克尔(W. Brouncker)研究了这类方程并求出一个解. 不过数学界试图纠正欧拉用错的术语的努力终归无效,于是也就承认了佩尔方程的说法. 1766 年前后,拉格朗日首先证明了方程(4)有 $y\neq0$ 的整数解. 求佩尔方程最小解的上界,是一个重要的数论问题. 设 $\varepsilon=\dfrac{u+v\sqrt{D}}{2}, D\equiv0$ 或 $1\pmod 4$ 是方程(3)在 $N=4$ 时的最小解,1918 年,F. 舒尔(F. Schur)证明了 $\log\varepsilon<\sqrt{D}\log D$. 1942 年,华罗庚证明了 $\log\varepsilon<\sqrt{D}\left(\dfrac{1}{2}\log D+1\right)$. 1964 年,王元证明了对任意 $\delta>0$,皆有常数 $C=C(\delta)$,使当 $D>C(\delta)$ 时有 $\log\varepsilon<\left(\dfrac{1}{4}+\delta\right)\sqrt{D}\log D$. 佩尔方程在数学中有许多应用,例如一般的二元二次方程如果有解,都可以归结为佩尔方程的求解问题.

一般的二元二次不定方程

$$ax^2+bxy+cy^2+dx+ey+f=0 \tag{5}$$

式中 a,b,c,d,e,f 都是整数. 高斯(Gauss)曾证明,当

12

$D=b^2-4ac>0$，D 不是一个平方数，且 $\Delta=4acf+bde-ae^2-cd^2-fb^2\neq 0$ 时，若方程(5)有一组整数解，则这个方程有无穷多组整数解. 不定方程(5)可变换为方程

$$x^2-Dy^2=\pm N \tag{6}$$

不妨设其中整数 $D>0$ 且不是平方数，N 为正整数. 1944 年，T. 内格尔(T. Nagle)用初等方法，完全解决了方程(6)的求解问题. 形如

$$ax^2+by^2=cz^2 \tag{7}$$

式中 $a>0$，$b>0$，$c>0$，且两两互素，都无平方因子，是一类重要的二次不定方程. 1785 年，勒让德(Legendre)证明，方程(7)有一组不全为零且 $(x,y,z)=1$ 的解 x,y,z 的充要条件是 bc，ac，$-ab$ 分别是 a，b，c 的二次剩余. 1950 年，L. 霍尔泽(L. Holzer)用代数数论方法证明了方程(7)的非零解满足 $|x|<\sqrt{bc}$，$|y|<\sqrt{ca}$，$|z|<\sqrt{ab}$. 1969 年，莫德尔(Model)给出上述结果的一个简单的初等证明. 方程(7)在组合数学中很有用. 此外，著名的阿基米德(Archimedes)群牛问题也是通过佩尔方程求解的. 求解佩尔方程数值解的算法研究也是计算数学的一个重要而常说常新的问题，例如涉及一种量子算法.

　　设 k 为整数，不定方程

$$y^2=x^3+k \tag{8}$$

叫作莫德尔方程. 人们对它的研究亦有数百年的历史了. 费马曾宣布他证明了不定方程 $y^2=x^3-2$ 仅有整数解 $x=3$. 但始终未找到他的证明. 直到 1875 年，佩尔才证明了该结果，还证出 $y^2=x^3-1$ 仅有整数解 $x=1$. 1912 年，莫德尔证明了方程(8)的一些新结果，1918 年进而证明了方程(8)仅有有限组整数解,并由此提出了著名的莫德尔猜想. T. 内格尔于 1930 年证明了 $k=17$ 时方程(8)有 8 组解;1963 年,W. 琼格伦 (Ljunggren) 解决了 $k=-7$, $k=-15$ 两种情形;1968 年,贝克(Beck)证明了方程(8)的整数解满足

$$\max\{\mid x \mid, \mid y \mid\} < \exp(10^{10} \mid k \mid^{10^4})$$

1909 年,A. 图埃(A. Touré)证明了如果 $f(z) = a_n z^n + a_{n-1} z^{n-1} + \cdots + a_1 z + a_0 (n \geqslant 3)$ 是有理数域上的不可约的整系数多项式,那么不定方程

$$H(x,y) = a_n x^n + a_{n-1} x^{n-1} y + \cdots +$$
$$a_1 x y^{n-1} + a_0 y^n = c \qquad (9)$$

仅有有限多组整数解,式中 c 是给定的非零整数. 1921 年,西格尔(Siegel)改进了他的结果;1958 年,罗特 (Rotler)给出了一个最佳结果;1968年,贝克给出了方程(9)的解的一个可计算的上界,这一工作和其他数论研究方面的成果,使贝克荣获 1970 年度菲尔兹奖.

1637 年,费马指出,当 $n > 2$ 时,不定方程

$$x^n + y^n = z^n$$

没有满足 $xyz \neq 0$ 的整数解. 这就是著名的费马大定理,对它的研究持续了 300 多年,1995 年才最终得到解决,从中还发展出许多方法、理论及整个分支学科. 这一问题被誉为数学中的"下金蛋的母鸡".

当前,不定方程研究中比较成熟的方法是处理两个变元的方程. 三个及以上变元的高次不定方程还比较难以处理.

一道 USAMO 试题

§1　利用佩尔方程解一道 USAMO 试题

第二章

1986 年举行的美国数学奥林匹克竞赛(USAMO)中有如下试题:

试题 1　求使前 $n(n>1)$ 个自然数的平方的平均数是一个整数的平方的最小正整数 n.

如下解法是基于奇偶性的讨论以及按模分类进行的.

解　设

$$\frac{1^2+2^2+\cdots+n^2}{n}=m^2 \quad (m\in \mathbf{N})$$

$$\Rightarrow \frac{1}{6}(n+1)(2n+1)=m^2$$

$$\Rightarrow (n+1)(2n+1)=6m^2$$

因为 $6m^2$ 为偶数, $2n+1$ 是奇数, 所以 $n+1$ 是偶数, 从而 n 是奇数.

将 n 按模 6 分类, 设 $n = 6p \pm 1$ 或 $n = 6p + 3$.

(1) 当 $n = 6p + 3$ 时
$$6m^2 = (6p+4)(12p+7) =$$
$$72p^2 + 90p + 28$$

由于 $6 \mid 72, 6 \mid 90, 6 \nmid 28$, 故此时无解.

(2) 当 $n = 6p - 1$ 时
$$6m^2 = 6p(12p-1)$$

因为 $(p, 12p-1) = 1$, 故欲使上式成立, p 和 $12p-1$ 必须均为完全平方数. 设 $p = s^2, 12p - 1 = t^2$, 于是有 $t^2 = 12s^2 - 1$. 因为完全平方数只能为 $4k$ 或 $4k+1$ 型, 所以 $12s^2 - 1 = 4(3s^2) - 1$ 不是完全平方数. 故此时无解.

(3) 当 $n = 6p + 1$ 时
$$6m^2 = (6p+2)(12p+3)$$
$$\Rightarrow m^2 = (3p+1)(4p+1)$$

由于 $(3p+1, 4p+1) = 1$, 所以 $3p+1$ 与 $4p+1$ 必同时为完全平方数. 设 $3p+1 = u^2, 4p+1 = v^2 \Rightarrow 4u^2 - 3v^2 = 1$. 显然 $u = v = 1$ 是其中的一组解, 此时 $p = 0, n = 1$, 这与 $n > 1$ 矛盾. 对 $u = 2, 3, 4, \cdots, 11, 12$ 逐一检验, v 均不是整数. 当 $u = 13$ 时, 解得 $v = 15$, 此时 $p = 56$, $m = 195, n = 337$. 因此所求的最小正整数 n 为 337.

这里有一个问题: 求出 n 是逐一试验得到的, 那么假若再要求一个 n 的话, 会使试验的次数大大增加. 尽管除此之外还可以利用分析的方法求得 n, 但对下一个 n 的求解也没带来多大方便. 另一种办法是: 由 $4u^2 - 3v^2 = 1$ 知 v 为奇数. 设 $v = 2q + 1$, 则方程化为 $u^2 - 3q(q+1) - 1 = 0$.

　　由 $q(q+1)$ 是偶数知 u 为奇数. 设 $u=2j+1$,则方程化为 $4j(j+1)=3q(q+1)$. 左边为 8 的倍数. 为使右边为 8 的倍数,且求出的 n 最小,可设 $q+1=8$,此时 $q=7,j=6,j+1=7$. 于是 $u=2j+1=13,v=2q+1=15$,所以 $n=337$.

　　在第 31 届国际数学奥林匹克竞赛(IMO)上冰岛提供了一道预选题:

　　试题 2　试证:有无穷多个自然数 n,使平均数 $\dfrac{1^2+2^2+\cdots+n^2}{n}$ 为完全平方数. 第一个这样的数当然是 1,请写出紧接在 1 后面的两个这样的自然数.

　　显然这个结论包含了前述试题 1,但此题若用前题的方法显然是不容易解答的. 一是有无穷多个自然数 n 这点难以证明,二是除 1 和 337 外的第 3 个 n 很难找到,因为它是 65 521 这样巨大的数. 下面我们利用数论中著名的佩尔方程来求解此题. 先介绍一下佩尔方程的概念及相关的两个定理.

　　定义　设 $d \in \mathbf{N}$,且 d 不是一个整数的平方,形如 $x^2-dy^2=1$ 的不定方程称为佩尔方程.

　　定理 1　佩尔方程 $x^2-dy^2=1$ 有无穷多组整数解.

　　定理 2　若 (x_1,y_1) 是佩尔方程 $x^2-dy^2=1$ 的最小正解,则方程的所有其他正解 (x_n,y_n) 可以通过依次设 $n=1,2,3,\cdots$,而由 $x_n+y_n\sqrt{d}=(x_1+y_1\sqrt{d})^n$ 比较系数而得到.

　　下面我们解释一下什么叫最小正解. 若 $x=u,y=v$ 是满足 $x^2-dy^2=1$ 的整数,我们把 $u+v\sqrt{d}$ 称为方程的一个解. 对于方程的两个解 $u+v\sqrt{d}$ 和 $u'+v'\sqrt{d}$,若 $u=u',v=v'$,则称两解相等;若 $u+v\sqrt{d}>u'+$

$v'\sqrt{d}$,则称第一个解大于第二个解. 所以最小正解即为 $\min\{u+v\sqrt{d} \mid u^2-dv^2=1, u>0, v>0\}$. 由定理 2 可见解佩尔方程的关键是求出其最小正解. 最小正解的求法有观察法和连分数法. 所谓观察法就是观察当 y 为何值时, dy^2+1 为完全平方数, 因为一旦找到了这个数 y, 就可以通过 $x=\sqrt{dy^2+1}$ 求出 x.

下面我们用佩尔方程法解这道候选题.

证明　因为

$$\frac{1^2+2^2+\cdots+n^2}{n}=\frac{1}{6}(2n^2+3n+1)$$

问题即要求出一切自然数对 (n,m), 使

$$2n^2+3n+1=6m^2$$

成立. 将上式两边乘 8, 配成完全平方式后, 得

$$(4n+3)^2-3(4m)^2=1$$

设 $x=4n+3, y=4m$, 则可将其视为佩尔方程 $x^2-3y^2=1$ 在 $x\equiv3\pmod 4$ 和 $y\equiv0\pmod 4$ 的特殊情况. 由观察知 $x_1+y_1\sqrt{3}=2+\sqrt{3}$ 为其最小正解, 由定理 2 知其他解可以通过将 $(2+\sqrt{3})^k\,(k\in\mathbf{N})$ 写成 $x+y\sqrt{3}$ 的形式得到, 即

$k=0$	$x_0=1$	$y_0=0$
$k=1$	$x_1=2$	$y_1=\sqrt{3}$
$k=2$	$x_2=7$	$y_2=4$
$k=3$	$x_3=26$	$y_3=15$
$k=4$	$x_4=97$	$y_4=56$
$k=5$	$x_5=362$	$y_5=209$
$k=6$	$x_6=1\,351$	$y_6=780$
$k=7$	$x_7=5\,042$	$y_7=2\,911$

$$k=8 \qquad x_8=18\ 817 \qquad y_8=10\ 861$$
$$k=9 \qquad x_9=70\ 226 \qquad y_9=40\ 545$$
$$k=10 \qquad x_{10}=262\ 087 \qquad y_{10}=151\ 316$$

我们只需选出满足 $x=3(\bmod 4)$ 与 $y=0(\bmod 4)$ 的解即可,不难发现 $k=2,6,10$ 时符合要求,此时 $n=1,337,65\ 521$.

§2 两个其他例子

为了利用佩尔方程解决更多的问题,我们再给出如下的几个例子:

定理 3 设 D 是一个正整数且不是平方数,如果佩尔方程

$$x^2-Dy^2=-1 \tag{1}$$

有解,且设 $x_1^2-Dy_1^2=-1,x_1>0,y_1>0$ 是所有 $x>0,y>0$ 的解中使 $x+y\sqrt{D}$ 最小的那组解,(x_1,y_1) 称为方程(1)的基本解,则方程(1)的全部解 (x,y)(有无穷多组)由

$$x+y\sqrt{D}=\pm(x_1+y_1\sqrt{D})^{2n+1}$$

表出.

例 1 证明:存在无限多对正整数 (k,n),使得

$$1+2+\cdots+k=(k+1)+(k+2)+\cdots+n \tag{2}$$

证明 上式可化为

$$2k(k+1)=n(n+1)$$

即

$$2(2k+1)^2=(2n+1)^2+1$$

令 $x=2n+1,y=2k+1$,则可得到佩尔方程

19

$$x^2 - 2y^2 = -1 \qquad (3)$$

显然 $(1,1)$ 是方程 (3) 的最小解. 故由定理 3 知,方程 (2) 有无穷多组解

$$x_n = \frac{1}{2}\left[(1+\sqrt{2})^{2n+1} + (1-\sqrt{2})^{2n+1}\right]$$

$$y_n = \frac{1}{2\sqrt{2}}\left[(1+\sqrt{2})^{2n+1} - (1-\sqrt{2})^{2n+1}\right]$$

都是方程 (3) 的解. 又因为方程 (3) 的解必为奇数. 若 x,y 中至少有一个偶数时,$x^2 - 2y^2 \equiv 0,1,2 \pmod 4$,方程 (3) 两端不同余,$x = 2n+1, y = 2k+1, (n,k)$ 是方程 (2) 的解,它也有无穷多组.

例 2 证明:不定方程 $x^2 + (x+1)^2 = y^2$ 的解为

$$x = \frac{1}{4}\left[(1+\sqrt{2})^{2n+1} + (1-\sqrt{2})^{2n+1} - 2\right]$$

$$y = \frac{1}{2\sqrt{2}}\left[(1+\sqrt{2})^{2n+1} - (1-\sqrt{2})^{2n+1}\right]$$

且无其他解.

证明 设 x,y 是 $x^2 + (x+1)^2 = y^2$ 的任意一组解,原方程可变形为

$$(2x+1)^2 - 2y^2 = -1$$

由定理 3 知,$X_0 + Y_0\sqrt{2} = 1 + \sqrt{2}$ 是 $X^2 - Y^2 = -1$ 的基本解,那么

$$X + Y\sqrt{2} = \pm(1+\sqrt{2})^{2n+1}$$

就是它的全部解,因此

$$(2x+1)^2 - 2y^2 = -1$$

的所有解由下面两式所确定

$$(2x+1) + y\sqrt{2} = (1+\sqrt{2})^{2n+1} \qquad (4)$$

$$(2x+1) + y\sqrt{2} = -(1+\sqrt{2})^{2n+1} \qquad (5)$$

由方程(4)得

$$(2x+1)-y\sqrt{2}=(1-\sqrt{2})^{2n+1} \qquad (6)$$

将方程(4)(6)联立求解得

$$\begin{cases} x=\dfrac{1}{4}\big[(1+\sqrt{2})^{2n+1}+(1-\sqrt{2})^{2n+1}-2\big] \\[2mm] y=\dfrac{1}{2\sqrt{2}}\big[(1+\sqrt{2})^{2n+1}-(1-\sqrt{2})^{2n+1}\big] \end{cases} \qquad (7)$$

由方程(5)得

$$(2x+1)-y\sqrt{2}=-(1-\sqrt{2})^{2n+1} \qquad (8)$$

将方程(5)(8)联立求解得

$$\begin{cases} x=-\dfrac{1}{4}\big[(1+\sqrt{2})^{2n+1}+(1-\sqrt{2})^{2n+1}+2\big] \\[2mm] y=\dfrac{1}{2\sqrt{2}}\big[-(1+\sqrt{2})^{2n+1}-(1-\sqrt{2})^{2n+1}\big] \end{cases} \qquad (9)$$

将式(7)代入原方程的左、右两端得

$$x^2+(x+1)^2=2x^2+2x+1=$$

$$2\left\{\frac{1}{4}\big[(1+\sqrt{2})^{2n+1}+(1-\sqrt{2})^{2n+1}-2\big]\right\}^2+$$

$$2\times\frac{1}{4}\big[(1+\sqrt{2})^{2n+1}+(1-\sqrt{2})^{2n+1}-2\big]+1=$$

$$\frac{1}{8}\big[(1+\sqrt{2})^{4n+2}+(1-\sqrt{2})^{4n+2}+4-2-$$

$$4(1+\sqrt{2})^{2n+2}-4(1-\sqrt{2})^{2n+1}\big]+$$

$$\frac{1}{2}\big[(1+\sqrt{2})^{2n+1}+(1-\sqrt{2})^{2n+1}-2\big]+1=$$

$$\frac{1}{8}\big[(1+\sqrt{2})^{4n+2}+(1-\sqrt{2})^{4n+2}\big]$$

$$y^2=\left\{\frac{1}{2\sqrt{2}}\big[(1+\sqrt{2})^{2n+1}-(1-\sqrt{2})^{2n+1}\big]\right\}^2=$$

$$\frac{1}{8}\big[(1+\sqrt{2})^{4n+2}+(1-\sqrt{2})^{4n+2}+2\big]$$

故有

$$x^2+(x+1)^2=y^2$$

将式(9)代入原方程,左右两端不等,所以

$$x^2+(x+1)^2=y^2$$

的解为

$$\begin{cases}x=\dfrac{1}{4}\big[(1+\sqrt{2})^{2n+1}+(1-\sqrt{2})^{2n+1}-2\big]\\[2mm]y=\dfrac{1}{2\sqrt{2}}\big[(1+\sqrt{2})^{2n+1}-(1-\sqrt{2})^{2n+1}\big]\end{cases}$$

且无其他解.

§3　用佩尔方程解一道台北数学奥林匹克试题

试题 3　求证:有无限多个正整数 n 满足对每个具有 n 项的整数等差数列 $a_1,a_2,\cdots,a_n$,集合 $\{a_1,a_2,\cdots,a_n\}$ 的算术平均值与标准方差都是整数.

（1994 年中国台北数学奥林匹克）

注　对任何实数集合 $\{x_1,x_2,\cdots,x_n\}$ 的算术平均值定义为 $\overline{x}=\dfrac{1}{n}(x_1+x_2+\cdots+x_n)$,集合的标准方差定义为 $x^*=\sqrt{\dfrac{1}{n}\sum\limits_{j=1}^{n}(x_j-\overline{x})^2}$.

证明　设正整数 n 满足题目条件,对于任意一个整数等差数列 $\{a_1,a_2,\cdots,a_n\}$,记公差为 d,d 为整数,有

22

$$a_1 + a_2 + \cdots + a_n = \frac{1}{2}n(a_1 + a_n) =$$

$$\frac{n}{2}[a_1 + a_1 + (n-1)d] =$$

$$na_1 + \frac{1}{2}n(n-1)d \qquad (1)$$

于是记

$$\bar{a} = \frac{1}{n}(a_1 + a_2 + \cdots + a_n) \qquad (2)$$

由式(1)和式(2)有

$$\bar{a} = a_1 + \frac{1}{2}(n-1)d \quad (d \text{ 是任意整数}) \qquad (3)$$

由式(3)立即知 $\bar{a}$ 为整数,当且仅当 n 为奇数,现在来分析标准方差的情况

$$\sum_{j=1}^{n}(a_j - \bar{a})^2 = \sum_{j=1}^{n}\left[a_j - a_1 - \frac{1}{2}(n-1)d\right]^2 \qquad (4)$$

由于

$$a_j - a_1 = (j-1)d \qquad (5)$$

将式(5)代入式(4),当 n 为奇数时,有

$$\sum_{j=1}^{n}(a_j - \bar{a})^2 = \sum_{j=1}^{n}\left[j - \frac{1}{2}(n+1)\right]^2 d^2 =$$

$$2d^2\left\{1^2 + 2^2 + 3^2 + \cdots + \left[\frac{1}{2}(n-1)\right]^2\right\} =$$

$$2d^2 \cdot \frac{1}{6} \cdot \frac{1}{2}(n-1) \cdot \frac{1}{2}(n+1)n =$$

$$\frac{1}{12}d^2(n^2 - 1)n \qquad (6)$$

于是,相应的方差为

$$a^* = \sqrt{\frac{1}{n}\sum_{j=1}^{n}(a_j - \bar{a})^2} = \sqrt{\frac{1}{12}(n^2 - 1)d} \qquad (7)$$

要满足题目条件,应当存在非负整数 m,使得

$$\frac{1}{12}(n^2 - 1) = m^2 \tag{8}$$

$$n^2 - 12m^2 = 1 \tag{9}$$

从方程(8)或(9)可以知道 $m=0, n=1; m=2, n=7$ 是两组非负整数解,下面证明

$$\begin{cases} m_k = \dfrac{1}{4\sqrt{3}}\left[(7+4\sqrt{3})^k - (7-4\sqrt{3})^k\right] \\[2mm] n_k = \dfrac{1}{2}\left[(7+4\sqrt{3})^k + (7-4\sqrt{3})^k\right] \end{cases} \quad (k \in \mathbf{N}) \tag{10}$$

是满足方程(9)的全部正整数解.

对于任意正整数 k,有

$$n_k^2 - 12m_k^2 = \frac{1}{4}\left[(7+4\sqrt{3})^k + (7-4\sqrt{3})^k\right]^2 -$$

$$\frac{1}{4}\left[(7+4\sqrt{3})^k - (7-4\sqrt{3})^k\right]^2 =$$

$$\left[(7+4\sqrt{3})(7-4\sqrt{3})\right]^k = 1 \tag{11}$$

方程(11)表明式(10)的确满足方程(9).由式(10),利用二项式展开公式,有

$$m_k = \frac{1}{2\sqrt{3}}\left[\mathrm{C}_k^1(4\sqrt{3})7^{k-1} + \mathrm{C}_k^3(4\sqrt{3})^3 7^{k-3} + \cdots + \right.$$

$$\left. \begin{cases} (4\sqrt{3})^{k-1}, k \text{ 为奇数} \\ \mathrm{C}_k^{k-1}7(4\sqrt{3})^{k-1}, k \text{ 为偶数} \end{cases}\right] =$$

$$2\left[\mathrm{C}_k^1 7^{k-1} + \mathrm{C}_k^3(4\sqrt{3})^2 7^{k-3} + \cdots + \right.$$

$$\left. \begin{cases} (4\sqrt{3})^{k-1}, k \text{ 为奇数} \\ \mathrm{C}_k^{k-1}7(4\sqrt{3})^{k-2}, k \text{ 为偶数} \end{cases}\right] \tag{12}$$

显然 m_k 是正整数,而

$$n_k = 7^k + \mathrm{C}_k^2 7^{k-2}(4\sqrt{3})^2 + \cdots +$$

$$\begin{cases} C_k^{k-1}7(4\sqrt{3})^{k-1}, k \text{ 为奇数} \\ (4\sqrt{3})^k, k \text{ 为偶数} \end{cases} \tag{13}$$

显然也是正整数.

由于 m_k, n_k 满足方程(9),则 n_k 必为奇数.证毕.

下面说明式(10)中 $n_k(k \in \mathbf{N})$ 及 $n=1$(即式(10)中 n_0)给出了满足本题的全部的正整数 n,显然这是有意义的工作.

设正整数 m^*, n^* 满足

$$n^{*2} - 12m^{*2} = 1 \tag{14}$$

因为

$$(1, +\infty) = \bigcup_{k=1}^{+\infty} \left[(7+4\sqrt{3})^{k-1}, (7+4\sqrt{3})^k \right] \tag{15}$$

由于 $n^* + 2\sqrt{3}\,m^* > 4$,则存在正整数 k,使得

$$(7+4\sqrt{3})^{k-1} < n^* + 2\sqrt{3}\,m^* \leqslant (7+4\sqrt{3})^k \tag{16}$$

由于

$$(7+4\sqrt{3})(7-4\sqrt{3}) = 1 \tag{17}$$

及 $7-4\sqrt{3} > 0$,式(16)两端同乘以 $(7-4\sqrt{3})^{k-1}$,有

$$1 < (n^* + 2\sqrt{3}\,m^*)(7-4\sqrt{3})^{k-1} \leqslant 7+4\sqrt{3} \tag{18}$$

利用式(10),有

$$(n^* + 2\sqrt{3}\,m^*)(7-4\sqrt{3})^{k-1} =$$
$$(n^* + 2\sqrt{3}\,m^*)(n_{k-1} - 2\sqrt{3}\,m_{k-1})(\diamondsuit\, m_0 = 0, n_0 = 1) =$$
$$(n^* n_{k-1} - 12m^* m_{k-1}) + 2\sqrt{3}(m^* n_{k-1} - n^* m_{k-1}) \tag{19}$$

利用式(10),有

$$(n^* - 2\sqrt{3}\,m^*)(7+4\sqrt{3})^{k-1} =$$

$$(n^* - 2\sqrt{3}\,m^*)(n_{k-1} + 2\sqrt{3}\,m_{k-1}) =$$
$$(n^* n_{k-1} - 12m^* m_{k-1}) - 2\sqrt{3}(m^* n_{k-1} - n^* m_{k-1})$$

$$(20)$$

令

$$\overline{m} = m^* n_{k-1} - n^* m_{k-1}$$
$$\overline{n} = n^* n_{k-1} - 12m^* m_{k-1} \tag{21}$$

由式(17)(19)(20) 和(21),有

$$(\overline{n} + 2\sqrt{3}\,\overline{m})(\overline{n} - 2\sqrt{3}\,\overline{m}) =$$
$$(n^* + 2\sqrt{3}\,m^*)(7 - 4\sqrt{3})^{k-1} \cdot$$
$$(n^* - 2\sqrt{3}\,m^*)(7 + 4\sqrt{3})^{k-1} =$$
$$n^{*2} - 12m^{*2} = 1(利用式(14)) \tag{22}$$

于是,有

$$\overline{n}^2 - 12\overline{m}^2 = 1 \tag{23}$$

这表明式(21) 也是满足式(10) 的一组整数解.

由式(18)(19) 和(21),有

$$1 < \overline{n} + 2\sqrt{3}\,\overline{m} \leqslant 7 + 4\sqrt{3} \tag{24}$$

由式(24) 和式(22),可以看到

$$\overline{n} + 2\sqrt{3}\,\overline{m} > 1 > \overline{n} - 2\sqrt{3}\,\overline{m} > 0 \tag{25}$$

于是

$$\overline{m} > 0, \overline{n} > 0 \tag{26}$$

即 $\overline{m}, \overline{n}$ 都是正整数. 由于 $m = 2, n = 7$ 是满足方程(9) 的最小的正整数解,那么,满足方程(9) 的所有正整数解 (m, n) 中,对应的所有 $n + 2\sqrt{3}\,m$ 中,$7 + 4\sqrt{3}$ 最小. 利用式(24),应当有

$$\overline{m} = 2, \overline{n} = 7 \tag{27}$$

由式(19)(21) 和(27),有

$$(n^* + 2\sqrt{3}\,m^*)(7 - 4\sqrt{3})^{k-1} = 7 + 4\sqrt{3} \tag{28}$$

上式两端同乘以 $(7+4\sqrt{3})^{k-1}$,利用方程(8),有

$$n^* + 2\sqrt{3}\,m^* = (7+4\sqrt{3})^k \qquad (29)$$

由式(12)(13)和(20),兼顾 m^* ,n^* 是正整数,有

$$m^* = m_k, n^* = n_k \qquad (30)$$

所以满足本题的全部正整数 n 为 $n=1$ 及满足式(10)的 $n_k(k \in \mathbf{N})$. 当然这样的 n 有无限多个.

§4 几个特殊佩尔方程的有关结果

为了更方便地使用佩尔方程,下面我们再介绍几个与佩尔方程有关的特殊结果.

定理4 佩尔方程 $x^2 - my^2 = 4$ 的整数解 $x=u$,$y=v$ 是正整数解的充分必要条件是

$$\frac{u+\sqrt{m}\,v}{2} > 1$$

证明 如果 $x=u$,$y=v$ 是 $x^2-my^2=4$ 的正整数解,那么 $u \geqslant 1$,$v \geqslant 1$. 而 $\sqrt{m} > 1$,所以

$$\frac{u+\sqrt{m}\,v}{2} > 1$$

反之,如果 $\dfrac{u+v\sqrt{m}}{2} > 1$,那么由于 u,v 是方程的整数解,故 $u^2 - mv^2 = 4$. 于是

$$\frac{u+v\sqrt{m}}{2} \cdot \frac{u-v\sqrt{m}}{2} = 1$$

因此,当 $\dfrac{u+v\sqrt{m}}{2} > 1$ 时,就有

$$1 > \frac{u-v\sqrt{m}}{2} > 0$$

所以将 $\dfrac{u+v\sqrt{m}}{2}>1$ 与 $\dfrac{u-v\sqrt{m}}{2}>0$ 相加,就有 $u>1$,从而 $u\geqslant 2$. 这时如果 $u\leqslant -1$,那么就有

$$\frac{u-v\sqrt{m}}{2}>\frac{2+\sqrt{m}}{2}>1$$

这与 $1>\dfrac{u-v\sqrt{m}}{2}>0$ 矛盾,所以 $v\geqslant 0$. 如果 $v=0$,那么就有 $u=2$,但这与 $\dfrac{u+v\sqrt{m}}{2}>1$ 矛盾,故 $v>0$,即 $v\geqslant 1$.

定理 5　设佩尔方程

$$x^2-my^2=4$$

的两个整数解是 $x=x_1,y=y_1$ 和 $x=x_2,y=y_2$,而 u,v 由

$$\frac{x_1+\sqrt{m}y_1}{2}\cdot\frac{x_2+\sqrt{m}y_2}{2}=\frac{u+v\sqrt{m}}{2}$$

确定,则 $x=u,y=v$ 也是该方程的整数解.

证明　先来证明 u,v 是整数. 由 u,v 的定义知

$$u=\frac{1}{2}(x_1x_2+my_1y_2)$$

$$v=\frac{1}{2}(x_1y_2+x_2y_1)$$

由于 $x_1^2-my_1^2=4,x_2^2-my_2^2=4$,故

$$x_1^2\equiv my_1^2\,(\bmod\ 4),x_2^2\equiv my_2^2\,(\bmod\ 4)$$

因此

$$x_1^2x_2^2\equiv m^2y_1^2y_2^2\,(\bmod\ 4)$$

$$x_1^2y_2^2\equiv x_2^2y_1^2\,(\bmod\ 4)$$

又

$$x_1^2x_2^2-m^2y_1^2y_2^2=(x_1x_2+my_1y_2)(x_1x_2-my_1y_2)=$$

$$(x_1 x_2 + m y_1 y_2)^2 -$$
$$2m y_1 y_2 (x_1 x_2 + m y_1 y_2) \equiv$$
$$0 (\bmod 4)$$

因此,必有

$$x_1 x_2 + m y_1 y_2 \equiv 0 (\bmod 2)$$

又由于

$$x_1^2 y_2^2 - x_2^2 y_1^2 = (x_1 y_2 + x_2 y_1)(x_1 y_2 - x_2 y_1) =$$
$$(x_1 y_2 + x_2 y_1)^2 -$$
$$2 x_2 y_1 (x_1 y_2 + x_2 y_1) \equiv$$
$$0 (\bmod 4)$$

同时有

$$x_1 y_2 + x_2 y_1 \equiv 0 (\bmod 2)$$

因此 u, v 是整数. 而

$$\frac{u - u\sqrt{m}}{2} = \frac{1}{2} \left[\frac{1}{2} (x_1 x_2 + m y_1 y_2) - \right.$$
$$\frac{1}{2} \sqrt{m} (x_1 y_2 + x_2 y_1) \Big] =$$
$$\frac{1}{4} [x_1 x_2 - \sqrt{m}(x_1 y_2 + x_2 y_1) + m y_1 y_2] =$$
$$\frac{x_1 - \sqrt{m} y_1}{2} \cdot \frac{x_2 - \sqrt{m} y_2}{2}$$

将上式与

$$\frac{u + v\sqrt{m}}{2} = \frac{x_1 + \sqrt{m} y_1}{2} \cdot \frac{x_2 + \sqrt{m} y_2}{2}$$

等号左右两边相乘,就有

$$\frac{u^2 - m v^2}{4} = \frac{x_1^2 - m y_1^2}{4} \cdot \frac{x_2^2 - m y_2^2}{4} = 1$$

所以

$$u^2 - m v^2 = 4$$

因此 $x=u,y=v$ 是方程 $x^2-my^2=4$ 的整数解.

定理6 设 $x=u_1,y=v_1$ 是佩尔方程 $x^2-my^2=4$ 的 y 值最小的正整数解,如果 u_n 和 v_n 由

$$\frac{u_n+\sqrt{m}v_n}{2}=\left(\frac{u_1+\sqrt{m}v_1}{2}\right)^n \quad (n=1,2,\cdots)$$

确定,则由佩尔方程 $x^2-my^2=4$ 的一切正整数解为

$$x=u_n,y=v_n \quad (n=1,2,\cdots)$$

证明 $x=u_n,y=v_n(n=1,2,\cdots)$ 是佩尔方程 $x^2-my^2=4$ 的正整数解,这已由定理5指明.现在只需证明,除 $x=u_n,y=v_n(n=1,2,\cdots)$ 外,该方程无其他正整数解.也就是如设 $x=a,y=b$ 是 $x^2-my^2=4$ 的任一正整数解,则必存在正整数 n,使 $a=u_n,b=v_n$.

由于 $b\geqslant v_1$,故

$$a^2-u_1^2=(4+mb^2)-(4+mv_1^2)=m(b^2-v_1^2)\geqslant 0$$

所以 $a\geqslant u_1$,从而

$$\frac{a+\sqrt{m}b}{2}\geqslant\frac{u_1+\sqrt{m}v_1}{2}>1$$

上面第二个不等式(即大于1)是因为 u_1,v_1 是正整数解的缘故.由于

$$\frac{u_1+\sqrt{m}v_1}{2}<\frac{u_2+\sqrt{m}v_2}{2}<\frac{u_3+\sqrt{m}v_3}{2}<\cdots<$$

$$\frac{u_n+\sqrt{m}v_n}{2}<\cdots$$

从而存在正整数 n,使得

$$\left(\frac{u_1+\sqrt{m}v_1}{2}\right)^{n+1}>\frac{a+\sqrt{m}b}{2}\geqslant\left(\frac{u_1+\sqrt{m}v_1}{2}\right)^n=$$

$$\frac{u_n+\sqrt{m}v_n}{2}$$

30

可以证明,上式第二个关系中等号必成立,即必有

$$\frac{a+\sqrt{m}\,b}{2}=\left(\frac{u_1+\sqrt{m}\,v_1}{2}\right)^n=\frac{u_n+\sqrt{m}\,v_n}{2}$$

从而有 $a=u_n,b=v_n$. 事实上,若等号不成立,则

$$\frac{u_1+\sqrt{m}\,v_1}{2}=\frac{u_n^2-mv_n^2}{4}\cdot\frac{u_1+\sqrt{m}\,v_1}{2}=$$

$$\frac{u_n+\sqrt{m}\,v_n}{2}\cdot\frac{u_n-\sqrt{m}\,v_n}{2}\cdot\frac{u_1+\sqrt{m}\,v_1}{2}=$$

$$\left(\frac{u_1+\sqrt{m}\,v_1}{2}\right)^n\frac{u_n-\sqrt{m}\,v_n}{2}\cdot\frac{u_1+\sqrt{m}\,v_1}{2}=$$

$$\left(\frac{u_1+\sqrt{m}\,v_1}{2}\right)^{n+1}\frac{u_n-\sqrt{m}\,v_n}{2}>$$

$$\frac{a+\sqrt{m}\,b}{2}\cdot\frac{u_n-\sqrt{m}\,v_n}{2}>$$

$$\left(\frac{u_1+\sqrt{m}\,v_1}{2}\right)^n\frac{u_n-\sqrt{m}\,v_n}{2}=$$

$$\frac{u_n+\sqrt{m}\,v_n}{2}\cdot\frac{u_n-\sqrt{m}\,v_n}{2}=1$$

另外,设

$$\frac{a+\sqrt{m}\,b}{2}\cdot\frac{u_n-\sqrt{m}\,v_n}{2}=\frac{s+\sqrt{m}\,t}{2}$$

由于 $x=a,y=b$ 和 $x=u_n,y=-v_n$ 均为 $x^2-my^2=4$ 的整数解,故由定理 5 知 $x=s,y=t$ 也是该方程的整数解. 再由上述不等式知

$$\frac{s+\sqrt{m}\,t}{2}=\frac{a+\sqrt{m}\,b}{2}\cdot\frac{u_n-\sqrt{m}\,v_n}{2}>1$$

因此由定理 4 知,$x=s,y=t$ 是正整数解,从而 $t\geqslant v$. 于是

31

$$s^2 - u_1^2 = (4 + mt^2) - (4 + mv_1^2) = m(t^2 - v_1^2) \geqslant 0$$

故 $s \geqslant u$，从而有

$$\frac{s + \sqrt{m}\,t}{2} \geqslant \frac{u_1 + \sqrt{m}\,v_1}{2}$$

这与上述不等式矛盾.

注　与方程 $x^2 - my^2 = 1$ 一样，先用试验法求出 $x^2 - my^2 = 4$ 的 y 值最小的正整数解 $x = u_1, y = v_1$，那么该方程的一切正整数解 $x = u_n, y = v_n$ 便由

$$\frac{u_n + \sqrt{m}\,v_n}{2} = \left(\frac{u_1 + \sqrt{m}\,v_1}{2}\right)^n \quad (n = 1, 2, \cdots)$$

确定，再冠以正、负号，即得一切整数解.

例如，求 $x^2 - 3y^2 = 4$ 的一切整数解. 当 $y = 1$ 时，$x^2 = 7$；当 $y = 2$ 时，$x^2 = 16$，故 $x = u_1 = 4, y = v_1 = 2$ 便是 y 最小的正整数解. 于是由

$$\frac{u_n + \sqrt{3}\,v_n}{2} = \left(\frac{4 + 2\sqrt{3}}{2}\right)^n \quad (n = 1, 2, \cdots)$$

确定的 $x = u_n, y = v_n$ 便是 $x^2 - 3y^2 = 4$ 的一切正整数解. 例如 $u_2 = 14, v_2 = 8$；$u_3 = 52, v_3 = 30$；$\cdots$，该方程的一切整数解便是 $x = \pm u_n, y = \pm v_n$.

§5　涉及大数的佩尔方程

值得指出的是，有时用观察法求最小解 n 是不可能的. 例如，波兰数学家 W. Sirpinski 给出了方程 $x^2 - 991y^2 = 1$ 的最小正整数解

$$x_1 = 379\ 516\ 400\ 906\ 811\ 930\ 638\ 014\ 896\ 080$$
$$y_1 = 12\ 055\ 735\ 790\ 331\ 359\ 447\ 442\ 538\ 767$$

这意味着 $\sqrt{991y^2+1}$ 对于 y 的小于 y_1 的任意正整数值,必为无理数. 仅当 $y=y_1$ 时得到最小的一个有理数 x_1(1 除外). 为了说明 x_1,y_1 是多么大的数,我们指出,如果对 $y=1,2,\cdots$ 来求 $\sqrt{991y^2+1}$,假定 1 秒钟算一个,我们要算 100 亿亿(10^{18})年,还不能求得这个值. 但绝不能由此得出结论说 $\sqrt{991y^2+1}$ 对任何自然数 y 永远是无理数,将试验期限扩大 400 倍,达到 y_1,我们就会发现 $\sqrt{991y_1^2+1}$ 是有理数!

另一个涉及较大数目的佩尔方程的例子是一个古老的问题,在 18 世纪末找到的一份手稿中说,阿基米德求解了亚历山大数学家提出的一个古算题. 我们将在下一章详细说明这个"群牛问题".

对于许多数学问题而言,当数字一大,便很难处理. 好多年以前,在《科学美国人》的 4 月刊上,Martin Gardner,该杂志的数学游戏的专栏作者,推出了一个《四月愚人》特刊,他罗列了好多科学上的骗局,其中有一个惊人的结论是 $N=e^{\pi\sqrt{163}}$ 是一个整数. 事实上
$N \approx 262\ 537\ 412\ 640\ 768\ 743.999\ 999\ 999\ 999\ 250$
它同一个整数的差别大致只是 10^{-12},所以我们用一般的计算工具很难判断它的真伪.

§6 几个未解决的问题

未解决的问题:

(1) 若 $d \in \mathbf{N}$,且 d 不是完全平方数,则 $x^2 - dy^2 = -1$ 不一定总有正整数解,那么什么时候,即 d

满足怎样的条件时,方程才能有正整数解呢?

（2）有人证明如果 x_0，y_0 是方程 $x^2 - dy^2 = 1$ 的基本解,那么 $x_0 + y_0\sqrt{d} < d\sqrt{d}$.但对于 $d \in \mathbf{N}$（d 不是完全平方数）,能使 $x_0 + y_0\sqrt{d} < d^\alpha$ 成立的最小实数 α 是什么?

（3）佩尔方程 $x^2 - D_1 y^2 = 1$ 和 $y^2 - D_2 z^2 = 1$ 对于具体的 D_1，D_2 上述两个方程的公解是什么?

佩尔方程的历史与现状

第三章

§1　佩尔方程[①]

佩尔方程即方程

$$x^2 = dy^2 + 1$$

对给定的非零整数 d,试求正整数 x,y 满足上面的方程. 例如 $d=5$,我们有解 $x=9,y=4$. 我们总可以假定 $d>0$,且不是一个平方数,否则,方程显然无解.

关于佩尔方程,有着丰富的史料,其中韦伊(Weil) 的书[1] 是最好的导引;亦见文[2 — 4]. 布隆克尔的方法本质上等同于至少早六个世纪印度数学家就知道的一种方法. 我们将看到,这个方程也出现在希腊数学中,但并无令人信服的证据说明希腊人能解出这个方程.

---

① 摘自《数学与人文》,丘成桐、杨乐、季理真主编,高等教育出版社,2010.

35

一个非常清楚的"印度人的"或"英国人的"解佩尔方程的方法包含在欧拉的《代数学》[5]中. 现代教科书则常常用连分数语言来表述, 这种表述也是欧拉提出的(例如见文[6]第 7 章). 欧拉, 与其他的印度及英国的先驱者一样, 确认该方法必能产生一个解. 那是真实的, 但却不是显然的 —— 显然的只是, 若存在一个解, 那么这种方法就能找出一个解来. 费马或许证明了, 对于每一个 d, 方程皆存在一个解(见文[1], 第 II 章, § XIII), 但拉格朗日[7] 第一个发表了这样一个证明①.

我们可以将佩尔方程改写为

$$(x + y\sqrt{d}) \cdot (x - y\sqrt{d}) = 1$$

所以寻求一个解转为寻求环 $\mathbf{Z}[\sqrt{d}]$ 中范数为 1 的一个非平凡单位, 这里范数 $\mathbf{Z}[\sqrt{d}]^* \to \mathbf{Z}^* = \{\pm 1\}$ 表示每一个单位与它的共轭数乘起来, 其中单位 ± 1 被当作 $\mathbf{Z}[\sqrt{d}]$ 的平凡单位②. 这个重新表达说明, 当我们得知佩尔方程的一个解时, 我们就可以找到无穷多个解. 更确切地说, 若将解按其大小排序, 则第 n 个解(x_n, y_n) 可以由第一个解(x_1, y_1) 表示如下

$$x_n + y_n\sqrt{d} = (x_1 + y_1\sqrt{d})^n$$

---

① 这个证明亦可见华罗庚《数论导引》(科学出版社, 1957) 第十章, §9.

② 环 $\mathbf{Z}[\sqrt{d}]$ 表示集合$\{a + b\sqrt{d}; a, b, \in \mathbf{Z}\}$(其中 $\mathbf{Z}$ 表示全体整数所成的集合. 我们称 $\alpha' = a - b\sqrt{d}$ 为 $\alpha = a + b\sqrt{d}$ 的共轭数, 及 $N(\alpha) = a^2 - db^2$ 为 α 的范数. 若 $N(\alpha) = \pm 1$, 则称 α 为 $\mathbf{Z}[\sqrt{d}]$ 的单位. 因此佩尔方程的解即 $\mathbf{Z}[\sqrt{d}]$ 中的单位. 由于当 α 为单位时, $\alpha^n (n \in \mathbf{Z})$ 亦然, 所以当知道佩尔方程的一个解时, 即知道它的无穷多个解.)

所以,第一个解(x_1,y_1)被称为佩尔方程的基本解,而解佩尔方程就意味着对于给定的d,寻求x_1,y_1. 我们亦将用$x+y\sqrt{d}$而不是一对x,y指佩尔方程的解,并称$x_1+y_1\sqrt{d}$为基本解.

我们可以将佩尔方程的可解性看作代数数论中狄利克雷(Dirichlet)单位定理[①]的一个特例,这一定理给出了一般代数整数环上单位群的结构[8];对于环$\mathbf{Z}[\sqrt{d}]$来说,它是$\{\pm 1\}$与一个无限循环群的乘积.

作为一个例子,考虑$d=14$,我们有

$$\sqrt{14}=3+\cfrac{1}{1+\cfrac{1}{2+\cfrac{1}{1+\cfrac{1}{3+\sqrt{14}}}}}$$

所以$3+\sqrt{14}$的连分数展开式是纯周期的,其周期长度为4,在第一个周期之末将展开式截断,即得分数

$$3+\cfrac{1}{1+\cfrac{1}{2+\cfrac{1}{\cfrac{1}{1}}}}=\frac{15}{4}$$

这是$\sqrt{14}$的一个较好的逼近[②]. 它的分子与分母即可导出基本解$x_1=15,y_1=4$;事实上,我们有$15^2=14\times4^2+1$. 进而言之,我们有$(15+4\sqrt{14})^2=449+120\sqrt{14}$,所以$x_2=449,y_2=120$,等等. 我们有如下

---

① 关于狄利克雷单位定理,请参看 E. 赫克著《代数数理论讲义》(科学出版社,2005),§35.

② 这里计算有错,$\sqrt{14}-3=[\dot{1}21\dot{6}]$.

数据

n	x_n	y_n
1	15	4
2	449	120
3	13 455	3 596
4	403 201	107 760
5	12 082 575	3 229 204
6	362 074 049	96 768 360

这反映出随 n 的增长, x_n 与 y_n 呈指数型增长.

对于一般的 d, $[\sqrt{d}] + \sqrt{d}$ 的连分数展开式亦为纯周期的, 如同我们见到 $d = 14$ 时一样, 周期段是对称的. 当周期长度为偶数时, 则可以如上处理; 而当周期的长度为奇数时, 则需在第二个周期之末截断[9].

§2 群牛问题

从计算与历史两方面来说, 阿基米德提出的群牛问题是佩尔方程的一个有趣例子. 列辛(Lessing)在沃尔芬布台尔图书馆里发现了一份含有这个问题的手稿, 并于 1773 年将它发表(见文[10,11]). 现在一般将这个问题归于阿基米德名下([12]). 在 22 行希腊哀歌体的对句诗中, 问题要求求出满足一些算术限制的属于太阳神的白色的、黑色的、有斑点的以及棕色的公牛与母牛的个数, 它的英文对句诗版本取自文献[13], 见 42 页. 用近代数学记号表示, 这个问题仍不失其优美. 首先, 记白的、黑的、有斑点的与棕色的公牛

个数分别为 x,y,z,t，则由诗的第 $8-16$ 行可知它们需满足条件

$$x = \left(\frac{1}{2} + \frac{1}{3}\right)y + t$$

$$y = \left(\frac{1}{4} + \frac{1}{5}\right)z + t$$

$$z = \left(\frac{1}{6} + \frac{1}{7}\right)x + t$$

其次，令 x',y',z',t' 分别表示对应于同样颜色的母牛个数，则诗的第 $17-26$ 行要求

$$x' = \left(\frac{1}{3} + \frac{1}{4}\right)(y + y')$$

$$y' = \left(\frac{1}{4} + \frac{1}{5}\right)(z + z')$$

$$z' = \left(\frac{1}{5} + \frac{1}{6}\right)(t + t')$$

$$t' = \left(\frac{1}{6} + \frac{1}{7}\right)(x + x')$$

　　迄今为止，任何能够解决这个问题的人都将被称为阿基米德认定的优胜者，为了得到这一最高智慧奖，它们还要满足诗的第 $33-40$ 行所述的条件，即 $x + y$ 为一个平方数，而 $z + t$ 为一个三角数[①].

　　问题的第一部分属于线性代数，它的确有正整数解.最前面三个方程的通解由 $(x,y,z,t) = m \cdot (2\ 226,\ 1\ 602, 1\ 580, 891)$ 给出，其中 m 表示一个正整数.于是往下的四个方程可解当且仅当 m 可以被 $4\ 657$ 整除，即 $m = 4\ 657 \cdot k$.我们得到

---

① 所谓三角数为形如 $\frac{n(n+1)}{2}$ 的数，即 $1,3,6,10,\cdots$.

PROBLEM

that Archimedes conceived in verse
and posed to the specialists at Alexandria
in a letter to Eratosthenes of Cyrene.

The Sun god's cattle, friend, apply thy care
to count their number, hast thou wisdom's share.
They grazed of old on the Thrinacian floor
of Sic'ly's island, herded into four,
colour by colour: one herd white as cream,
the next in coats glowing with ebon gleam,
brown-skinned the third, and stained with spots the last.
Each herd saw bulls in power unsurpassed,
in ratios these: count half the ebon-hued,
add one third more, then all the brown include;
thus, friend, canst thou the white bulls' number tell.
The ebon did the brown exceed as well,
now by a fourth and fifth part of the stained.
To know the spotted — all bulls that remained —
reckon again the brown bulls, and unite
these with a sixth and seventh of the white.
Among the cows, the tale of silver-haired
was, when with bulls and cows of black compared,
exactly one in three plus one in four.
The black cows counted one in four once more,
plus now a fifth, of the bespeckled breed
when, bulls withal, they wandered out to feed.
The speckled cows tallied a fifth and sixth
of all the brown-haired, males and females mixed.
Lastly, the brown cows numbered half a third
and one in seven of the silver herd.
Tell'st thou unfailingly how many head
the Sun possessed, o friend, both bulls well-fed
and cows of ev'ry colour — no-one will
deny that thou hast numbers' art and skill,
though not yet dost thou rank among the wise.
But come! also the foll'wing recognise.
Whene'er the Sun god's white bulls joined the black,
their multitude would gather in a pack
of equal length and breadth, and squarely throng
Thrinacia's territory broad and long.
But when the brown bulls mingled with the flecked,
in rows growing from one would they collect,
forming a perfect triangle, with ne'er
a diff'rent-coloured bull, and none to spare.
Friend, canst thou analyse this in thy mind,
and of these masses all the measures find,
go forth in glory! be assured all deem
thy wisdom in this discipline supreme!

40

$(x',y',z',t')=$

$k \cdot (7\ 206\ 360,4\ 893\ 246,3\ 515\ 820,5\ 439\ 213)$

现在真正的挑战在于选择 k 使得 $x+y=4\ 657 \cdot$ $3\ 828 \cdot k$ 为一个平方数,且 $z+t=4\ 657 \cdot 2\ 471 \cdot k$ 是一个三角数. 由素因子分解 $4\ 657 \cdot 3\ 828=2^2 \cdot 3 \cdot 11 \cdot$ $29 \cdot 4\ 657$ 可知,第一个条件等价于 $k=al^2$,此外 $a=3 \cdot$ $11 \cdot 29 \cdot 4\ 657$ 并且 l 为一个整数. 由于 $z+t$ 为一个三角数当且仅当 $8(z+t)+1$ 是一个平方数,我们得到方程 $h^2=8(z+t)+1=8 \cdot 4\ 657 \cdot 2\ 471 \cdot al^2+1$,这是佩尔方程 $h^2=dl^2+1$,其中

$d=2 \cdot 3 \cdot 7 \cdot 11 \cdot 29 \cdot 353 \cdot (2 \cdot 4\ 657)^2=$

$410\ 286\ 423\ 278\ 424$

因此,由拉格朗日定理可知群牛问题有无穷多组解.

1867 年,德国数学家梅耶(C. F. Meyen)用连分数方法来解这个方程[2]. 在对 $\sqrt{d}$ 作连分数展开 240 步之后,他仍未能查出其周期,于是他放弃了. 他可能有一点不耐烦;之后被发现周期长度为 203 254,见文[14]. 1880 年,爱莫绍尔(A. Amthor)首先用一个令人满意的方法解决了群牛问题(见文[15]). 爱莫绍尔没有直接应用连分数方法;我们将在下面讨论他是怎么做的. 他既没有写出佩尔方程基本解的十进位表示,也没有给出群牛问题的对应解答. 他确实证明了群牛问题的最小解是一个有 206 545 位的数,其中最开始的四个数字是 7 766,但其中第四个数是错误的,这是由于他用了不够精确的对数引起的. 整个数字占据了 47 页计算机输出打印纸;用 12 页缩小的字体登于 *Journal of Recreational Mathematics*[16] 上,它的缩写为

$$77602714\cdots237983357\cdots55081800$$

其中六个点之每一点均表示省略了 34 420 位数字.

19 世纪有一些德国学者感到困扰,这么多公牛与母牛可能不适宜放在西西里岛上,因为这与诗的第 3 行 和第 4 行相矛盾,但是,列辛指出牛群的所有者太阳神将能应对它.

群牛问题的故事表明,连分数方法并非解佩尔方程的最后答案.

§3 效 率

我们对佩尔方程解法的效率很感兴趣. 那么,对于一个解答佩尔方程的给定的算法,需要多少时间才能完成? 这里,时间是用实际的途径来度量的,例如,它反映出大正整数所需的运算时耗要比小整数多,技术上,我们作比较(二进位)计算. 假定将 d 输入运算程序,则运算时间的估计需被表示为 d 的函数. 若 d 被二进位或十进位表示,则输入长度近似地与 $\log d$ 成比例. 若存在一个正实数 c_0 使对所有 d,运算时间皆不超过 $(1+\log d)^{c_0}$,则称算法按多项式时间运行,换言之,求解佩尔方程的算法所需时间不多于写下这个方程所需的时间.

连分数方法有多快呢? 佩尔方程可否用多项式时间求解呢? 欲回答这类问题需要考虑的中心量为调整子 R_d,其定义为

$$R_d = \log(x_1 + y_1\sqrt{d})$$

此处,如前面所定义,$x_1 + y_1\sqrt{d}$ 表示佩尔方程的基本解. 调整子与代数数论中的定义是一致的;在那里,范数映射 $\mathbf{Z}[\sqrt{d}]^* \to \mathbf{Z}^*$ 的核被称为调整子. 由 $x_1 -$

42

$y_1\sqrt{d} = 1/(x_1 + y_1\sqrt{d})$ 可得 $0 < x_1 - y_1\sqrt{d} < 1/(2\sqrt{d})$，再由 $x_1 + y_1\sqrt{d} = \mathrm{e}^{R_d}$，即得

$$\frac{\mathrm{e}^{R_d}}{2} < x_1 < \frac{\mathrm{e}^{R_d}}{2} + \frac{1}{4\sqrt{d}}$$

$$\frac{\mathrm{e}^{R_d}}{2\sqrt{d}} - \frac{1}{4d} < y_1 < \frac{\mathrm{e}^{R_d}}{2\sqrt{d}}$$

这就证明了 R_d 非常接近于 $\log(2x_1)$ 及 $\log(2y_1\sqrt{d})$. 换言之，若将 x_1 与 y_1 用二进位或十进位表示出来，则 R_d 与求解佩尔方程的任何算法的输出长度是近似成比例的. 由于拼写输出所需的时间是总运行时间的一个下界，所以我们得到结论：存在 c_1 使求解佩尔方程的任何算法所需的时间至少为 $c_1 R_d$. 在此 c_1 以及以下的 $c_2, c_3, \cdots$ 皆表示不依赖于 d 的正实数.

连分数方法几乎达到了这个下界. 令 l 表示 $[\sqrt{d}] + \sqrt{d}$ 的连分数展开之周期长度，此处周期长度需为偶数，而当周期长度为奇数时，则周期长度需为 l 之两倍，于是有

$$\frac{\log 2}{2} \cdot l < R_d < \frac{\log(4d)}{2} \cdot l$$

（见文[17]）；所以 R_d 与 l 是近似成比例的，由此易得直接运用连分数方法所需的时间最多为 $R_d^2 \cdot (1 + \log d)^{c_2}$，其中 c_2 为某正常数；依赖于快速傅里叶(Fourier)变换的改进的连分数方法可将计算量减至 $R_d \cdot (1 + \log d)^{c_3}$，其中 c_3 为某正常数；见文[18]的连分数方法的后面，这个版本除一个对数因子外，是臻于至善的.

由上述这些结果，很自然地要问作为 d 的函数，调整子的增长情况，它有很大的波动. 我们有

$$\log(2\sqrt{d}) < R_d < \sqrt{d} \cdot (\log(4d) + 2)$$

由上面证明过的不等式 $y_1 < e^{R_d}/(2\sqrt{d})$,即得上式的下界估计,而上界估计则由华罗庚的一个定理得出[19]①. 这两个界的差别非常巨大,但却不能避免:若 d 可取形如 $k^2 - 1$ 的数,则得 $x_1 = k$, $y_1 = 1$,从而 $R_d - \log(2\sqrt{d})$ 趋于 0;我们还可以证明存在一个 d 的无穷集合 D 及一个常数 c_4,使对于所有 $d \in D$ 皆有 $R_d = c_4\sqrt{d}$. 事实上,若 d_0, d_1 均为大于 1 的整数及 d_0 不是一个平方数,则存在一个正整数 $m = m(d_0, d_1)$,使 $D = \{d_0 d_1^{2n} : n \in \mathbf{Z}, n \geqslant m\}$ 对于某常数 $c_4 = c_4(d_0, d_1)$ 具有这个性质.

可以相信,对于绝大多数 d,上界估计接近于真实. 更精确些,有一个传统的猜想断言存在一个密率为 1 的非平方数集合 D,即 D 适合 $\lim\limits_{x \to \infty} \#\{d \in D : d \leqslant x\}/x = 1$,满足

$$\lim_{d \in D} \frac{\log R_d}{\log\sqrt{d}} = 1$$

这是一个未解决的猜想,一个弱得多的猜想仍待解决,即 $\lim\sup_d (\log R_d)/\log\sqrt{d} > 0$,此处 d 可取大于 1 的无平方因子数.

如果传统的猜想真实,那么对于绝大多数 d,估计运算时间时,R_d 大约应是 $\sqrt{d}$,它是输入长度 $\log d$ 的指数函数.

综合上述结果可知,连分数方法所需运算时间最

---

① 关于华罗庚的定理请见:华罗庚,《数论导引》第 12 章,§13.

多为 $\sqrt{d} \cdot (1 + \log d)^{c_5}$；人们猜想，对于绝大多数 d 为慢指数型而求解佩尔方程的任何方法对于无穷多个 d，全部写出 x_1 与 y_1 的时耗是慢指数型，从而不能为多项式运算时间.

若我们想改进连分数方法，则我们必须有一个比十进制或二进制更紧的表示 x_1 与 y_1 的途径.

§4 爱莫绍尔的解法

爱莫绍尔对于群牛问题的解法基于下面的考虑：数 $d = 410\ 286\ 423\ 278\ 424$ 可以写成 $(2 \cdot 4\ 657)^2 \cdot d'$，此处 $d' = 4\ 729\ 494$ 无平方因子. 因此若 (x, y) 是关于 d 的佩尔方程之解，则 $(x, 2 \cdot 4\ 657 \cdot y)$ 是关于 d' 的佩尔方程之解，所以有某个 n，使后面佩尔方程的第 n 个解 (x'_n, y'_n) 适合

$$x + 2 \cdot 4\ 657 \cdot y \cdot \sqrt{d'} = (x'_1 + y'_1 \sqrt{d'})^n$$

这就将群牛问题归结为两个较容易的问题：第一个问题为求解关于 d' 的佩尔方程；而第二个问题为找出最小的 n 使 y'_n 可以被 $2 \cdot 4\ 657$ 整除.

因 d' 比 d 小得多，爱莫绍尔可以用连分数程序处理 d' 的方程，在一个可以用 3 页纸写成的计算中[15]，他发现周期长度为 92 及 $x'_1 + y'_1 \sqrt{d'}$ 等于

$u = 109\ 931\ 986\ 732\ 829\ 734\ 979\ 866\ 232\ 821\ 433\ 543\ 901\ 088\ 049 +$

$\quad 50\ 549\ 485\ 234\ 315\ 033\ 074\ 477\ 819\ 735\ 540\ 408\ 986\ 340 \cdot \sqrt{d'}$

为了节省篇幅，我们可以写成

$u = (300\ 426\ 607\ 914\ 281\ 713\ 365 \cdot \sqrt{609} +$

$\quad 84\ 129\ 507\ 677\ 858\ 393\ 258 \cdot \sqrt{7\ 766})^2$

这是由适合 $x^2 - dy^2 = 1$ 的 x, y 满足的恒等式 $x +$

45

$y\sqrt{d} = (\sqrt{(x-1)/2} + \sqrt{(x+1)/2})^2$ 推出来的,调整子满足 $R'_d \doteq 102.101\ 583$.

为了决定 n 的最小能行值,爱莫绍尔发展了一个小理论,我们今天可以用有限域与环的语言来表达.利用 $p = 4\ 657$ 为一个素数及勒让德符号 $\left(\dfrac{d'}{p}\right)$ [①]等于 -1,则由他的理论,他得出 n 的最小值可以整除 $p + 1 = 4\ 658$;经更仔细地处理,他发现 n 必须整除 $(p+1)/2 = 2\ 329 = 17 \cdot 137$;见文[20].当试少许因子后,我们即可知 n 的最小值的确等于 $2\ 329$,因此 $R_d = 2\ 329 \cdot R'_d \doteq 237\ 794.586\ 710$.

结论为关于 d 的佩尔方程的基本解由 $x_1 + y_1\sqrt{d} = u^{2\ 329}$ 给出,此处 u 已于前面定义过.爱莫绍尔未能将各个结果综合起来.群牛问题的所有无穷多个解被安排在一张方便的小表中! 很自然地,它不包含任何答案的完全十进位表示,若要这样做,则需更多的智慧.例如,读者不仅易于验证由最小解给出的牛的头数有 $206\ 545$ 个十进位数字并等于 $77602714\cdots55081800$,而且可以发现第 1494195300 个解中有斑点的公牛的个数为一个有 308619694367813 位数字的数,它等于 $111111\cdots000000$(发现中间位置的数字可能相当困难).阿基米德曾写了一封长信给盖隆皇帝(King Gelon)(见文[21]或[11,p 215-219])关于大数的表示,由表 1 给出的解答无疑将使他高兴与满意.

---

① 关于勒让德符号的定义,请见华罗庚著《数论导引》第 3 章,§ 1.

表 1　阿基米德群牛问题的所有解

第 j 个解	公牛	母牛	所有牛
白色的	$10.366\ 482 \cdot k_j$	$7\ 206\ 360 \cdot k_j$	$17\ 572\ 842 \cdot k_j$
黑色的	$7\ 460\ 514 \cdot k_j$	$4\ 893\ 246 \cdot k_j$	$12\ 353\ 760 \cdot k_j$
有斑点的	$7\ 358\ 060 \cdot k_j$	$3\ 515\ 820 \cdot k_j$	$10\ 873\ 880 \cdot k_j$
棕色的	$4\ 149\ 387 \cdot k_j$	$5\ 439\ 213 \cdot k_j$	$9\ 588\ 600 \cdot k_j$
所有颜色的	$29\ 334\ 443 \cdot k_j$	$21\ 054\ 639 \cdot k_j$	$50\ 389\ 082 \cdot k_j$

$$w = 300\ 426\ 607\ 914\ 281\ 713\ 365 \cdot \sqrt{609} +$$
$$84\ 129\ 507\ 677\ 858\ 393\ 258 \cdot \sqrt{7\ 766}$$
$$k_j = (w^{4\ 658 \cdot j} - w^{-4\ 658 \cdot j})^2 / 368\ 238\ 304 \quad (j = 1,2,3,\cdots)$$

§5　幂乘积

假定人们希望对于一个给定的 d,求解佩尔方程 $x^2 = dy^2 + 1$,由爱莫绍尔关于群牛问题的解法,我们发现寻求 d 的最小因子 d',使 d/d' 为一个平方数可能是明智的,有两个理由:当执行连分数算法时节省了时间,而在表示最后的结果时,既节省时间,又节省空间.现在还不知道由 d 寻求 d' 是比 d 的因子分解本质上快的算法.此外,如果我们想决定关于 d' 的基本解的什么方幂可以导出关于 d 的基本解 —— 前一节中的数 n —— 我们亦需知道 $\sqrt{d/d'}$ 的素因子分解,及对于一个 $\sqrt{d/d'}$ 的素因子 p,$p - \left(\dfrac{d'}{p}\right)$ 的素因子分解.因此,如果我们想求解佩尔方程,首先就要分解 d.已知的素分解算法对于大的 d 可能不是很快的,但对于多数 d,仍可以期待其计算量之阶快于求解佩尔方程的任何已知方法[22].

现在假定 d 无平方因子,并记 $x_1 + y_1\sqrt{d}$ 为佩尔方程的基本解,它是 $\mathbf{Z}[\sqrt{d}]$ 的一个单位,则 $x_1 + y_1\sqrt{d}$ 可能亦是 $\mathbf{Z}[d]$ 的分数域 $\mathbf{Q}(\sqrt{d})$[①] 中一个数的某方幂,例如,具有 $y_1 > 6$ 的最小的 d 是 $d = 13$,对于它,我们有 $x_1 = 649, y_1 = 180$,及

$$649 + 180\sqrt{13} = \left(\frac{3 + \sqrt{13}}{2}\right)^6$$

1657 年,费马提出一个具有挑战性的问题,即对于 $d = 109$,基本解为一个六次方幂

$$158\ 070\ 671\ 986\ 249 + 15\ 140\ 424\ 455\ 100\sqrt{109} = \left(\frac{261 + 25\sqrt{109}}{2}\right)^6$$

就目前所知,这是代数数论中一个初等习题,即若 n 是一个正整数使 $x_1 + y_1\sqrt{d}$ 在 $\mathbf{Q}(\sqrt{d})$ 中有 n 次根,则 $n = 1, 2, 3$ 或 6,其中仅当 $d \equiv 1, 2$ 或 5（mod 8）时,有可能 $n = 2$,而仅当 $d = 5$（mod 8）时,有可能 $n = 3$ 及 6,因此,对于大的无平方因子的数 d,我们不可能期望在书写 $x_1 + y_1\sqrt{d}$ 时节省很多空间,就如同我们在解群牛问题时,当根被允许位于二次域的复合中时亦是这样.

假定 d 为一个任意非平方正整数,我们考虑 $\mathbf{Q}(\sqrt{d})$ 中的方幂积来代替方幂,即考虑形如

$$\prod_{i=1}^{t}(a_i + b_i\sqrt{d})^{n_i}$$

---

① $\mathbf{Q}(\sqrt{d})$ 表示集合 $\{r + s\sqrt{d} : r, s \in \mathbf{Q}\}$,其中 $\mathbf{Q}$ 表示全体有理数所成之集合.

的表示式，此处 t 为一个非负整数，a_i, b_i, n_i 为整数，$n_i \neq 0$，而对于每一个 i, a_i, b_i 中至少有一个非零. 我们定义这样一个表示式的长度为

$$\sum_{i=1}^{t} (\log |n_i| + \log(|a_i| + |b_i| \sqrt{d}))$$

这粗略地与表示 a_i, b_i, n_i 诸数所需的比特总和成比例. 每一个幂乘积表示 $\mathbf{Q}(\sqrt{d})$ 中的一个非零元素，而这个元素可以唯一地表为 $(a + b\sqrt{d})/c$，其中 $a, b, c \in \mathbf{Z}, \gcd(a, b, c) = 1, c > 0$. 无论如何，$a, b, c$ 的比特数将随 $|n_i|$ 指数而不是随它们的对数线性地增长，所以我们避免用后面的表达式而直接用幂乘积.

将元素表示为幂乘积引起了一些基本问题. 例如，我们是否可以用多项式时间判定两个幂乘积表示 $\mathbf{Q}(\sqrt{d})$ 中的同样的数？这里如前所述，"多项式时间"表示运算时间是输入长度的多项式函数，在这里，输入长度等于这两个给定幂乘积的长度之和. 类似地，我们可否用多项式时间决定一个给定的幂乘积表示为形如 $a + b\sqrt{d}$ 的数，其中 $a, b \in \mathbf{Z}$，即 $\mathbf{Z}[\sqrt{d}]$ 中的一个元素？如果可以，我们能否用多项式时间决定它满足 $a^2 - db^2 = 1$，其中 $a, b > 0$，从而我们得到佩尔方程的一个解，及能否算出 a 与 b 模一个已给正整数 m 所属的剩余类？

刚刚提出的所有问题的答案都是肯定的，即使对于一般代数数域来说，亦是这样. 最近葛式（Guogiang Ge）[23,24] 展示了证明之算法. 特别地，我们能够有效地决定一个给定的幂乘积是否表示佩尔方程的一个解，如果是的，则我们可以有效地计算这个解的任何"最低有效"十进位数字；当取幂乘积之对数时，则可得关于解的最先的位数及关于十进位数的个数. 在此需除去 a 或 b 非常接近 10 的方幂的很稀少的情况. 现在还没有多项式时间算法来决定一个给定的幂乘积是否表示佩尔方程的基本解.

§6　基础结构

现在假设给定 d, 我们并不要求求出佩尔方程的基本解 $x_1 + y_1\sqrt{d}$, 但要求一个表示它的 $\mathbf{Q}(\sqrt{d})$ 中的幂乘积. 下面的定理基本上总结了关于这样一个幂乘积的最小长度及找到它的算法所严格知道的一切事实.

定理　存在正实数 c_6 和 c_7, 具有下列性质:

(a) 对于每一个非平方的正整数 d, 皆存在一个表示佩尔方程基本解的幂乘积, 其长度不超过 $c_6 \cdot (\log d)^2$.

(b) 计算一个表示佩尔方程基本解的幂乘积的 "多项式时间" 等价于计算满足 $|R_d - \tilde{R}_d| < 1$ 的整数 $\tilde{R}_d$ 的问题.

(c) 对于给定的 d, 存在一个计算表示佩尔方程基本解的一个幂乘积的算法, 其运行时间最多为 $R_d^{1/2} \cdot (1 + \log d)^{c_7}$.

定理中的(a) 取自文[25], 由它推出我们要求的问题允许一个简短的答案, 所以找出这样一个答案的多项式时间算法的存在性问题应该是没有明显障碍的.

定理中的(b) 并不是表述得很严格的, 它断言两个多项式时间算法和存在性. 第一个算法取表示佩尔方程基本解的幂乘积 $\prod_i (a_i + b_i\sqrt{d})^{n_i}$ 作为输入而取调整子的一个整数逼近作为输出. 这里并无惊奇之

处,我们只要应用公式 $R_d = \sum_i n_i \log | a_i + b_i \sqrt{d} |$,及一个逼近对数的多项式时间算法即可[26].第二个算法取数 d 及 R_d 的一个整数逼近 $\tilde{R}_d$ 作为输入,并计算出一个表示佩尔方程基本解的幂乘积,因为算法运行了多项式时间,所以输出长度是多项式有界的. 这实际上就是定理中的(a) 所证明的途径.

第二个算法的基本概念是"基础结构",它是尚克斯(Shanks) 创造的一个字[27],用它来描述他发现的 $\sqrt{d}$ 的连分数展开之周期中的一些乘法结构.随后即被证明[17] 这个周期可以被"嵌入"到"周长"为 R_d 的一个圆群中,这个嵌入保持了循环结构.用阿拉克洛夫(Arakelov) 理论的近代术语,圆群可以被描述为对应于 $\mathbf{Z}[\sqrt{d}]$ 上"算术曲线"的"0 级度量化线丛"的群至一般可逆理想的类群之间的自然映射 $\mathrm{Pic}^0 \overline{\mathbf{Z}[\sqrt{d}]} \to$ $\mathrm{Pic}\ \mathbf{Z}[\sqrt{d}]$ 的核.运用高斯的约化二元二次型,我们可以在 $\mathrm{Pic}^0\ \overline{\mathbf{Z}[\sqrt{d}]}$ 及它的"圆"子群中做明确的计算.这些概念及其在算法方面应用的完整阐述,我们引用文献[17,25,27 − 30].

定理中的(b) 所说的等价性有一个有趣的性质,它不是在等价性内容中通常能遇见的,即我们可以用"一来与一回"以得到一个改进. 所以从一个表示基本解的幂乘积出发,首先我们可以用它来计算 $\tilde{R}_d$;其次,利用 $\tilde{R}_d$ 来寻求第二个幂乘积,它可能比初始者有较小长度.反之,从 R_d 的任意粗糙逼近出发,我们能算出一个幂乘积并用它来计算 R_d,达到所期望的任意精确度.

定理中的(c) 提到的算法是最快的,严格证明了计算一个所期望的幂乘积的算法,它的运算时间约为连分数法运算时间的平方根,它也是利用刚讨论过的基本结构与熟知的"婴儿一步一大步"方法相结合的搜寻技术.这种算法得出的幂乘积的长度可能并不是非常小,但是我们易于用(b)中的算法做一些事.我们关于 R_d 的估计,表明运算时间最多为 $d^{1/4} \cdot (1 + \log d)^{c_8}$,其中 c_8 为某常数,如果我们假定某种广义黎曼(Riemann)猜想成立,那么 $1/4$ 可以改进为 $1/5^{[28]}$ 沃尔默(U. Vollmer)的一个未发表的结果,他证明了(c)对于 $c_7 = 1 + \varepsilon$ 成立,此处 ε 为任意正数,而 d 大于一个仅依赖于 ε 的界,这是一个文[31]中结果的小改进.

基础结构方法引起了数学上的巨大兴趣.我们从算法方面猜想:更快的算法是存在的,但我们将看到,最后的成功可能属于基础结构.

§7　光滑数

至此为止,我们所见到的解佩尔方程的算法都具有一个 $\log d$ 的指数函数运算时间,人们仍希望有一个运算时间为 $\log d$ 的多项式函数算法.我们现在将要讨论的方法可以相信是处于指数与多项式时间两者"中间"的算法.像数论中许多次指数算法一样,它使用了光滑数,即由小素因子构成的正负非零整数.光滑数在整数因子分解及环的乘法群的离散对数算法设计方面已经取得了很成功的应用,参见文[32,33],在此我们将看到它们是怎样用佩尔方程求解问题的.

我们不做正规的描述,而用群牛问题中蕴涵的数 $d = 4\,729\,494 = 2 \cdot 3 \cdot 7 \cdot 11 \cdot 29 \cdot 353$ 来阐明该算法.相

比于爱莫绍尔做的 $\sqrt{d}$ 连分数展开,这里的计算不那么艰苦而且颇令人愉快. 我们仅直觉地解释这个方法,读者若渴望见到它的正式论证,则他们必须通晓代数数论中的一些基本定理[8,22].

　　算法运作的光滑数不是普通的整数而是环 $\mathbf{Z}[\sqrt{d}]$ 中的元素,其中 d 就是刚刚选择的. 有一个自然的途径可以将光滑性概念推广至这种数,即对 $\alpha = a+b\sqrt{d} \in \mathbf{Q}(\sqrt{d})$,此处,$a,b \in \mathbf{Q}$,记 $\alpha' = a-b\sqrt{d}$,则 $\alpha \longmapsto \alpha'$. 导出域 $\mathbf{Q}(\alpha)$ 与环 $\mathbf{Z}[\alpha]$ 的一个自同构,并有乘法 $N(\alpha) = \alpha\alpha' = a^2 - db^2$ 定义的范数映射 $N : \mathbf{Q}(\sqrt{d}) \rightarrow \mathbf{Q}$. 现在自然地期望 $\mathbf{Z}[\sqrt{d}]$ 的一个元素 α 为光滑的当且仅当 α' 是光滑的;所以可以同样推至它们的乘积 $N(\alpha)$,这是一个普通整数,并当 $|N(\alpha)|$ 由不超过某一界的素数所构建时,就定义 α 为光滑的,这个界的大小取决于不同的情况;在现在的计算中,我们将按经验来选取它.

　　算法的第一步为找出 $\mathbf{Z}[\sqrt{d}]$ 中一些光滑数 $a+b\sqrt{d}$,或等价地,一些整数对 a,b 使 a^2-db^2 为光滑的. 我们可以依次尝试 $b=1,2,3,\cdots$,然后在 $b\sqrt{d}$ 的附近尝试整数 a;则 $|a^2-db^2|$ 适当小,就增加了它为光滑数的机会. 例如,对于 $b=1$,我们在 $b\sqrt{d} \doteq 2\ 174.74$ 附近找到 a,从而使 a^2-d 有下列光滑值

$$2\ 156^2 - d = -2 \cdot 7 \cdot 11 \cdot 17 \cdot 31$$
$$2\ 162^2 - d = -2 \cdot 5^3 \cdot 13 \cdot 17$$
$$2\ 175^2 - d = 3 \cdot 13 \cdot 29$$
$$2\ 178^2 - d = 2 \cdot 3 \cdot 5 \cdot 11 \cdot 43$$
$$2\ 184^2 - d = 2 \cdot 3 \cdot 7 \cdot 31^2$$
$$2\ 187^2 - d = 3 \cdot 5^2 \cdot 23 \cdot 31$$

对于 $b=2,3,4$，限制 a 的值与 b 互素，我们找到

$$4\ 329^2 - 2^2 d = -3 \cdot 5 \cdot 17^2 \cdot 41$$

$$4\ 341^2 - 2^2 d = -3 \cdot 5 \cdot 17^3$$

$$4\ 351^2 - 2^2 d = 5^2 \cdot 23^2$$

$$4\ 363^2 - 2^2 d = 13^2 \cdot 17 \cdot 41$$

$$4\ 389^2 - 2^2 d = 3 \cdot 5 \cdot 7 \cdot 11 \cdot 13 \cdot 23$$

$$4\ 399^2 - 2^2 d = 5^2 \cdot 13 \cdot 31 \cdot 43$$

$$6\ 514^2 - 3^2 d = -2 \cdot 5^3 \cdot 13 \cdot 41$$

$$6\ 524^2 - 3^2 d = -2 \cdot 5 \cdot 7 \cdot 41$$

$$6\ 538^2 - 3^2 d = 2 \cdot 7 \cdot 13 \cdot 23 \cdot 43$$

$$8\ 699^2 - 4^2 d = 17 \cdot 41$$

在这 16 个因子分解式中属于 d 的小素因子为 $2,3,7$，$11,29$，还有满足 $p \leqslant 43$ 及 $\left(\dfrac{d}{p}\right)=1$ 的素数，只有后面的素数是重要的，并共有七个这种素数：$5,13,17,23$，$31,41$ 和 43．光滑地表示 $a^2 - db^2$ 的个数超过这种素数个数是重要的，的确如此：$16 > 7$．如果我们仅用到不超过 31 的素数及不含有 41 或 43 的 8 个因子分解式，则我们仍有充分的余裕：$8 > 5$．因此，我们决定采用"光滑界"31．

下一步为写出 8 个数 $(a+b\sqrt{d})/(a-b\sqrt{d})$ 的素理想[1]的因子分解式，考虑 $a = 2\ 162, b = 1$ 的情形．因为 $2\ 162^2 - d$ 含有因子 13，元素 $2\ 162 + \sqrt{d}$ 有一个范数 13 的素理想因子，并由 $2\ 162 \equiv 4 \pmod{13}$，我们得知这个素理想就是 $\mathfrak{p}_{13} = (13, 4 + \sqrt{d})$；它是环同态

---

① 关于理想的概念与基本结果，请参看：E. 赫克著《代数数理论讲义》（科学出版社，2005）第 5 章．

$\mathbf{Z}[\sqrt{d}] \to \mathbf{Z}/13\mathbf{Z}$ 的核,将 $\sqrt{d}$ 映射至 $-4(\bmod 13)$. 共轭素理想 $\mathfrak{q}_{13} = (13, 4 - \sqrt{d})$ 则含于 $2\,162 - \sqrt{d}$ 中.同样, $2\,162 + \sqrt{d}$ 可被素理想 $\mathfrak{p}_5 = (5, 2 + \sqrt{d})$ 的三次方整除及被 $\mathfrak{p}_{17} = (17, 3 + \sqrt{d})$ 整除,而 $2\,162 - \sqrt{d}$ 可被 $\mathfrak{q}_5^3 \mathfrak{q}_{17}$ 整除,此外 $\mathfrak{q}_5 = (5, 2 - \sqrt{d})$ 及 $\mathfrak{q}_{17} = (17, 3 - \sqrt{d})$.

最后, $2\,162 + \sqrt{d}$ 有素理想因子 $(2, \sqrt{d})$,但是由于 2 可以整除 d,所以这个素理想与其共轭相同,所以在 $2\,162 + \sqrt{d}$ 除以其共轭时,这个素理想就消除了.总结上述各点,我们得到素理想因子分解式

$$((2\,162 + \sqrt{d})/(2\,162 - \sqrt{d})) =$$
$$(\mathfrak{p}_5/\mathfrak{q}_5)^3 (\mathfrak{p}_{13}/\mathfrak{q}_{13}) \cdot (\mathfrak{p}_{17}/\mathfrak{q}_{17})$$

作为另一个例子,考虑 $a = 4\,351, b = 2$. 我们有 $4\,351^2 - 2^2 d = 5^2 \cdot 23^2$,并由 $4\,351/2 \equiv -2(\bmod 5)$,可知 $4\,351 + 2\sqrt{d}$ 属于 $\mathfrak{q}_5$ 而不是 $\mathfrak{p}_5$,类似地,由 $4\,351/2 \equiv 2(\bmod 23)$,推出它属于 $\mathfrak{p}_{23} = (23, 2 + \sqrt{d})$,记 $\mathfrak{q}_{23} = (23, 2 - \sqrt{d})$,则得

$$((4\,351 + 2\sqrt{d})/(4\,351 - 2\sqrt{d})) =$$
$$(\mathfrak{p}_5/\mathfrak{q}_5)^{-2} \cdot (\mathfrak{p}_{23}/\mathfrak{q}_{23})^2$$

对于所有 8 对 a, b,做完这种素理想分解,则得如下数据

	5	13	17	23	31			
$2\,156 + \sqrt{d}$	0	0	-1	0	-1	1	0	0
$2\,162 + \sqrt{d}$	3	1	1	0	0	1	0	-9
$2\,175 + \sqrt{d}$	0	1	0	0	0	0	-2	9
$2\,184 + \sqrt{d}$	0	0	0	0	2	0	0	5

$2\,187+\sqrt{d}$	2	0	0	1	-1	-1	0	10
$4\,341+2\sqrt{d}$	-1	0	3	0	0	0	0	3
$4\,351+2\sqrt{d}$	-2	0	0	2	0	0	1	-5
$4\,289+2\sqrt{d}$	1	1	0	-1	0	-1	2	0

第一行数据列举出了我们使用的素数 p,第一列列举出 8 个表达式 $\alpha=a+b\sqrt{d}$. 在第 α 行与第 p 列处,我们找到 α/α' 的素理想分解式中 $\mathfrak{p}_p/\mathfrak{q}_p$ 的指数,此处 $\mathfrak{p}_p,\mathfrak{q}_p$,如上所示,再加上 $\mathfrak{p}_{31}=(31,14+\sqrt{d})$ 及 $\mathfrak{q}_{31}=(31,14-\sqrt{d})$. 因此每个 α 由 $\mathbf{Z}^5$ 中的一个"指数向量"给出.

算法的第三步为找出 8 个指数向量以整数为系数的线性关系. 这些关系的集合构成一个秩为 3 的自由阿贝尔(Abel)群,它的秩等于 8 减去这 8 个向量构成的 8×5 矩阵的秩. 这个群的 3 个独立生成元集合由最后三列给出;一般情况说来,我们可以应用 $\mathbf{Z}$ 上线性代数技术来求得这样一个集合;见文[34]第 14 章.

算法的最后一步为逐个检查这些关系. 例如考虑第一个关系,它表示对应于 $2\,156+\sqrt{d}$ 与 $2\,162+\sqrt{d}$ 的指数向量之和等于 $2\,187+\sqrt{d}$ 与 $4\,389+2\sqrt{d}$ 的指数向量之和. 换言之,若我们置

$$\alpha=\frac{(2\,156+\sqrt{d})\cdot(2\,162+\sqrt{d})}{(2\,187+\sqrt{d})\cdot(4\,389+2\sqrt{d})}$$

则元素 $\varepsilon=\alpha/\alpha'$ 的所有素理想分解中的素理想指数均等于 0. 这就是说,ε 是环 $\mathbf{Z}[\sqrt{d}\,]$ 中的一个单位 $x+y\sqrt{d}$;这个单位的范数 $\varepsilon\varepsilon'=x^2-dy^2$ 等于 $N(\alpha)/N(\alpha')=1$,所以我们得到佩尔方程 $x^2-dy^2=1$

的一组整解,此处 x 与 y 是否为正尚不能确定. 我们可以记 $\varepsilon = \alpha/\alpha' = \alpha^2/N(\alpha)$,其中我们的出发处就是 $N(\alpha) = a^2 - db^2$ 的因子分解;于是得到 ε 的下面两种幂乘积表示

$$\varepsilon = \frac{(2\,156 + \sqrt{d}) \cdot (2\,162 + \sqrt{d})}{(2\,156 - \sqrt{d}) \cdot (2\,162 - \sqrt{d})} \times$$

$$\frac{(2\,187 - \sqrt{d}) \cdot (4\,389 - 2\sqrt{d})}{(2\,187 + \sqrt{d}) \cdot (4\,389 + 2\sqrt{d})} =$$

$$\frac{3^2 \cdot 23^2 \cdot (2\,156 + \sqrt{d})^2 \cdot (2\,162 + \sqrt{d})^2}{2^2 \cdot 17^2 \cdot (2\,187 + \sqrt{d})^2 \cdot (4\,389 + 2\sqrt{d})^2}$$

在第二个表示中,"可以看出" ε 是一个平方,或等价地, $N(\alpha)$ 是一个平方;这是一个坏的征兆,由 $\varepsilon = 1$ 就有可能产生,这时我们有 $\alpha \in \mathbf{Q}, n(\alpha) = \alpha^2 x = 1$ 及 $y = 0$. 这确实在这里产生了.(同样可以看出若 ε 为 $-d$ 乘一个平方数,则亦为一个坏的信号;而当 $\varepsilon = -1$ 时的确可能发生). 在我们现在的情况下,数目都是相当小的,所以可以直接验证 $\varepsilon = 1$,对于大的幂乘积,我们可以计算 $\log|\varepsilon|$ 至一个相当的精确度并去证明 $\mathbf{Z}[\sqrt{d}]$ 中一个正单位的对数除等于 0 外,不可能接近于 0,由此决定出 ε 是否等于 ± 1.

因此,第一个关系令人失望地给出了佩尔方程的一个平凡解. 读者可以验证由第二个关系得到的单位

$$\frac{29^2 \cdot (4\,351 + 2\sqrt{d})^2 \cdot (4\,389 + 2\sqrt{d})^4}{5^4 \cdot 7^2 \cdot 11^2 \cdot 23^4 \cdot (2\,175 + \sqrt{d})^4}$$

亦等于 1. 第三个关系得到单位

$$\eta =$$

$$\frac{2^4 \cdot 5^{14}(2\,175 + \sqrt{d})^{18} \cdot (2\,184 + \sqrt{d})^{10} \cdot (2\,187 + \sqrt{d})^{20} \cdot (4\,341 + 2\sqrt{d})^6}{3^{27} \cdot 7^5 \cdot 29^9 \cdot 31^{20} \cdot (2\,162 + \sqrt{d})^{18} \cdot (4\,351 + 2\sqrt{d})^{10}}$$

因为这不可以看出为一个平方数,所以可以确定它不等于 1. 由于它是正的,所以亦不等于 -1. 因此 η 形如 $x + y\sqrt{d}$,此处 $x, y \in \mathbf{Z}$,满足 $x^2 - dy^2 = 1$ 且 $y \neq 0$;从而 $|x|, |y|$ 是佩尔方程的解. 由幂乘积,我们算出单位的对数约为 102.101 583. 由此可得 $\eta > 1$,所以 η 是 4 个数 $\eta, \eta' = 1/\eta, -\eta, -\eta'$ 中之最大者;换言之,$x + y\sqrt{d}$ 是 4 个数中 $\pm x \pm y\sqrt{d}$ 之最大者,这等价于 x, y 为正的. 一般来说,当 η 为负时,我们首先将 η 换成 $-\eta$,其次若 $\eta < 1$,则将 η 换成 η',从而达到 $\eta > 1$.

我们证明了由幂乘积定义的 η 的确表示一个佩尔方程的解,下一个问题是问它到底是否为基本解,对这个例子,我们易于给出肯定的答案,这是由于由爱莫绍尔的计算可知 $R_d \doteq 102.101\ 583$,而任何非基本解的对数至少为 $2 \cdot R_d$. 因此 η 等于爱莫绍尔发现的解 u,它确为基本解. 特别地,数 $\log \eta \doteq 102.101\ 583$ 与 $\log u \doteq 102.101\ 583$ 恰好相等,而不仅仅是六位小数相符合.

我们寻求 η 所用的幂乘积表示比关于 u 的标准表示稍微紧密些. 事实上,与 u 的 $R_d = 102.101\ 583$ 相比较,以前定义的长度约为 93.099 810. 幂乘积

$$\frac{(2\ 175 + \sqrt{d})^{18}}{(2\ 175 - \sqrt{d})^{18}} \cdot \frac{(2\ 184 + \sqrt{d})^{10}}{(2\ 184 - \sqrt{d})^{10}} \cdot \frac{(2\ 187 + \sqrt{d})^{20}}{(2\ 187 - \sqrt{d})^{20}} \cdot$$

$$\frac{(4\ 341 + 2\sqrt{d})^{6}}{(4\ 341 - 2\sqrt{d})^{6}} \cdot \frac{(2\ 162 - \sqrt{d})^{18}}{(2\ 162 + \sqrt{d})^{18}} \cdot \frac{(4\ 351 - 2\sqrt{d})^{10}}{(4\ 351 + 2\sqrt{d})^{10}}$$

亦表示 u,其长度约为 125.337 907.

§8 展 示

上节用例子阐述的求解佩尔方程的光滑数方法

可以推广至 d 的任意值,但遗憾的是我们现在既不能证明有关这个方法的运算时间,也不能证明这个方法的正确性.关于运算时间,无论如何,我们可以给出一个合理的猜想.

对于 $x > \mathrm{e}$,记
$$L(x) = \exp(\sqrt{\log x}\ \sqrt{\log \log x}\ )$$
猜想是说,对于某正实数 c_9 及所有 $d > 2$,光滑数方法的运算时间最多为 $L(d)^{c_9}$. 这即为在一个加倍对数水平上
$$x^{c_9} = \exp(c_9 \log x)$$
与
$$(\log x)^{c_9} = \exp(c_9 \log \log x)$$
的精确均值;所以可以猜想光滑数方法的运算时间在某种意义上介于指数时间与多项式时间的中间.

导致这一猜想的试探性推理的主要成分为下面已证的定理:对于固定的正实数 c, c',及 $x \to \infty$,适合小于或等于 x^c 的一个随机正整数(按均匀分布提取)具有所有素因子小于或等于 $L(x)^c$ 的概率为 $1/L(x)^{c'/(2c)+o(1)}$. 这条定理阐明了在做依赖于光滑数的算法分析时,函数 L 的重要性[33,35]. 试探性运算时间分析的其他成分是这样的信念:人们的希望是光滑数表示式 $a^2 - db^2$ 与它们是随机数具有同等概率,并相信由这个算法产生的单位有一个不同于 ± 1 的大概率,这些信念是由实践所提供的.

在刚刚表述的猜想中,我们或许可以取 $c_9 = 3/\sqrt{8} + \varepsilon$,此处 ε 为任何正数及 d 为大于仅依赖于 ε 的一个界;我们有 $3/\sqrt{8} \doteq 1.060\ 66$,瓶颈之一为时间耗费于求解 $\mathbf{Z}$ 上一个大的稀疏线性方程组.关于发展一

个处理这个问题的较好算法,如果我们非常乐观地设想,$3/\sqrt{8}$ 可能用 1 来替代.

如果我们希望有适当的把握使算法产生的单位是佩尔方程的基本解,则光滑数方法还需要补充一些追加的技术. 因为缺乏验证是否已达到目的之检验方法,所以我们放弃了这种技术的讨论. 更精确地说,现在我们还不知道用次指数时间来验证一个由幂乘积得到的佩尔方程的解是否是基本解的途径. 做这件事最有希望的技术为启用解析类数公式,但是它的有效性依赖于广义黎曼猜想①的成立,这个猜想的缩写为 GRH,它断言不存在一个代数数域,它所对应的 zeta 函数有一个实数部分大于 1/2 的复零点. GRH 也可以用来在概率框架内证实试探性的运算时间分析,这导致了下面的定理.

定理 存在一个概率的算法使对于某正实数 c_{10},下列性质成立:

(a) 给定任何非平方数的正整数 d,这个算法得出一个正整数 R,它与 R_d 的某正整数倍 $m \cdot R_d$ 之差小于 1;

(b) 若 GRH 成立,则(a) 对于 $m = 1$ 成立;

(c) 若 GRH 成立,则对于每一个 $d > 2$,算法的期望运算时间最多为 $L(d)^{c_{10}}$.

定理中提到的算法是概率的,其含义为它使用一个随机数生成元;随机数生成元不断地工作,单位时

---

① 对于一个代数数域 K,定义复变数 s 的函数 $S_K(s) = \sum_r \dfrac{1}{N(r)^s}$,此处 r 遍历 K 所有的非零理想,而 $N(r)$ 表示 r 的范数,则称 $S_K(s)$ 为 K 上的 zeta 函数.

间从均匀分布中提取一个比特,且关于以前提取的比特是独立的. 一个概率算法的运算时间与输出不仅依赖于输入,而且依赖于提取的随机比特;所以给予的输入可以被看作是变数. 对我们的情况,对于固定的 d,运算时间的期望由定理的(c)给出,而(a)与(b)描述了我们所知道的输出. 特别地,算法总是有终结的,且当 GRH 成立时,它保证算出一个逼近调整子的整数.

刚刚说到的定理是几个人努力的结果,新近的文献列于文[36,37]. 根据后面的工作,我们可以取 $c_{10} = 3/\sqrt{8} + \varepsilon$,此处 ε 为任何正数而 d 超过一个仅依赖于 ε 的界.

关于解决佩尔方程算法的最后句号尚未画上,最近,一个量子算法展示了,它用多项式时间算出一个表示基本解的幂乘积[38,39],这个算法依赖于基础结构,而不是光滑数. 对于实用目的来说,在量子计算机未出现前,光滑数方法仍为首选.

参考文献

[1] WEIL A. Number theory:an approach through history [M]. Boston:Birkhäuser,1984.

[2] DICKSON L E. History of the theory of numbers:Vol. II ,Diophantine analysis[M]. Washington,DC:Carnegie Institution,1920.

[3] KONEN H. Geschichte der Gleichung $t^2 - Du^2 = 1$[M]. Leipzig: S. Hirzel,1901.

[4] WHITFORD E E. The Pell equation[M]. New York: self-published,1912.

[5] EULER L. Vollständige Anleitung zur Algebra[M]// Elements of algebra. New York:Springer,1984.

[6] NIVEN I, ZUCKERMAN H S, MONTGOMERY H L. An introduction to the theory of numbers. New York: Wiley, 1991.

[7] GRANGE de la J-L. Solution d'un problème d'arithmétique [M]// Lagrange's Euvres, vol. Ⅰ. Paris: Gauthier-Villars, 1867:669-731.

[8] STEVENHAGEN P. The arithmetic of number rings [M]// Surveys in algorithmic number theory. New York: Cambridge University Press, 2008: 209-266.

[9] BUHLER J P, WAGON S. Basic algorithms in number theory[M]// Surveys in algorithmic number theory. New York: Cambridge University Press, 2008: 25-68.

[10] LESSING G E. Zur Griechischen Anthologie[M]// Zweyter Beytrag. Zur Geschichte und Litteratur: Aus den Schätzen der Herzoglichen Bibliothek zu Wolfenbüttel. Braunschweig: Waysenhaus-Buchhandlung, 1773:419-446.

[11] HEIBERG J L. Archimedis opera omnia cum commentariis Eutocii: vol. Ⅱ[M]. Leipzig: Teubner, 1913.

[12] FRASER P M. Ptolemaic Alexandria[M]. Oxford: Oxford University Press, 1972.

[13] HILLION S J P, H W LENSTRA Jr, MERCATOR, SANTPOORT. The cattle problem [M]. [S. l.]: [s. n.], 1999.

[14] GROSJEAN C C, De MEYER H E, A new contribution to the mathematical study of the cattle-problem of Archimedes[M]// Constantin Carathéodory: an international tribute, vol. Ⅰ. Teaneck, NJ: World Sci. Publishing, 1991:404-453.

[15] KRUMBIEGEL B, AMTHOR A. Das Problema

Bovinum des Archimedes[J]. Historisch-literarische Abteilung der Zeitschrift für Mathematik und Physik, 1880 (25):121-136,153-171.

[16] NELSON H L. A solution to Archimedes' cattle problem [J]. J. Recreational Math. 1980/81,13(3):162-176.

[17] LENSTRA H W Jr. On the calculation of regulators and class numbers of quadratic fields[M]//Journées arithm-étiques. Cambridge:Cambridge Univ. Press, 1982:123-150.

[18] SCHÖNHAGE A. Schnelle Berechnung von Kettenbruchentwicklungen [J]. Acta Inform, 1971(1):139-144.

[19] HUA L-K. On the least solution of Pell's equation[J]. Bull. Amer. Math. Soc. ,1942 (48):731-735.

[20] VARDI I. Archimedes' cattle problem[J]. Amer. Math. Monthly,1998, 105(4):305-319.

[21] DIJKSTERHUIS E J. The Arenarius of Archimedes with glossary[M]. Leiden:Brill,1956.

[22] STEVENHAGEN P. The number field sieve[M]// Surveys in algorithmic number theory. New York:Cambridge University Press,2008: 83-100.

[23] GE G. Algorithms related to multiplicative representations[D]. Berkeley:University of California, 1993.

[24] GE G. Recognizing units in number fields[J]. Math. Comp. 1994,63 (207):377-387.

[25] BUCHMANN J, THIEL C, WILLIAMS H. Short representation of quadratic integers[M]//Computational algebra and number theory. Dordrecht: Kluwer Acad. Publ. ,1995:159-185.

[26] BRENT R P. Fast multiple-precision evaluation of elementary functions[J]. J. Assoc. Comput. Mach. 1976,23 (2):242-251.

[27] SHANKS D. The infrastructure of a real quadratic field

and its applications: Proceedings of the Number Theory Conference (Boulder,CO,1972) [C] Boulder,Colo. : Univ. Colorado, 1972:217-224.

[28] SCHOOF R J. Quadratic fields and factorization[M]// Computational methods in number theory,vol. Ⅱ. Amsterdam:Math. Centrum, 1982:235-286.

[29] SCHOOF R J. Computing Arakelov class groups[M]// Surveys in algorithmic number theory. New York: Cambridge University Press, 2008:447-495.

[30] BUCHMANN J, Vollmer U. A Terr algorithm for computations in the infrastructure of real-quadratic number fields[J]. J. Théor. Nombres Bordeaux, 2006, 18 (3):559-572.

[31] WILLIAMS H C. Solving the Pell equation[M]// Number theory for the millennium: vol. 3. Urbana,IL: AK Peters,2000:397-435.

[32] POMERANCE C. Elementary thoughts on discrete logarithms [M]// Surveys in algorithmic numbe theory. New York: Cambridge University Press, 2008:385-396.

[33] POMERANCE C. Smooth numbers and the quadratic sivev[M]// Surveys in algorithmic number theory. New York:Cambridge University Press, 2008:69-81.

[34] LENSTRA H W ,Jr. Lattices[M]//Surveys in algorithmic number theory. New York: Cambridge University Press, 2008:127-181.

[35] GRANVILLE A. Smooth numbers:computational number theory and beyond[M]// Surveys in algorithmic number theory. New York: Cambridge University Press, 2008:367-323.

[36] VOLLMER U. An accelerated Buchmann algorithm for regulator computation in real quadratic fields[M]//

Algorithmic Number Theory, ANTSV. New York: Springer，2002, 148-162.

[37] VOLLMER U. Rigorously analyzed algorithms for the discrete logarithm problem in quadratic number fields[D]. Fachbereich Informatik: Technische Univ. Darmstadt，2003.

[38] HALLGREN S. Polynomial-time quantum algorithms for Pell's equation and the principal ideal problem[M]// Proceedings of the Thirty-Fourth Annual ACM Symposium on Theory of Computing. New York: ACM，2002: 653-658.

[39] SCHMIDT A，VOLLMER U. Polynomial time quantum algorithm for the computation of the unit group of a number field[M]// STOC'05: Proceedings of the 37th Annual ACM Symposium on Theory of Computing. New York: ACM，2005: 475-480.

佩尔方程解的公式的新证明[①]

第四章

形如
$$x^2 - Dy^2 = 1 \qquad (1)$$
及
$$x^2 - Dy^2 = -1 \qquad (2)$$
的二元二次不定方程都称为佩尔方程.

众所周知.佩尔方程(1)与(2)的解的公式,不论是在二次丢番图方程、高次丢番图方程中,还是在代数数论中,都有着举足轻重的作用.而寻常对(1),(2)这两个方程的求解的公式,其证明过程是比较复杂的[1,3],齐齐哈尔师范学院的肖藻教授在 1988 年给出了一个不用寻常的方法,应用双曲函数的新的证明方法.

定理 若 D 是非完全平方的正整数,(x_0,y_0) 是方程(1)的基本解,则方程(1)的一切整数解 (x,y) 皆可表为
$$x + y\sqrt{D} = \pm(x_0 + y_0\sqrt{D})^k \qquad (3)$$

---

① 选自《齐齐哈尔师范学院学报(自然科学版)》,1988 年第 4 期.

其中 k 是任意整数.

证明 由方程（1）可见，我们仅需证明方程（1）的一切正整数解 (x,y) 由

$$x + y\sqrt{D} = (x_0 + y_0\sqrt{D})^k \quad (k > 0) \quad (4)$$

表出即可.

（1）由于

$$x_0^2 - Dy_0^2 = 1$$

则有

$$x_0 + \sqrt{D}y_0 = \operatorname{ch}\varphi_0 + \operatorname{sh}\varphi_0$$

其中

$$\operatorname{ch}\varphi_0 = \frac{x_0}{\sqrt{x_0^2 - Dy_0^2}} = x_0 \quad (5)$$

$$\operatorname{sh}\varphi_0 = \frac{\sqrt{D}y_0}{\sqrt{x_0^2 - Dy_0^2}} = \sqrt{D}y_0^2 \quad (6)$$

于是

$$\operatorname{ch}^2 k\varphi_0 - \operatorname{sh}^2 k\varphi_0 = 1$$

其中 k 为任意整数.

从而

$$\operatorname{ch}^2 k\varphi_0 - D\left(\frac{\operatorname{sh}\,k\varphi_0}{\sqrt{D}}\right)^2 = 1$$

令

$$x = \operatorname{ch}k\varphi_0, y = \frac{\operatorname{sh}\,k\varphi_0}{\sqrt{D}} \quad (7)$$

注意到式（5），（6）与双曲函数的倍角公式[4]，显见式（7）中的 x,y 皆为正整数.

可以证明式（7）适合方程（4）.

事实上，由于

$$\operatorname{ch}\varphi_0 + \operatorname{sh}\varphi_0 = \mathrm{e}^{\varphi_0}$$

67

故
$$(\operatorname{ch} \varphi_0 + \operatorname{sh} \varphi_0)^k = \mathrm{e}^{k\varphi_0} = \operatorname{ch} k\varphi_0 + \operatorname{sh} k\varphi_0$$
从而
$$x + y\sqrt{D} = \operatorname{ch} k\varphi_0 + \sqrt{D} \cdot \frac{\operatorname{sh} k\varphi_0}{\sqrt{D}} =$$
$$(x_0 + \sqrt{D} y_0)^k$$

方程(4)的满足就证明了式(7)是方程(1)的正整数解.

(2)现在证:式(7)是方程(1)的一切正整数解.

若不然,设 $x_1, y_1 (x_1 > 0, y_1 > 0)$ 是方程(1)的一组正整数解,但不是式(7)型的解.

注意到 $x_0 + y_0\sqrt{D}$ 的最小性,故必有
$$x_1 + y_1\sqrt{D} > x_0 + y_0\sqrt{D} \tag{8}$$
由于
$$x_1 + y_1\sqrt{D} = \operatorname{ch} \varphi_1 + \operatorname{sh} \varphi_1 = \mathrm{e}^{\varphi_1}$$
与式(8),则必有正整数 k_1,使
$$\mathrm{e}^{k_1\varphi_0} < \mathrm{e}^{\varphi_1} < \mathrm{e}^{(k_1+1)\varphi_0}$$
那么
$$1 < \mathrm{e}^{\varphi_1 - k_1\varphi_0} < \mathrm{e}^{\varphi_0} \tag{9}$$
注意到
$$\operatorname{ch} \varphi_1, \frac{\operatorname{sh} \varphi_1}{\sqrt{D}}, \operatorname{ch} \varphi_0, \frac{\operatorname{sh} \varphi_0}{\sqrt{D}}$$
皆为正整数,再考虑到双曲函数的倍角公式[4].

我们得知
$$\operatorname{ch}(\varphi_1 - k_1\varphi_0), \frac{\operatorname{sh}(\varphi_1 - k_1\varphi_0)}{\sqrt{D}}$$
均为正整数.

又由

$$\mathrm{ch}^{2}(\varphi_{1}-k_{1}\varphi_{0})-$$

$$D \cdot \left(\frac{\mathrm{sh}(\varphi_{1}-k_{1}\varphi_{0})}{\sqrt{D}}\right)^{2}=1$$

得知

$$\mathrm{ch}(\varphi_{1}-k_{1}\varphi_{0}) \text{ 与 } \frac{\mathrm{sh}(\varphi_{1}-k_{1}\varphi_{0})}{\sqrt{D}}$$

我们再注意到式(9),得知,此与 $x_{0}+y_{0}\sqrt{D}$ 的最小性矛盾. 证毕.

参考文献

[1] MORDELL L J. Diophantine Equations[M]. New York: Academic Press,1969.

[2] IRDANDK,ROSEN M. A Classical Introduction to Modern Number Theory[M]. Berlin:Springer-Verlay, 1982.

[3] 柯召,孙琦. 数论讲义:下册[M]. 北京:高等教育出版社,1986.

[4] ЯНПОЛЬСКИЙ А Р. Гйлерболпческие Функций[J]. Флзматгчи,1960:16-18.

关于佩尔方程 $x^2-dy^2=-1$ 的几个结果[①]

第五章

关于佩尔方程 $x^2-dy^2=-1$，d 是无平方因子数，且 $d>0$，尚不曾有完整的结果，仅有几个零星的结果[1,2]．显然，我们知道：若 d 中有形如 $4k+3$ 的素数因子，那么 $x^2-dy^2=-1$ 一定无正整数解．贵州一七四煤田地质勘探队子校的邓波老师在 1994 年给出了佩尔方程 $x^2-dy^2=-1$ 有解的几个充分条件，它的主要想法来自文[3]．

我们先证明两个引理．

仿文[3]的 Lemma 6，我们很容易证明如下两个引理．

引理 1 若 a,b,c,d 是非负整数，且 $\alpha=a+b\sqrt{d}$，$\beta=c+d\sqrt{d}$ 都是 $x^2-dy^2=1$ 的解，则 $\alpha<\beta$，当且仅当 $b<d$．

---

① 选自《贵州科学》，1994 年第 12 卷第 4 期．

引理 2　p,q 是两相异素数,$p \equiv 1(\bmod 4),q \equiv 1(\bmod 4)$ 且 $\left(\dfrac{q}{p}\right) = \left(\dfrac{-q}{p}\right) = -1$ 或 $\left(\dfrac{p}{q}\right) = \left(\dfrac{-p}{q}\right) = -1$,则佩尔方程

$$x^2 - pqy^2 = -1$$

必有正整数解. 这里符号 $\left(\dfrac{q}{p}\right)$ 是勒让德符号.

证明　不妨设 $\left(\dfrac{q}{p}\right) = \left(\dfrac{-q}{p}\right) = -1$,并设 $x_0 + y_0\sqrt{pq}$ 是方程 $x^2 - pqy^2 = 1$ 的基本解. (参见文[1]或[2]). 显然 $x_0 \equiv 1(\bmod 2)$,否则 $x_0^2 - pqy_0^2 \equiv -1$ 或 $0(\bmod 4)$,此不可能,于是 $x_0 \equiv 1(\bmod 2),y_0 \equiv 0(\bmod 2)$. 因为 $\dfrac{x_0+1}{2} \cdot \dfrac{x_0-1}{2} = \dfrac{x_0^2-1}{4} = \dfrac{pqy_0^2}{4} = pq\left(\dfrac{y_0}{2}\right)^2$.

由于 $((x_0+1)/2,(x_0-1)/2) = ((x_0-1)/2+1,(x_0-1)/2) = 1$,所以

$$\frac{x_0+1}{2} = qy_1^2, \frac{x_0-1}{2} = qy_2^2, \frac{y_0}{2} = y_1y_2 \qquad (1)$$

$$\frac{x_0+1}{2} = qy_1^2, \frac{x_0-1}{2} = py_2^2, \frac{y_0}{2} = y_1y_2 \qquad (2)$$

$$\frac{x_0+1}{2} = pqy_1^2, \frac{x_0-1}{2} = y_2^2, \frac{y_0}{2} = y_1y_2 \qquad (3)$$

$$\frac{x_0+1}{2} = y_1^2, \frac{x_0-1}{2} = pqy_2^2, \frac{y_0}{2} = y_1y_2 \qquad (4)$$

其中 y_1,y_2 均是正整数.

由式(1)得 $py_1^2 - qy_2^2 = 1$,于是 $-qy_2^2 \equiv 1(\bmod p)$,即得 $\left(\dfrac{-q}{p}\right) = 1$,这与已知矛盾. 由式(2)得

$qy_1^2 - py_2^2 = 1$，于是 $qy_1^2 \equiv 1 \pmod{p}$.

即得 $\left(\dfrac{q}{p}\right) = 1$，这与已知矛盾，由式 (4) 得

$$y_1^2 - pqy_2^2 = 1 \tag{5}$$

由于 $\dfrac{y_0}{2} = y_1 y_2$，因此 $y_1 < y_0$，式 (5) 表明 $y_1 + y_2 \sqrt{pq}$ 也是方程 $x^2 - pqy^2 = 1$ 的一个解，且 $y_2 < y_0$. 由引理 1 可知 $y_1 + y_2\sqrt{pq} < x_0 + y_0\sqrt{pq}$，但 y_1, y_2 均是正整数，于是这与 $x_0 + y_0\sqrt{pq}$ 是佩尔方程 $x^2 - pqy^2 = 1$ 的基本解相左. 于是式 (5) 不成立，从而式 (4) 不成立.

以上讨论表明 (1)、(2)、(4) 三式都不成立. 余下的只有式 (3) 成立.

$$y_2^2 - pqy_1^2 = -1$$

表明 $x^2 - pqy^2 = -1$ 有正整数解 $y_2 + y_1\sqrt{pq}$.

事实上，由高斯的二次互反律，有：

当 $p \equiv q \equiv 1 \pmod 4$ 时

$$\left(\frac{-q}{p}\right) = \left(\frac{-1}{p}\right)\left(\frac{q}{p}\right) = (-1)^{\frac{p-1}{2}}\left(\frac{q}{p}\right) = \left(\frac{q}{p}\right)$$

$$\left(\frac{-p}{q}\right) = \left(\frac{-1}{p}\right)\left(\frac{p}{q}\right) = (-1)^{\frac{q-1}{2}}\left(\frac{p}{q}\right) = \left(\frac{p}{q}\right)$$

$$\left(\frac{p}{q}\right) = (-1)^{\frac{p-1}{2}\cdot\frac{q-1}{2}}\left(\frac{q}{p}\right) = \left(\frac{q}{p}\right)$$

从而，由引理 2 我们立得如下定理.

定理 1　p, q 是两相异素数，$p \equiv q \equiv 1 \pmod 4$，且 $\left(\dfrac{q}{p}\right) = -1$，则佩尔方程 $x^2 - pqy^2 = -1$ 有正整数解.

同样，我们可以证明：

定理 2　$P_1, P_2, \cdots, P_k$ 是互不相同的奇素数，

$P_1 \equiv P_2 \equiv \cdots \equiv P_k - 1 \pmod 4$，且对于 $P_1, P_2, \cdots, P_k$ 中任意 r 个 $P_{i1}, P_{i2}, \cdots, P_{ir}$ 均有 $P_1, P_2, \cdots, P_k$ 中异于 $P_{i1}, P_{i2}, \cdots, P_{ir}$ 的一素数 $P_{i(r+1)}$，满足

$$\left(\frac{P_{i1} P_{i2} \cdots P_{ir}}{P_{i(r+1)}}\right) = -1 \quad (r = 1, 2, \cdots, k-1)$$

则佩尔方程 $x^2 - P_1 P_2 \cdots P_k y^2 = -1$ 有正整数解.

事实上，仿照引理 2 我们还能证明更强的结果：

定理 3 $P_1, P_2, \cdots, P_k$ 是互不相同的奇素数，$P_1 \equiv P_2 \equiv \cdots \equiv P_k \equiv 1 \pmod 4$，且对于 $P_1, P_2, \cdots, P_k$ 中任意 r 个 $\left(r < \left[\dfrac{k}{2}\right]\right) P_{i1}, P_{i2}, \cdots, P_{ik}$，均有 $P_1, P_2, \cdots, P_k$ 中异于 $P_{i1}, P_{i2}, \cdots, P_{ir}$ 的素数 $P_{i(r+1)}$ 满足

$$\left(\frac{P_{i1} P_{i2} \cdots P_{ir}}{P_{i(r+1)}}\right) = -1 \quad \left(r = 1, 2, \cdots, \left[\frac{k}{2}\right]\right)$$

则佩尔方程 $x^2 - P_1 P_2 \cdots P_k y^2 = -1$ 必有正整数解.

这里 $\left[\dfrac{k}{2}\right]$ 表示不超过 $\dfrac{k}{2}$ 的最大整数.

由定理 2，经过计算，我们有如下结果.

命题 当 d 是小于 100，且不含 $4k+3$ 型的素因数的无平方因子奇数：5, 13, 17, 29, 37, 41, 53, 61, 65, 73, 85, 89 时，佩尔方程 $x^2 - dy^2 = -1$ 均有正整数解.

最后，我们提一个问题：若 d 是不含形如 $4k+3$ 的素因数的无平方因子奇数，则佩尔方程 $x^2 - dy^2 = -1$ 是不是一定有正整数解.

参考文献

[1] 柯召, 等. 谈谈不定方程[M]. 上海：上海教育出版社, 1980.

[2] 柯召, 孙琦. 数论讲义：下[M]. 北京：高等教育出版社, 1987.

[3] UNDERWOOD DUDLEY. Elementary Number Theory[M]. San Francisco：W. H. Freeman and Company, 1969：159.

佩尔方程的一个新性质和应用[①]

第六章

用佩尔方程的基本性质解不定方程是一种行之有效的初等方法. 近来,通过推广的 Stömer 引理,孙琦和袁平之[1] 用完全初等的方法得到了琼格伦的一个著名结果,曹珍富[2] 和罗家贵[3] 分别得到了方程

$$\frac{ax^n \pm c}{axbt^2 \pm c} = by^2 \quad (c=1,2 \text{ 或 } 4, 2 \nmid n)$$

(1)

当 $c=1, t=1$ 时和当 $b=1, t=1, c=2$ 或 $c=4$ 时的全部解. 长沙铁道学院数理力学系的袁平之教授在 1994 年通过对佩尔方程的进一步研究得到了一个新且深刻的性质,由此得到了方程(1)的全部解. 本章证明了:

定理 1 (1)设 $D > 0, D$ 为非平方数,$4 \nmid D$,并有整数 $k > 1, l, (k,l) = 1$,

① 选自《长沙铁道学院学报》,1994 年第 12 卷第 3 期.

$kl = D$ 使得二次方程 $kx^2 - ly^2 = 1$ 有解,则 k,l 由 D 唯一决定.

(2) 设 $D > 0$,D 为非平方数,$2 \nmid D$,并有正整数 k,l,$(k,l) = 1$,$kl = D$ 使得二次方程 $kx^2 - ly^2 = 2$ 有解,则 k,l 由 D 唯一决定.

(3) 设 $D > 0$,D 为非平方数,$2 \nmid D$,并有正整数 $k > 1$,l,$(k,l) = 1$,$kl = D$ 使得二次方程 $kx^2 - ly^2 = 4$ 有解,则 k,l 由 D 唯一决定.

定理 2　若方程(1)有解,则 $b = 1$,且方程(1)无满足 $t > 1$ 且 $y > 1$ 的解.$b = 1$ 且 $t = 1$ 的结果见文[1]和[2].

1. 定理 1 的证明

证明　设 $D > 0$,D 为非平方数,$4 \nmid D$,熟知的佩尔方程 $x^2 - Dy^2 = 1$ 可解,我们设此方程的基本解 $\varepsilon_0 = x_0 + y_0\sqrt{D}$,则 $(x_0 + 1)(x_0 - 1) = Dy_0^2$,由于 $(x_0 + 1,x_0 - 1) = 2^\delta$,$\delta = 0$ 或 1,又 $4 \nmid D$,故有正整数 k_0,l_0,y_1,y_2 满足 $(k_0,l_0) = 1$,$k_0 l_0 = D$,$y_1 y_2 = 2^{-\delta}y_0$,$x_0 + 1 = 2^\delta k_0 y_1^2$,$x_0 - 1 = 2^\delta l_0 y_2^2$,当 δ 分别取 1 和 0 时,分别得到二次方程 $k_0 x^2 - l_0 y^2 = 1$ 或 $k_0 x^2 - l_0 y^2 = 2$ 有解(y_1,y_2),显然上面的 k_0,l_0 由 D 唯一决定,下面我们证明定理 1(1)、(2) 中 $k = k_0,l = l_0$.

(1) 若二次方程 $kx^2 - ly^2 = 1$ 有解 (x,y),两边平方得

$$(2kx^2 - 1)^2 - kl(2xy)^2 = 1$$

故 $2kx^2 - 1 + (2xy)\sqrt{kl}$ 是 $x^2 - Dy^2 = 1$ 的解,由此可得 $2 \nmid x_0$,从而 $\delta = 1$,故有正整数 r,使得

$$2kx^2 - 1 + (2xy)\sqrt{kl} = \varepsilon_0^r =$$
$$(2l_0 y_1^2 + 1 + \sqrt{kl}\, y_0)^r$$

于是

$$2kx^2 - 1 = \frac{\varepsilon_0^r + \varepsilon_0^{-r}}{2} = 2ly^2 + 1 \qquad (2)$$

对 $2ly^2 + 1 = \dfrac{\varepsilon_0^r + \varepsilon_0^{-r}}{2}$ 两边取模 $2l_0$ 得 $2ly^2 + 1 \equiv 1 (\bmod\, 2l_0)$,因此

$$ly_0^2 \equiv 0 (\bmod\, l_0) \qquad (3)$$

若 r 为奇数,对 $2kx^2 - 1 = \dfrac{\varepsilon_0^r + \varepsilon_0^{-r}}{2}$ 两边取模 $2k_0$ 得 $2kx^2 - 1 \equiv -1 (\bmod\, 2k_0)$,因此

$$kx^2 \equiv 0 (\bmod\, k_0) \qquad (4)$$

又 $(kx^2, l_0) \mid (kx^2, ly^2) = 1$,故 $(kx^2, l_0) = 1$,对称地 $(ly^2, k_0) = 1$.由(3)、(4)两式及 $k_0 l_0 = kl$ 得 $k_0 = k, l_0 = l$.若 r 为偶数,对 $2kx^2 - 1 = \dfrac{\varepsilon_0^r + \varepsilon_0^{-r}}{2}$ 两边分别取模 $2k_0$ 和 $2l_0$ 得 $2kx^2 - 1 \equiv 1 (\bmod\, 2k_0)$ 和 $2kx^2 - 1 \equiv 1 (\bmod\, 2l_n)$,由于 $(k_0, l_0) = 1$,因此 $kx^2 \equiv 1 (\bmod\, k_0 l_0)$,但 $k \mid k_0 l_0$,因此 $k = 1$ 矛盾.

(2) 由于 $kx^2 - ly^2 = 2$ 有解 (x, y),两边平方再除以 4 得

$$(kx^2 - 1)^2 - kl(xy)^2 = 1$$

故 $kx^2 - 1 + xy\sqrt{kl}$ 是 $x^2 - kly^2 = 1$ 的解,故有正整数 r 使得

$$kx^2 - 1 + xy\sqrt{kl} = \varepsilon_0^r = (2^\delta l_0 y_2^2 + 1 + \sqrt{kl}\, y_0)^r$$

其中 $\delta = 0$ 或 1.于是

$$kx^2 - 1 = \frac{\varepsilon_0^r + \varepsilon_0^{-r}}{2} = ly^2 + 1 \qquad (5)$$

对式(5)两边取模 l_0,得 $ly^2 + 1 \equiv 1 (\bmod\, l_0)$,即

$$ly^2 \equiv 0 (\bmod\, l_0) \qquad (6)$$

若 r 为奇数,对 $kx^2 - 1 = \dfrac{\varepsilon_0^r + \varepsilon_0^{-r}}{2}$ 两边取模 k_0 得:

$kx^2 - 1 \equiv -1 (\bmod k_0)$,即

$$kx^2 \equiv 0 (\bmod k_0) \qquad (7)$$

由于 $(kx^2, ly^2) = 1$,因此 $(kx^2, l_0) \mid (kx^2, ly^2) = 1$,即

$$(kx^2, l_0) = 1$$

对称地

$$(ly^2, k_0) = 1$$

由 (6)、(7) 两式及 $kl = k_0 l_0$,得 $k = k_0, l = l_0$.

若 r 为偶数,则

$$kx^2 - 1 + xy\sqrt{kl} = \varepsilon_0^{2 \cdot \frac{r}{2}} =$$

$$(2k_0 l_0 y_0^2 + 1 + 2x_0 y_0 \sqrt{kl})^{\frac{r}{2}}$$

$$kx^2 - 1 = \frac{\varepsilon_0^{2 \cdot \frac{r}{2}} + \varepsilon_0^{-2 \cdot \frac{r}{2}}}{2} \qquad (8)$$

由于 x 为奇数,$kl = k_0 l_0$,对式 (8) 两边取模 2 得

$$0 \equiv kx^2 - 1 \equiv 1 (\bmod 2) (矛盾)$$

(3) 若 $kx^2 - ly^2 = 4$ 有解,由 D 奇得 x, y 同奇偶,若同偶,则 $kx^2 - ly^2 = 1$ 有解,由 (1) 可得,下设 x, y 同奇,两边立方得

$$k\left[\frac{x(kx^2 + 3ly^2)}{8}\right]^2 - l\left[\frac{y(3kx^2 + ly^2)}{8}\right]^2 = 1$$

由于 $\dfrac{kx^2 + 3ly^2}{8}$ 和 $\dfrac{3kx^2 + ly^2}{8}$ 均为整数,故 $kx^2 - ly^2 = 1$ 有解,由 (1) 知 $k = k_0, l = l_0$.

2. 定理 2 的证明

为了证明定理 2,我们先给出将要用到的两个引理.

引理 1 设 $k > 1, l > 1$ 为给定正整数,$(k, l) = 1$,kl 不是平方数,并设正整数 x, y 满足不定方程 $kx^2 -$

$ly^2 = c, c = 1$ 或 $2(c = 2$ 时假定 $2 \nmid kl)$，则

（1）当 x 的每一个素因子均整除 k 时，有 $x\sqrt{k} + y\sqrt{l} = \varepsilon_1 = x_1\sqrt{k} + y_1\sqrt{l}$ 或 $x = 3^s x_1, 3 \nmid x_1$ 且 $c(3^s + 3)/4k = x_1^2$，这里 ε_1 表示不定方程 $kx^2 - ly^2 = c$ 的最小解，s 为正整数.

（2）当 y 的每一个素因子均整除 l 时，有 $x\sqrt{k} + y\sqrt{l} = \varepsilon_1 = x_1\sqrt{k} + y_1\sqrt{l}$ 或 $y = 3^s y_1, 3 \nmid y_1$ 且 $c(3^s - 3)/4l = y_1^2$，ε_1 的意义同上，s 为正整数.

引理 2 设 $k > 0, l > 0$ 为给定的正整数，$(k, l) = 1$，kl 不是平方数，$2 \nmid kl$，并设正整数 x, y 满足不定方程

$$kx^2 - ly^2 = 4 \tag{9}$$

则（1）当 x 的所有素因子均整除 k 时，除 $(k, l, x, y) = (5, 1, 5, 11)$ 外，$x\sqrt{k} + y\sqrt{l}$ 是方程（9）的最小解.

（2）当 y 的所有素因子均整除 l 时，$x\sqrt{k} + y\sqrt{l}$ 是方程（9）的最小解.

引理 1 和引理 2 的证明参见文献 [1] 和 [3].

定理的证明 我们分 $c = 1$ 或 2 和 $c = 4$ 两种情形进行讨论.

（1）$c = 1$ 或 2 时.

首先我们证明当 $4 \mid D$ 时定理 1（1）仍成立. 设 $D = 2^{2r}D_1, r \geqslant 1$ 为整数，$4 \nmid D_1$，由定理 1（1）知适合 $k_1 > 1, (k_1, l_1) = 1, k_1 l_1 = D_1, k_1 x^2 - l_1 y^2 = 1$ 有解的 k_1, l_1 由 D_1（从而由 D）唯一决定. 故对任何 $k > 1, (k, l) = 1, kl = D, kx^2 - ly^2 = 1$ 有解，我们有

$$k = 2^{2r}k_2, l = l_2, k_2 l_2 = D_1, (k_2, l_2) = 1$$

或

$$k = k_2 > 1, l = 2^{2r} l_2, (k_2, l_2) = 1, k_2 l_2 = D_1$$

当前式成立时,由定理 1(1) 知 $k_2 = k_1, l_2 = l_1$,或 $k_2 = 1, l_2 = k_1 l_1 = D_1$. 而当 $k_2 = 1$ 时,从文献[1]中引理的证明得知

$$2^r x + y \sqrt{D_1} = (u\sqrt{k_1} + v\sqrt{l_1})^{2\lambda} =$$
$$(2k_1 u^2 - 1 + 2uv\sqrt{k_1 l_1})^{\lambda}$$

其中 $u\sqrt{k_1} + v\sqrt{l_1}$ 为 $k_1 x^2 - l_1 y^2 = 1$ 的最小解,λ 为正整数,对上式取模 2 即得矛盾.

当后式成立时,由定理 1(1) 知 $k_2 = k_1, l_2 = l_1$.

其次我们注意到:由文献[1]中引理得知 $k_1 x^2 - l_1 y^2 = 1$ 的任何正整数解 x, y,均由下式给出

$$x\sqrt{k_1} + y\sqrt{l_1} = (u\sqrt{k_1} + v\sqrt{l_1})^n, 2 \nmid n_1, n > 0$$

上式说明 $k_1 x^2, l_1 y^2$ 的奇偶性完全由 $k_1 u^2$ 和 $l_1 v^2$ 的奇偶性所确定. 从而 $2^{2r} k_1, l_1$ 和 $k_1, 2^{2r} l_1$ 中只有一种能保证 $kx^2 - ly^2 = 1$ 有解,并由 D 唯一确定.

从以上的讨论知定理 1(1) 当 $4 \mid D$ 时仍成立. 下面引用定理 1(1) 时均包含了 $4 \mid D$ 这一情形.

若方程(1)中取正号,此时方程(1)可化为

$$b(abxt^2 + c)y^2 - ax(x^{\frac{n-1}{2}})^2 = c$$

当 $b > 0$ 时,由于 $D = abx(abxt^2 + c)$ 不是平方数,且 $(abxt^2 + c)u^2 - abxv^2 = c$ 有解 $(u, v) = (1, t)$ 且 $abxt^2 + c > 1$,由定理 1 中 1(1) 和(2) 知,当 $(abx, abxt^2 + c) = (abx, c) = a$ 时,有 $abx = ax$,因此 $b = 1$,当 $(abx, c) = 2$ 时,完全类似地,由 $\dfrac{abxt^2 + c}{2} u^2 - \dfrac{abx}{2} v^2 = 11$ 有解 $(u, v) = (1, t)$ 得 $b = 1$.

当 $b < 0$ 时,由于 $-abxu^2 + (abxt^2 + c)v^2 = c$ 有

解 $(u,v)=(t,1)$ 且 $ax>1$，$-abx>1$，由定理 1 的 (1) 和 (2) 知当 $(-abx,abxt^2+c)=1$ 时，有 $-abxt^2-c=ax$ 矛盾，当 $(-abx,bxt^2+c)=(-abx,c)=2$ 时，即 $c=2,2\mid bx$ 时，如果 $\dfrac{ax}{2}>1$，$\dfrac{-abx}{2}>1$，完全类似地由 $\dfrac{-abx}{2}u^2+\dfrac{abxt^2+c}{2}v^2=1$ 和 $\dfrac{b(abxt^2+c)}{2}y^2-\dfrac{ax}{2}(x^{\frac{n-1}{2}})^2=1$ 均有解，得：$\dfrac{abxt^2+c}{2}=\dfrac{ax}{2}$ 矛盾，否则有 $ax=2$，即 $a=1,x=2,b=-1$．此时方程 (1) 变为 $(t^2-1)y^2-(2^{\frac{n-1}{2}})^2=1\pmod 4$ 知当 $n>1$ 时无解．

若方程 (1) 中取负号，此时方程 (1) 可化为
$$ax(x^{\frac{n-1}{2}})^2-b(abxt^2-c)y^2=c$$
当 $b>0$ 时，由于二次方程 $abxu^2-(abxt^2-c)v^2=c$ 有解 $(u,v)=(t,1)$ 且 $abx>1$．故由定理 1 中 (1) 和 (2) 知若 $(abx,abxt^2-c)=(abx,c)=1$ 时有 $ax=abx$，即 $b=1$．若 $(abx,c)=2$，则 $c=2,2\mid bx$，此时若 $\dfrac{ax}{2}>1$，类似 $b<0$ 取正号的讨论有 $b=1$．否则我们有 $a=1,x=2$，此时方程 (1) 变为
$$(2^{\frac{n-1}{2}})^2-b(bt^2-1)y^2=1$$
当 $b\neq 1$ 时，由于 $x^2-b(bt^2-1)y^2=1$ 的基本解
$$\varepsilon_0=2bt^2-1+t\sqrt{b(bt^2-1)}$$
故 $2\nmid x$，方程 (1) 无解，故 $b=1$．当 $b<0$ 时，由于二次方程 $(c-abxt^2)u^2+abxv^2=c$ 有解 $(u,v)=(1,t)$ 且 $c-abxt^2>2$，故当 $(c-abxt^2,abx)=(c,abx)=1$ 时，或 $(c,abx)=2$ 且 $ax>2$ 时，由定理 1 中 (1) 和 (2) 得 $c-abxt^2=ax$ 矛盾．否则我们有 $a=1,x=2$．此时

方程(1) 变为

$$(2^{\frac{n-1}{2}})^2 - b(bt^2 - 1)y^2 = 1$$

由于方程 $x^2 - b(bt^2 - 1)y^2 = 1$ 的基本解 $\varepsilon_0 = 1 - 2bt^2 + t\sqrt{b(bt^2 - 1)}$. 故 $2 \nmid x$,方程(1) 此时无解.

综上,当 $c = 1$ 或 2 时,若方程(1) 有解,则 $b = 1$.

当 $c = 1$ 或 $2, 2 \nmid xt$ 时,若方程(1) 取负号,此时方程(1) 可化为

$$ax(x^{\frac{n-1}{2}})^2 - (axt^2 - c)y^2 = c$$

由于 $axu^2 - (axt^2 - c)v^2 = c$ 的最小解 $\varepsilon_1 = t\sqrt{ax} + \sqrt{axt^2 - c}$. 由引理 1(1) 得 $x^{\frac{n-1}{2}} = t$,此时 $y = 1$ 或 $x^{\frac{n-1}{2}} = 3^s t, 3 \nmid t$,且 $c(3^s + 3)/4ax = t^2$,由 $x^{\frac{n-1}{2}} = 3^s t, 3 \nmid t$ 得 $t = t_1^{\frac{n-1}{2}}, s = \frac{n-1}{2} \cdot s_1$ 且 $x = 3^{s_1} t_1$,代入 $c(3^s + 3)/4ax = t^2$ 得 $s_1 = 1$ 且 $c \cdot (3^{\frac{n-3}{2}} + 1) = 4at_1^n$. 因此 $t_1 = 1$,即 $t = 1$.

若方程(1) 取正号,此时方程(1) 可化为

$$(axt^2 + c)y^2 - ax(x^{\frac{n-1}{2}})^2 = c$$

由于 $(axt^2 + c)u^2 - axv^2 = c$ 的最小解 $\varepsilon_1 = \sqrt{axt^2 + c} - \sqrt{ax}t$. 由引理 1(2) 知 $x^{\frac{n-1}{2}} = t$,此时 $y = 1$ 或 $x^{\frac{n-1}{2}} = 3^s t$, $3 \nmid t$,且 $c(3^s - 3)/4ax = t^2$. 因此 $t = t_1^{\frac{n-1}{2}}, s = \frac{n-1}{2} \cdot s_1$, $x = 3^{s_1} \cdot t_1$. 由于 $c(3^s - 3)/4ax = t^2$,因此 $s_1 = 1$,于是 $c(3^{\frac{n-3}{2}} - 1) = 4at_1^n$,因此 $t_1 = 1$,即 $t = 1$.

当 $c = 2$ 且 $2 \nmid xt$ 时,由于当 $2 \nmid ax, 2 \mid t$ 时方程(1) 无解,故 $2 \mid x$. 当方程(1) 取负号时,方程(1) 可化为

$$\frac{ax}{2}(x^{\frac{n-1}{2}})^2 - \left(\frac{ax}{2}t^2 - 1\right)y^2 = 1 \tag{10}$$

81

由于 $\dfrac{ax}{2}u^2 - \left(\dfrac{ax}{2}t^2 - 1\right)v^2 = 1$ 的最小解 $\varepsilon_1 = t \cdot \sqrt{\dfrac{ax}{2}} + \sqrt{\dfrac{ax}{2}t^2 - 1}$. 若 $4 \mid x$ 或 $2 \parallel x$ 且 $2 \mid t$ 时,易证此时方程 (10) 或方程

$$2ax(x^{\frac{n-1}{2}}/2)^2 - \left(\dfrac{ax}{2}t^2 - 1\right)y^2 = 1$$

满足引理 1(1) 的条件. 因此 $x^{\frac{n-1}{2}} = t$(或 $\dfrac{x^{\frac{n-1}{2}}}{2} = \dfrac{t}{2}$). 此时 $y = 1$ 或 $x^{\frac{n-1}{2}} = 3^s t$(或 $\dfrac{x^{\frac{n-1}{2}}}{2} = 3^s \cdot \dfrac{t}{2}$), $3 \nmid t$. 且 $\dfrac{3^s + 3}{2ax} = t^2$(或 $\dfrac{t^2}{4} = \dfrac{3^s + 3}{8ax}$). 由前面的讨论知 $t = 1$.

若 $2 \parallel x$ 且 $2 \nmid t$ 时,由于 $2 \nmid a$,故 $2 \nmid \dfrac{ax}{2}t^2$,故当 $\dfrac{ax}{2} \neq 1$ 时,由文献 [1] 中引理得知方程 $\dfrac{ax}{2}u^2 - \left(\dfrac{ax}{2}t^2 - 1\right)v^2 = 1$ 的解满足 $2 \nmid u$,从而方程(1)无 $n > 1$ 的解. 若 $ax = 2$,此时方程(1)变为

$$(2^{\frac{n-1}{2}})^2 - (t^2 - 1)y^2 = 1$$

由引理 1(1) 易证 $y = 1$.

当方程(1)取正号时,方程(1)可化为

$$\left(\dfrac{ax}{2}t^2 + 1\right)y^2 - \dfrac{ax}{2}(x^{\frac{n-1}{2}})^2 = 1$$

由于 $\left(\dfrac{ax}{2}t^2 + 1\right)u^2 - \dfrac{ax}{2}v^2 = 1$ 的最小解 $\varepsilon_1 = \sqrt{\dfrac{ax}{2}t^2 + 1} + t\sqrt{\dfrac{ax}{2}}$,仿取负号时的情形,同样可得 $y = 1$ 或 $t = 1$. 由于方法完全类似,在此从略.

（2）$c=4$ 的情形.$2 \nmid a$,我们将 x 分成如下三种情形进行讨论:（1）$2 \nmid x$;（2）$2 \parallel x$;（3）$4 \mid x$.仿照 $c=2$ 进行类似的讨论,分别利用引理 1(3) 和(1)可得 $y=1$ 或 $t=1$,由于方法完全类似,在此从略.

综上,我们有:方程(1)有解时 $b=1$,且方程(1)无满足 $t>1$ 且 $y>1$ 的解.定理 2 证毕.

参考文献

［1］孙琦,袁平之.关于丢番图方程$\dfrac{ax^n+1}{ax+1}=y^2$ 和$\dfrac{ax^n-1}{ax-1}=y^2$［J］.四川大学学报,1989(专辑):20-24.

［2］曹珍富.关于丢番图方程$\dfrac{ax^n-1}{abx-1}=by^2$［J］.科学通报,1990,35(7):492-494.

［3］罗家贵.关于 Störmer 定理的推广和应用［J］.四川大学学报,1991(4):52-57.

佩尔方程的递推解法与前连续勾股数[①]

第七章

形如 $Z^2 - DY^2 = \pm 1$ 的二元二次不定方程称为佩尔方程,其中 D 是一个自然数且不是完全平方数. 当方程的右方为 $+1$ 时,方程的解必存在,其基本解恒可用连分数的方法求得;当方程的右方为 -1 时,方程的解不必存在. 1994 年,长沙铁道学院科研院的肖果能教授在假定佩尔方程的解存在的前提下,给出方程的全部解的几种递推表示,并将得到的结果应用于前连续勾股数的讨论.

1. 关于二阶逆归数列的一条引理

引理 设 $A = (a_{ij})_{m \times m}$ 为任意 m 阶方程,$A^n = (a_{ij}^{(n)})$ 为 A 的幂

$$a_{ij}^{(0)} = \delta_{ij}(\delta_{ij} = 1; \delta_{ij} = 0, i \neq j), a_{ij}^{(1)} = a_{ij}$$

$$(1)$$

① 选自《益阳师专学报》,1994 年第 11 卷第 5 期.

A 的特征多项式为

$$\varphi(\lambda) = \lambda^n - b_1 \lambda^{m-1} - \cdots - b_m \qquad (2)$$

则对于任意的 $i, j (1 \leqslant i, j \leqslant m)$，数列 $(a_{ij}^{(n)})_{n \geqslant 0}$ 为 m 阶递归数列，它们满足相同的递归方程

$$a_{ij}^{(m+n)} = b_1 a_{ij}^{(m+n-1)} + \cdots + b_m a_{ij}^{(n)} \quad (n \geqslant 0) \quad (3)$$

证明　由熟知的 Cayley—Hamlton 定理，方程 A 是其特征多项式的根：$\varphi(A) = 0$，即有

$$A^m = b_1 A^{m-1} + \cdots + b_m I \qquad (4)$$

以 A^n 乘式(4)，然后比较两边的 (i, j) 一元，即得方程(3).

推论 1　设 $A = \begin{bmatrix} a_{11} & a_{12} \\ a_{21} & a_{22} \end{bmatrix}$，则 $(a_{ij}^{(n)})_{n \geqslant 0} (i, j \in \{1, 2\})$ 满足二阶递归方程

$$a_{ij}^{(n+2)} = T a_{ij}^{(n+1)} - \Delta a_{ij}^{(n)} \quad (n \geqslant 0) \qquad (5)$$

其中 T 和 Δ 分别为 A 的迹与行列式

$$T = a_{11} + a_{22}, \Delta = a_{11}a_{22} - a_{12}a_{21} \qquad (6)$$

推论 2　设 $A = \begin{bmatrix} a_{11} & a_{12} \\ a_{21} & a_{22} \end{bmatrix}$，则数列 $(a_{1j}^{(2k)})_{k \geqslant 0}$ 及

$(a_{ij}^{(2k+1)})_{k \geqslant 0} (i, j \in \{1, 2\})$ 满足同一个递归方程

$$a_{ij}^{(2k+4)} = T' a_{ij}^{(2k+2)} - \Delta' a_{ij}^{(2k)} \quad (k \geqslant 0) \qquad (7)$$

$$a_{ij}^{(2k+5)} = T' a_{ij}^{(2k+3)} - \Delta' a_{ij}^{(2k+1)} \quad (k \geqslant 0) \qquad (8)$$

其中 T' 及 Δ' 分别为 A^2 的迹与行列式

$$T' = a_{11}^2 + 2a_{12}a_{21} + a_{22}^2$$

$$\Delta' = \Delta^2 = (a_{11}a_{22} - a_{12}a_{21})^2 \qquad (9)$$

2. 方程 $Z^2 - DY^2 = 1$ 的解的递推表示

设已知 (a, b) 是方程

$$Z^2 - DY^2 = 1 \qquad (10)$$

的解，其中 $a > 1$ 及 b 均为自然数. 由其出发，我们可用

下面的方法得到方程(10)的无穷多组解.

构成二阶方程

$$A = \begin{bmatrix} a & b\sqrt{D} \\ b\sqrt{D} & a \end{bmatrix} \qquad (11)$$

则易知 A 的迹与行列式

$$T = 2a, \Delta = a^2 - Db^2 = 1 \qquad (12)$$

令 A 的幂为

$$A^n = \begin{bmatrix} x_n & y_n\sqrt{D} \\ y_n\sqrt{D} & x_n \end{bmatrix} \qquad (n \geqslant 0) \qquad (13)$$

则 $x_n, y_n (n \geqslant 0)$ 均为自然数, $x_0 = 1, y_0 = 0; x_1 = a,$ $y_1 = b$ 都是方程(10)的解. 一般地, 由于 A^n 的行列式为

$$\det(A^n) = [\det(A)]^n = 1^n = 1 \qquad (14)$$

故有

$$x_n^2 - Dy_n^2 = 1 \qquad (15)$$

即对任意 $n \geqslant 0, (x_n, y_n)$ 均为方程(10)的自然数解.

x_n 及 y_n 不难用递推的方式得出, 我们来建立各种形式的递推式.

(1) 由式(12)知 A 的特征多项式为

$$\psi(\lambda) = \lambda^2 - 2a\lambda + 1 \qquad (16)$$

故由前面的引理可知, 数列 $(x_n)_{n \geqslant 0}$ 及 $(y_n)_{n \geqslant 0}$ 均为二阶递归数列, 其递归方程为

$$\begin{cases} x_{n+2} = 2ax_{n+1} - x_n & (n \geqslant 0) \\ x_0 = 1, x_1 = a \end{cases} \qquad (17)$$

及(注意递归方程的齐次性)

$$\begin{cases} y_{n+2} = 2ay_{n+1} - y_n & (n \geqslant 0) \\ y_0 = 0, y_1 = b \end{cases} \qquad (18)$$

(2) 由 $A^{n+1} = A \cdot A^n$ 及矩阵乘法, $(x_n, y_n)_{n \geqslant 0}$ 可由

下列递归方程组

$$\begin{cases} x_{n+1} = ax_n + bDy_n \\ y_{n+1} = bx_n + ay_n \quad (n \geqslant 0) \\ x_0 = 1, y_0 = 0 \end{cases} \quad (19)$$

确定.

（3）在方程组（19）中，以

$$\begin{cases} \sqrt{D}y_n = \sqrt{x_n^2 - 1} \\ \sqrt{D}b = \sqrt{a^2 - 1} \\ x_n = \sqrt{1 + Dy_n^2} \end{cases} \quad (20)$$

代入,可得数列$(x_n)_{n \geqslant 0}$及$(y_n)_{n \geqslant 0}$的一阶递归关系

$$\begin{cases} x_{n+1} = ax_n + \sqrt{(a^2 - 1)(x_n^2 - 1)} \quad (n \geqslant 1) \\ x_0 = 1 \end{cases}$$

$$(21)$$

及

$$\begin{cases} y_{n+1} = ay_n + b\sqrt{1 + Dy_n^2} \quad (n \geqslant 1) \\ y_0 = 0 \end{cases} \quad (22)$$

利用这些递推关系,从方程（10）的唯一组解(a,b)出发,我们都可以得到方程（10）的无穷多组解.但不一定是方程（10）的全部解,下面我们来讨论如何得出方程（10）的全部解.

首先,由（17）、（21）两式,有

$$x_{n+1} = 2ax_n - x_{n-1} = ax_n + \sqrt{(a^2 - 1)(x_n^2 - 1)}$$

$$(23)$$

故得以x_n表x_{n-1}的关系

$$x_{n-1} = ax_n - \sqrt{(a^2 - 1)(x_n^2 - 1)} \quad (24)$$

若令

$$f(x) = ax - \sqrt{(a^2 - 1)(x^2 - 1)} \quad (25)$$

87

则对任意的 $n \geqslant 1$,均有

$$x_{n-1} = f(x_n) \qquad (26)$$

其次,函数 $f(x)$ 具有下面的两个性质:

① 若(x,y) 是方程(10)的任一组自然数解,则 $(f(x),\ |\ ay-bx\ |)$ 亦是方程(10)的自然数解.事实上,易见

$$f(x) = ax - \sqrt{(a^2-1)(x^2-1)} > 0$$

并且

$$[f(x)]^2 = (ax - \sqrt{(a^2-1)(x^2-1)})^2 =$$
$$a^2 x^2 + (a^2-1)(x^2-1) -$$
$$2ax\sqrt{(a^2-1)(x^2-1)} =$$
$$2a^2 x^2 - a^2 - x^2 - 2ax\sqrt{(a^2-1)(x^2-1)+1} =$$
$$a^2(x^2-1) + x^2(a^2-1) -$$
$$2ax\sqrt{(a^2-1)(x^2-1)} + 1 =$$
$$(a\sqrt{x^2-1} - x\sqrt{a^2-1})^2 + 1 =$$
$$D\ |\ ay - bx\ |^2 + 1$$

故$(f(x),\ |\ ay-bx\ |)$ 适合方程(10).

② 当 $x > a$ 时,$f(x)$ 严格增加.这由

$$f'(x) = a - \frac{(a^2-1)x}{\sqrt{(a^2-1)(x-1)}} > 0 \quad (x > a)$$

立得.

现设(a,b) 是方程(10)的解,且适合条件

$$a = \min\{x : x > 1, 存在自然数 y, 使(x,y) 为方程$$
$$(10) 的解\} \qquad (27)$$

这时,我们有如下结论.

定理 1 递归式(21)及(22)(或等价地,(17)及(18),或(19))给出方程(10)的全部自然数解.

88

证明　假设(21)及(22)两式不能给出方程(10)的全部解,则有方程(10)的解(x,y)不含在式(21)及式(22)给出的解之中,但由式(19)知(x_n)当n增大时单调增加,因而有由(21)及(22)两式给出的解(x_n, y_n)及(x_{n+1}, y_{n+1}),使

$$x_n < x < x_{n+1}$$

由式(26)及$f(x)$的性质①、②,知方程(10)有解$(x', y'), x' = f(x)$,使

$$x_{n-1} < x' < x_n$$

继续这个推理过程,我们将得到方程(10)的解$(\bar{x}, \bar{y})$,可使

$$1 < \bar{x} < a$$

但这与(a,b)的取法矛盾,定理由此得证.

前面已经说过,方程(10)恒有解,且满足条件(27)的解可利用连分数求之,故(27)及(18),或(19),或(21)及(22)各式均分别给出了佩尔方程(10)的递推解法.

3. 方程 $Z^2 - DY^2 = -1$ 的解的递推表示

设已知(a,b)是方程

$$Z^2 - DY^2 = -1 \qquad (28)$$

的任一组解,其中a,b均为自然数,仿上一小节我们可以得到方程(28)的无穷多组解.

构造二阶方程

$$A = \begin{bmatrix} a & b\sqrt{D} \\ b\sqrt{D} & a \end{bmatrix} \qquad (29)$$

则易知A的迹与行列式为

$$T = 2a, \Delta = a^2 - Db^2 = -1 \qquad (30)$$

若记

$$A^n = \begin{bmatrix} \overline{x}_n & \overline{y}_n\sqrt{D} \\ \overline{y}_n\sqrt{D} & \overline{x}_n \end{bmatrix} \quad (n \geqslant 0)$$

则易知 $\overline{x}_n,\overline{y}_n(n \geqslant 1)$ 恒为自然数,而 $\overline{x}_0 = 1,\overline{x}_1 = a$; $\overline{y}_0 = 0,\overline{y}_1 = b$. 由于

$$\det(A^{2k+1}) = [\det(A)]^{2k+1} =$$
$$(-1)^{2k+1} = -1 \quad (k \geqslant 0) \tag{31}$$

故知

$$\overline{x}_{2k+1}^2 - D\overline{y}_{2k+1}^2 = -1 \tag{32}$$

即 $(\overline{x}_{2k+1},\overline{y}_{2k+1})_{k \geqslant 0}$ 均是方程(28)的自然数解,又

$$A^2 = \begin{bmatrix} a^2 + b^2 D & 2ab\sqrt{D} \\ 2ab\sqrt{D} & a^2 + b^2\sqrt{D} \end{bmatrix} \tag{33}$$

$$\begin{cases} \text{tr}(A^2) = 2(a^2 + b^2 D) = 2(2a^2 + 1) \\ \det(A^2) = [\det(A)]^2 = 1 \end{cases} \tag{34}$$

故若记

$$x^k = \overline{x}_{2k+1}, y_k = \overline{y}_{2k+1} \quad (k \geqslant 0) \tag{35}$$

则由前面引理的推论 2,可知 $(x_n)_{n \geqslant 0}$,$(y_n)_{n \geqslant 0}$ 均满足二阶递归方程

$$\begin{cases} x_{n+2} = 2(2a^2 + 1)x_{n+1} - x_n \quad (n \geqslant 0) \\ x_0 = a, x_1 = a^3 + 3ab^2 D = 4a^3 + 3a \end{cases} \tag{36}$$

及

$$\begin{cases} y_{n+2} = 2(2a^2 + 1)y_{n+1} - y_n \quad (n \geqslant 0) \\ y_0 = b, y_1 = 3a^2 b + b^3 D = 4a^2 b + b \end{cases} \tag{37}$$

由 $A^{2(k+1)+1} = A^{2k+1} \cdot A^2$,又可得 $(x_n, y_n)_{n \geqslant 0}$ 的递归关系

$$\begin{cases} x_{n+1} = (2a^2 + 1)x_n + 2abDy_n \\ y_{n+1} = 2abx_n + (2a^2 + 1)y_n \\ x_0 = a, y_0 = b \end{cases} \tag{38}$$

在关系式(38)中,以

$$b\sqrt{D}=\sqrt{a^2+1},y_n\sqrt{D}=\sqrt{x^2+1},x_n=\sqrt{Dy_n^2-1}$$

$$(39)$$

代入,得数列$(x_n)_{n\geqslant 0}$及$(y_n)_{n\geqslant 0}$的一阶递归关系

$$\begin{cases}x_{n+1}=(2a^2+1)x_n+2a\sqrt{(a^2+1)(x_n^2+1)}\quad(n\geqslant 0)\\x_0=a\end{cases}$$

$$(40)$$

及

$$\begin{cases}y_{n+1}=(2a^2+1)y_n+2ab\sqrt{Dy_n^2-1}\quad(n\geqslant 0)\\y_0=b\end{cases}$$

$$(41)$$

故从一组已知解(a,b)出发,递归方程(36)及(37)或(38),或(40)及(41)给出方程(28)的无穷多数解.但通常这些递归式并没有给出方程(28)的全部解.当方程(28)有解时,为了用递归方法得到其全部解,我们有与上一小节类似的方法.

由(36)与(40)两式可知

$$x_{n+1}=2(2a^2+1)x_n-x_{n-1}=$$
$$(2a^2+1)x_n+2a\sqrt{(a^2+1)(x_n+1)}$$

故得

$$x_{n-1}=(2a^2+1)x_n-2a\sqrt{(a^2+1)(x_n^2+1)}\quad(42)$$

若令

$$g(x)=(2a^2+1)x-2a\sqrt{(a^2+1)(x^2+1)}$$

$$(43)$$

则由式(42)可知

$$g(x_n)=x_{n-1}\quad(n\geqslant 1)\qquad(44)$$

而$g(x_0)=g(a)=-a$.可以验证,若(x,y)是方程

91

(28)的任一组自然数解,则可以找到方程(28)的一组解(x',y'),其中 $x'=g(x)$,又当 $x>a$ 时,$g(x)$ 是严格增加的. 现设(a,b)是方程(28)的解,适合条件

$$a=\min\{x:x>0:存在自然数 \ y,$$
$$使(x,y) 是方程(28)的解\} \qquad (45)$$

则仿定理 1 可证得如下定理.

定理 2 设方程(28)有解,其中后一组解(a,b)适合条件(45),则递归式(40)及(41)或等价地,(36)及(37),或(38)给出方程(28)的全部自然数解.

4. 应用:前连续勾股数的递推表示

满足

$$a^2+(a+1)^2=c^2 \quad (a,c \ 为自然数) \qquad (46)$$

的一组数$(a,a+1,c)$,称为前连续勾股数. 文[2]给出了产生前连续勾股数的递推公式

$$\begin{cases} a_{n+1}=3a_n+2c_n+1 \\ c_{n+1}=4a_n+3c_n+2 \\ a_1=3,c_1=5 \end{cases} \qquad (47)$$

并且提出猜想:公式(47)已经给出了所有的前连续勾股数. 文[2]的这一猜想是正确的,但文[2]未能给出证明. 肖果能认为,要用文[2]的方法证明这一猜测的正确性,将有本质的困难,而用本章建立起来的理论,则困难将迎刃而解.

事实上,由式(46)可得

$$2a^2+2a+1=c^2$$

变形后可得佩尔方程

$$(2a+1)^2-2c^2=-1 \qquad (48)$$

显然 $2a+1=1,c=1$ 是其一组解,且满足条件(45),故方程(48)的全部解可以用三种不同的递推公式给出:

（1）由（36）、（37）两式得

$$\begin{cases} 2a_{n+2}+1=6(2a_{n+1}+1)-(2a_n+1) \\ a_1=0,a_2=3 \end{cases}$$

即

$$\begin{cases} a_{n+2}=6a_{n+1}-a_n+2 \\ a_1=0,a_2=3 \end{cases} \tag{49}$$

及

$$\begin{cases} c_{n+2}=6c_{n+1}-c_n \\ c_1=1,c_2=5 \end{cases} \tag{50}$$

（2）由式（38）可得

$$\begin{cases} 2a_{n+1}+1=3(2a_n+1)+4c_n \\ c_{n+1}=2(2a_n+1)+3c_n \\ a_1=0,c_1=1 \end{cases}$$

即

$$\begin{cases} a_{n+1}=3a_n+2c_n+1 \\ c_{n+1}=4a_n+3c_n+2 \\ a_1=0,c_1=1 \end{cases} \tag{51}$$

这正是文[2]中的结果.

（2）由（40）、（41）两式可得

$$\begin{cases} 2a_{n+1}+1=3(2a_n+1)+2\sqrt{[(2a_n+1)^2+1]} \\ a_1=0 \end{cases}$$

即

$$\begin{cases} a_{n+1}=3a_n+\sqrt{2[(2a_n+1)^2+1]} \\ a_1=0 \end{cases}$$

及

$$\begin{cases} c_{n+1}=3c_n+2\sqrt{2c_n^2-1} \\ c_1=1 \end{cases} \tag{52}$$

文[2]还通过求解递归公式(51)而得到通项公式及通项公式的组合数形式的表示,根据本章,文[2]的这些公式同样也给出了全部的前连续勾股数.

参考文献

[1] 柯召,孙琦. 谈谈不定方程[M]. 上海:上海教育出版社,1980.

[2] 冯跃峰.连续勾股数[J].湖南数学通讯,1992(5):26.

关于佩尔方程的一个猜想[①]

设 D 为无平方因子正整数, $\varepsilon_D = (t_D + u_D \sqrt{D})/2(>1)$ 为实二次域 $\mathbf{Q}(\sqrt{D})$ 的基本单位, N 为从 $\mathbf{Q}(\sqrt{D})$ 到 $\mathbf{Q}$ 的范数映射. H. Yokoi[1,2,3] 在研究类数为 1 的实二次域 $\mathbf{Q}(\sqrt{D})$ 中引入了一些新的 D — 不变量,如

$$A_D = \{a: 0 \leqslant a < D:$$
$$a^2 \equiv 4N\varepsilon_D \pmod{D}\} \quad (1)$$

和

$$(A,B)_D =$$
$$\{(a,b): a \in A_D, a^2 - 4N\varepsilon_D = bD\}$$

并讨论了它们的性质,以及与基本单位 ε_D,佩尔方程 $x^2 - Dy^2 = \pm 2$ 等之间的关系.

1993 年,Yokoi[3] 证明了:存在唯一的整数 m_D 和 $(a_D, b_D) \in (A,B)_D$ 适合

第八章

---

① 选自《数学年刊》,1996 年第 3 期.

$$\begin{cases} t_D = Dm_D + a_D \\ u_D^2 = Dm_D^2 + 2a_Dm_D + b_D \end{cases} \qquad (2)$$

最近,Yokoi[4] 又证明了以下结果:

① 若 $(a_D, b_D) = (2, 0)$,则方程 $x^2 - Dy^2 = 2$ 有整数解.

② 若 $(a_D, b_D) = (D-2, D-4)$,则方程 $x^2 - Dy^2 = -2$ 有整数解.

同时,Yokoi 在文[4]中猜测:上述结果①和②中的条件也是必要的. 四川联合大学的袁平之教授在1996年解决了这一猜测,证明了下面的定理.

定理 设 D 为无平方因子的正整数,$D \neq 2$.

(1) 若方程 $x^2 - Dy^2 = 2$ 有整数解,则 $(a_D, b_D) = (2, 0)$;

(2) 若方程 $x^2 - Dy^2 = -2$ 有整数解,则 $(a_D, b_D) = (D-2, D-4)$.

引理 1[4] 设 D 为无平方因子的正整数,$D \neq 2$,5,则 $a_D = 2$ 的充要条件是 $b_D = 0$,$a_D = D-2$ 的充要条件是 $b_D = D-4$.

孙琦和袁平之在文[5]中证明了:

引理 2 设 k, l 为正整数,$k > 1, l > 1, kl$ 非完全平方数,如果 $kx^2 - ly^2 = 1$ 有整数解,并设 $\varepsilon = x_1\sqrt{k} + y_1\sqrt{l}$ 为此方程的所有适合 $x > 0, y > 0$,且使 $x\sqrt{k} + y\sqrt{l}$ 最小者(为方便起见,我们称 $x_1\sqrt{k} + y_1\sqrt{l}$ 为此方程的最小解),$\eta = a + b\sqrt{kl}$ 为佩尔方程 $x^2 - kly^2 = 1$ 的基本解,则 $\eta = \varepsilon^2$.

用文[5]提出的方法,罗家贵[6]证明了:

引理 3 设 k, l 为正整数,$(k, l) = 1, 2 \nmid kl, kl$ 非完

全平方数,如果不定方程 $kx^2 - ly^2 = 2$ 有整数解,并设 $\varepsilon = x_1\sqrt{k} + y_1\sqrt{l}$ 为此方程的所有适合 $x > 0, y > 0$ 且使 $x\sqrt{k} + y\sqrt{l}$ 最小者(此时亦简称之为方程的最小解),$\eta = a + b\sqrt{kl}$ 为佩尔方程 $x^2 - kly^2 = 1$ 的基本解,那么 $\eta = \varepsilon^2/2$.

引理 4[7]　设 $D \neq 2$ 为无平方因子正整数,则下面三个方程中至多有一个方程有整数解

$$x^2 - Dy^2 = -1, x^2 - Dy^2 = 2, x^2 - Dy^2 = -2$$

引理 5　设 $D \neq 2$ 为无平方因子正整数,$\varepsilon_D = (t_D + u_D\sqrt{D})/2$ 为 $\mathbf{Q}(\sqrt{D})$ 的基本单位,$\eta_D = x_D + y_D\sqrt{D}$ 为佩尔方程 $x^2 - Dy^2 = 1$ 的基本解,若 $x^2 - Dy^2 = 2$ 或 $x^2 - Dy^2 = -2$ 有整数解,则 $\varepsilon_D = \eta_D$.

证明　设 $x^2 - Dy^2 = 2$ 或 $x^2 - Dy^2 = -2$ 有整数解,如果 D 为奇数,取模 4 可得 $D \equiv 3 \pmod 4$,如果 D 为偶数,取模 4 可得 $D \equiv 2 \pmod 4$.熟知,此时 $1, \sqrt{D}$ 是 $\mathbf{Q}(\sqrt{D})$ 的代数整数环的整基,又由引理 4 知,此时 $x^2 - Dy^2 = -1$ 无解,因此 $\mathbf{Q}(\sqrt{D})$ 中适合 $N\eta = \pm 1$ 的代数整数 η 形如 $\eta = a + b\sqrt{D}$,a, b 为整数且 $N\eta = 1$,再由 ε_D, η_D 的定义知 $\varepsilon_D = \eta_D$.

定理的证明　(1) 设 $x^2 - Dy^2 = 2$ 有整数解.若 $x^2 - Dy^2 = 2$ 有整数解适合 $2 \nmid x$,则 $2 \nmid D$.设 $x_1 + y_1\sqrt{D}$ 是 $x^2 - Dy^2 = 2$ 的最小解,ε_D, η_D 的定义同引理 5,由引理 5 和引理 3 得

$$\varepsilon_D = \frac{t_D + u_D \sqrt{D}}{2} =$$

$$\eta_D = \frac{(x_1 + y_1 \sqrt{D})^2}{2} =$$

$$\frac{x_1^2 + Dy_1^2 + 2x_1 y_1 \sqrt{D}}{2} =$$

$$\frac{2Dy_1^2 + 2 + 2x_1 y_1 \sqrt{D}}{2}$$

因此 $t_D = 2Dy_1^2 + 2$，由式(2) 知

$$a_D \equiv t_D \equiv 2 \pmod{D}$$

又由式(1) 知 $0 \leqslant a_D \leqslant D$，故 $a_D = 2$，再由引理 1 知除 $D = 5$ 外，均有 $(a_D, b_D) = (2, 0)$. 当 $D = 5$ 时，易知 $x^2 - 5y^2 = 2$ 无整数解.

若 $x^2 - Dy^2 = 2$ 有整数解适合 $2 \mid x$，模 4 得 $2 \mid D$ 且 $2 \nmid y$，由此可得

$$2x^2 - \frac{D}{2}y^2 = 1$$

有整数解，设 $x_1 \sqrt{2} + y_1 \sqrt{\dfrac{D}{2}}$ 为 $2x^2 - \dfrac{D}{2}y^2 = 1$ 的最小解，ε_D, η_D 的意义同引理 5，由引理 5 和引理 2 得

$$\varepsilon_D = \frac{t_D + u_D \sqrt{D}}{2} =$$

$$\eta_D = \left(\sqrt{2}\, x_1 + \sqrt{\frac{D}{2}}\, y_1 \right)^2 =$$

$$2x_1^2 + \frac{D}{2}y_1^2 + 2x_1 y_1 \sqrt{D} =$$

$$\frac{2Dy_1^2 + 2 + 4x_1 y_1 \sqrt{D}}{2}$$

因此 $t_D = 2Dy_1^2 + 2$，由式(2) 得

$$a_D \equiv t_D \equiv 2 (\text{mod } D)$$

又由式(1)知 $0 \leqslant a_D < D$，故 $a_D = 2$，再由 $D \neq 2,5$ 及引理 1 知 $(a_D,b_D) = (2,0)$，故若 $D \neq 2$ 且 $x^2 - Dy^2 = 2$ 有整数解，则

$$(a_D,b_D) = (2,0)$$

(2) 设 $x^2 - Dy^2 = -2$ 有整数解. 若 $x^2 - Dy^2 = -2$ 有整数解适合 $2 \nmid x$，则 $2 \nmid D$. 设 $x_1 + y_1\sqrt{D}$ 是 $x^2 - Dy^2 = 2$ 的最小解，ε_D,η_D 的定义同引理 5，由引理 5 和引理 3 得

$$\varepsilon_D = \frac{t_D + u_D\sqrt{D}}{2} =$$

$$\eta_D = \frac{(x_1 + y_1\sqrt{D})^2}{2} =$$

$$\frac{x_1^2 + Dy_1^2 + 2x_1 y_1\sqrt{D}}{2} =$$

$$\frac{2Dy_1^2 - 2 + 2x_1 y_1\sqrt{D}}{2}$$

因此 $t_D = 2Dy_1^2 - 2$，由式(2)知

$$a_D \equiv t_D \equiv -2 (\text{mod } D)$$

又由式(1)知 $0 \leqslant a_D < D$，故 $a_D = D - 2$，再由引理 1 知除 $D = 5$ 外，均有

$$(a_D,b_D) = (D-2,D-4)$$

当 $D = 5$ 时，易知 $x^2 - 5y^2 = -2$ 无整数解.

若 $x^2 - Dy^2 = -2$ 有整数解适合 $2 \mid x$，模 4 得 $2 \mid D$ 且 $2 \nmid y$，由此可得 $2x^2 - \dfrac{D}{2}y^2 = -1$ 有整数解，即 $\dfrac{D}{2}y^2 - 2x^2 = 1$ 有整数解，设 $y_1\sqrt{\dfrac{D}{2}} + x_1\sqrt{2}$ 为 $\dfrac{D}{2}y^2 -$

$2x^2 = 1$ 的最小解，ε_D，η_D 的意义同引理 5，由引理 5 和引理 2 得

$$\varepsilon_D = \frac{t_D + u_D \sqrt{D}}{2} =$$

$$\eta_D = \left(\sqrt{\frac{D}{2}} y_1 + x_1 \sqrt{2} \right)^2 =$$

$$\frac{D}{2} y_1^2 + 2x_1^2 + 2x_1 y_1 \sqrt{D} =$$

$$\frac{2Dy_1^2 - 2 + 4x_1 y_1 \sqrt{D}}{2}$$

因此，$t_D = 2Dy_1^2 - 2$，由式(2)得

$$a_D \equiv t_D \equiv -2 (\bmod D)$$

又由式(1)知 $0 \leqslant a_D < D$，故 $a_D = D - 2$，再由 $D \neq 2, 5$ 及引理 1 知

$$(a_D, b_D) = (D - 2, D - 4)$$

故若 $D \neq 2$ 且 $x^2 - Dy^2 = -2$ 有整数解，则

$$(a_D, b_D) = (D - 2, D - 4)$$

定理证完.

参考文献

[1] YLKOI H. Some relations among new invariants of prime number p congruent to 1 mod 4[J]. Advances in Pure Math. ,1988(13):493-501.

[2] YOKOI H. The fundamental unit and bounds for class numbers of real quadratic fields[J]. Nagoya Math. J. , 1991(124):181-197.

[3] YOKOI H. New invariants and class number problem in quadratic fields[J]. Nagoya Math. J. ,1993(132):175-197.

[4] YOKOI H. Solvability of the Diophantine equation $x^2 - Dy^2 = \pm 2$ and new invariants for real quadratic fields[J]. Nagoya Math. J. ,1994(134):137-149.

［5］孙琦,袁平之.关于丢番图方程$\dfrac{ax^n+1}{ax+1}=y^2$ 和$\dfrac{ax^n-1}{ax-1}=$

y^2［J］.四川大学学报,1989(专辑):20-24.

［6］罗家贵.关于 Störmer 定理的推广和应用［J］.四川大学学报,1991(4):52-57.

［7］PERRON O. Die Lehre von den Kettenbruchen［M］. New York:Chelsea,Publ.Comp.,1929.

佩尔方程解的几个公式[①]

第九章

佩尔方程：$x^2 - ny^2 = 1$（n 为非开方的正整数），是一个二元二次不定方程.$(1,0)$ 是方程的解，这个解人们称为平凡解. 在实际求解中人们关心的是那些非平凡解（即除平凡解以外的解），而佩尔方程的非平凡解有无穷多组，但是对于某一确定 n 的所有非平凡解都可由基本解推出，因此只要求出佩尔方程的基本解，就可以求出其他所有的非平凡解. 著名的阿基米德"群牛问题"，就可转化为对佩尔方程的求解. 文献[1]等给出了某类佩尔方程最小解的计算公式，文献[2]等均是在设定 n 有特殊性质时给出最小解的计算公式或基本解；而文献[3]、[4]等均是运用某种工具求得方程式的解. 但对于某一确定的 y 值，当前并没有求解最小的 x,n 的公式，也没有 x 与 n 之间

---

① 选自《湖南理工学院学报（自然科学版）》，2006 年第 2 期.

的除方程式以外的关系式. 湖南理工学院计算机与通信工程系的吴小明、杨观赐、赵伟科三位教授于 2006 年在真实可靠数据的基础上,研究并归纳发现了它们的内在关系.

1. 连分数

定理 1　任何一个有理数都能展开成有限简单连分数;任何一个有限简单连分数都可化为一个有理数[5]. 一个无理数的连分数展开式将含有无限多项. 利用辗转相除法[5],可以把一个数写成如下形式

$$\frac{9}{7} = 1 + \frac{2}{7} = 1 + \cfrac{1}{3 + \cfrac{1}{2}} = $$

$$1 + \cfrac{1}{3 + \cfrac{1}{1 + \cfrac{1}{1}}}$$

$$a = a_1 + \cfrac{b_1}{a_2 + \cfrac{b_2}{a_3 + \cfrac{b_3}{a_4 + \ddots}}}$$

这种分数称为连分数. 拉格朗日曾经证明:一个二次无理数的连分数展开式,从某一项后是循环的[6]. 目前,在计算机上解佩尔方程的有效方法都是引入了连分数的算法,本章所有原始数据(即方程的解)均是基于连分数的算法所求得.

2. 佩尔方程解的几个公式

(1) y **为 10 的倍数.**

对于方程 $x^2 - ny^2 = 1$, n 为非开方的正整数,用程序对其求解,所得部分结果如表 1 所示.

表 1　求解结果表

序号	$y=10$		$y=20$		$y=30$		$y=40$		$y=50$		$y=60$	
	x	n	x	n	x	n	x	n	x	n	x	n
0	51	26	201	101	451	226	801	401	1 251	626	1 801	901
1	101	102	401	402	901	902	1 601	1 602	2 501	2 502	3 601	3 602
2	151	228	601	903	1 351	2 028	2 401	3 603	3 751	5 628	5 401	8 103
3	201	404	801	1 604	1 801	3 604	3 201	6 404	5 001	10 004	7 201	14 404
4	251	630	1 001	5 005	2 251	5 630	4 001	10 005	6 251	15 630	9 001	22 505
5	301	906	1 201	7 206	2 701	8 106	4 801	14 406	7 501	22 506	10 801	32 406
6	351	1 232	1 401	9 807	3 151	11 032	5 601	19 607	8 751	30 632	12 601	44 107
7	401	1 608	1 601	13 608	3 601	14 408	6 401	25 608	10 001	40 008	14 401	57 608

假设 $k=y/10$ 且为整数,观察计算所得的结果并归纳分析,发现某一 y(y 为 10 的倍数)与对应的最小 x,n 之间有如下关系

$$\begin{cases} x_{\min}=50k^2+1 & (k=y/10,k\in\mathbf{Z}) \\ n_{\min}=25k^2+1 & (k=y/10,k\in\mathbf{Z}) \end{cases} \tag{1}$$

而且 x 以"01"或者"51"结尾. 假设 i 为同一 y 值时 x 值按非降序排列的序号(即表 1 的 $0,1,2,3,\cdots$). 对于某一已确定的 y 值,x 与 $x_{\min}$ 及 n 与 $n_{\min}$ 的关系如下

$$\begin{cases} x_i=x_{\min}+i\cdot 50k^2= \\ \quad 50k^2(i+1)+1 & (i>0,i\in\mathbf{Z}) \\ n_i=25k^2(i+1)^2+i+1 & (i>0,i\in\mathbf{Z}) \end{cases} \tag{2}$$

证明　将式(1)代入方程:$x^2-ny^2=1$ 的左部,其中 $y=10k$,则有

$$x^2-ny^2=x_{\min}^2-n_{\min}\cdot y^2=$$
$$(50k^2+1)^2-(25k^2+1)(10k)^2=$$
$$2\ 500k^4+100k^2+1-2\ 500k^4-100k^2=1$$

方程式的左边等于右边.因此,式(1)的正确性得证.

同理,将式(2)代入方程式左部有

$$x^2 - ny^2 = x_i^2 - n_i \times y^2 =$$
$$[50k^2(i+1)+1]^2 -$$
$$[25k^2(i+1)^2+i+1] \times 100k^2 =$$
$$2\,500k^4(i+1)^2 + 100k^2(i+1) + 1 -$$
$$2\,500k^4(i+1)^2 - 100k^2(i+1) = 1$$

同样有方程式的左边等于右边.因此,式(2)的正确性得证.我们称式(1)为全局传递公式,称式(2)为局部传递公式.在实际运用中,若已知 y,且 y 为 10 的倍数,则可运用式(1)和式(2)很快求得对应的 x,n 值.无须利用方程,避免了烦琐的运算.

例1　假设现有方程式:$x^2 - ny^2 = 1$(n 为非开方的正整数),且已知 $y = 10\,000$,求满足方程的最小的 x,n 的值.

解　假设 $k = \dfrac{y}{10}$,则 $k = 1\,000$.

运用式(1),满足方程的最小的 x,n 有

$$x_{min} = 50k^2 + 1 = 50\,000\,001$$
$$n_{min} = 25k^2 + 1 = 25\,000\,001$$

将所求得的结果代入题目所给方程验证,发现所求得的结果正确,实验地验证了公式的正确性.

(2)y 为回文数.

所谓回文数,即顺读与逆读相同的整数,如 11,101,232 均为回文数.对于 y 为回文数,由程序运算所得的部分结果如表 2 所示.

表 2   程序运算结果表

	$y = 11$		$y = 55$		$y = 111$		$y = 2\,002$	
	x	n	x	n	x	n	x	n
1	122	123	3 026	3 027	12 322	12 323	4 008 005	4 008 006
2	243	488	6 051	12 104	24 643	49 288	8 016 009	16 032 020
3	364	1 095	9 076	27 231	36 964	110 895	12 024 013	36 072 042
4	485	1 944	12 101	48 408	49 285	197 144	16 032 017	64 128 072

对结果分析归纳,最小的 x,n 与 y 之间显然有下列关系式成立

$$\begin{cases} x_{\min} = y^2 + 1 \\ n_{\min} = y^2 + 2 \end{cases} \tag{3}$$

将其代入方程显然成立. 得出该全局传递公式并非最终目的,要用其推导出一组局部传递公式.

假设 i 为同一 y 值时 x 值按非降序排列的序号(即表 2 中的 $1,2,3,\cdots$),则局部传递公式为

$$\begin{cases} x_i = i \cdot y^2 + 1 \\ n_i = i^2 \cdot y^2 + 2 \cdot i \quad (i > 0, i \in \mathbf{Z}) \end{cases} \tag{4}$$

证明   将式(4)代入方程左部得

$$x^2 - ny^2 = x_i - n_i \cdot y^2 =$$
$$(i \cdot y^2 + 1)^2 - (i^2 \cdot y^2 + 2 \cdot i) \cdot y^2 =$$
$$i^2 y^4 + 2iy^2 + 1 - i^2 y^4 - 2iy^2 = 1$$

显然迭代的结果等于方程的右部,式(4)正确.

下面用例子来说明式(3)与式(4)的用途之一.

例 2   假设现有方程式:$x^2 - ny^2 = 1$(n 为非开方的正整数),已知回文数 $y = 12\,344\,321$ 为该方程的解. 求满足方程的最小的 x,n 的值,并求出满足方程的第三组最小的 x,n 的值.

解   运用式(3),满足方程的最小的 x,n 的值为

$$x_{\min} = y^2 + 1 = 152\ 382\ 260\ 951\ 042$$
$$n_{\min} = y^2 + 2 = 152\ 382\ 260\ 951\ 043$$

满足方程的第三组最小的 x, n 的值为

$$x_i = i \cdot y^2 + 1 = 3 \cdot 12\ 344\ 321^2 + 1 =$$
$$457\ 146\ 782\ 853\ 124$$
$$n_i = i^2 \cdot y^2 + 2 \cdot i = 3^2 \cdot 12\ 344\ 321^2 + 2 \cdot 3 =$$
$$1\ 371\ 440\ 348\ 559\ 375$$

经验证,运用式(3)和式(4)所求得的结果正确,实验地验证了公式的正确性.

(3) y 值为 $3, 5, 7, 9$.

y 值为 $3, 5, 7, 9$, 对应的部分 x, n 的值如表 3 所示. 假设 $k = 1, 2, 3, 4$ 分别对应 $y = 3, 5, 7, 9$ 的序号, 就可以从结果中归纳出某一 y 与对应的最小 x, n 之间有如下两个关系式

$$\begin{cases} x_{\min} = 4k(k+1) \\ n_{\min} = x_{\min} - 1 = 4k(k+1) - 1 \quad (k = 1, 2, 3, 4) \end{cases}$$
$$(5)$$

最小的 x 与最小的 n 之差为 1.

表 3　计算结果表

	$y = 3$		$y = 5$		$y = 7$		$y = 9$	
	x	n	x	n	x	n	x	n
1	8	7	24	23	48	47	80	79
2	10	11	26	27	50	51	82	83
3	17	32	49	96	97	192	161	320
4	19	40	51	104	99	200	163	328
5	26	75	74	219	146	435	242	723
6	28	87	76	231	148	447	244	735
7	35	136	99	392	195	776	323	1 288

假设 i 为同一 y 值时 x 值按非降序排列的序号(即

表 2 中的 $1,2,3,\cdots$），再设 $\alpha=2,\beta=y^2-2$．对于某一已确定的 y 值，x 与 $x_{\min}$ 的关系如下

$$x_i=4k(k+1)+\alpha\cdot(i/2)+$$
$$\beta\cdot(i-1)/2\quad(i>0,i\in\mathbf{Z})\quad(6)$$

n 在内部的通式为

$$n_i=\begin{cases}n_{i-1}+i\cdot\beta & (i>1,\text{当}\ i\ \text{是奇数})\\ n_{i-1}+i\cdot\alpha & (i>1,\text{当}\ i\ \text{是偶数})\end{cases}\quad(7)$$

式（5）、（6）与（7）的正确性证明可用（1）的方法，在此不再赘述．

3. 结束语

对于佩尔方程，研究者都把目光聚积在对 n 的研究；笔者在大量真实可靠数据的基础上，将数据分类，绕过传统的研究方法与研究角度，归纳并证明了上述三个公式．在运用中，可根据具体情况用不同的公式求得方程式的解．对于具有其他性质的 y 值，x,n 与 y 的关系有待进一步研究．

参考文献

[1] 吴文良.一类 Pell 方程最小解的计算公式[J].昭通师范高等专科学校学报,2004,26(2):8-9.

[2] 顾黎诚.关于 Pell 方程 $x^2-2y^2=1$ 与 $y^2-Dz^2=4$ 的公解[J].绍兴文理学院学报(自然科学版),2003,23(9):21-24.

[3] 冯国锋.Pell 方程最小整数解的 Maple 解法[J].重庆师范大学学报(自然科学版),2004,21(2):18-21.

[4] 赵东方.运用 Mathematica 4 软件包求解 Pell 方程的方法[J]. 华中师范大学学报（自然科学版）,2003,37(3):301-303

[5] 张顺燕.数学的思想、方法与应用[M].北京:高等教育出版社,1995.

[6] 潘承洞.初等数论[M].北京:北京大学出版社,1992.

佩尔方程的最小正整数解[①]

第十章

    2011 年,江汉大学实验师范学院的林炳生教授用 C 语言编写程序,解决了 d 是 10 000 以内的非平方数时,佩尔方程 $x^2 - dy^2 = \pm 1$ 的最小正整数解的计算问题.

    我们知道,形如

$$x^2 - dy^2 = 1 \qquad (1)$$

和

$$x^2 - dy^2 = -1 \qquad (2)$$

的不定方程叫佩尔方程(这里 d 是一个非完全平方正整数).

    经过人们的努力,求佩尔方程的最小正整数解的理论问题现在已经解决.人们研究发现,方程(1)总有解;方程(2)是否有解与 $\sqrt{d}$ 化为循环连分数有关;如果循环节里有奇数个数,方程(2)有解,如果循环节里有偶数个数,方程(2)就没

---

① 选自《数学的实践与认识》,2011 年第 41 卷第 8 期.

有解[1].

比如

$$\sqrt{2} = 1 + \cfrac{1}{2} + \cfrac{1}{2} + \cfrac{1}{2} + \cdots$$

循环节里只有 1 个数,我们简单记为 $\sqrt{2} = 1, \overline{2}$,这时方程 $x^2 - 2y^2 = 1$ 和 $x^2 - 2y^2 = -1$ 都有正整数解,而且都有无穷多组解. 而 $\sqrt{3} = 1, \overline{1, 2}$,循环节里有 2 个数,方程 $x^2 - 3y^2 = 1$ 还是有无穷多组正整数解,而 $x^2 - 3y^2 = -1$ 就没有正整数解.

但是,有些佩尔方程的最小正整数解的计算还是比较困难的,在 19 世纪有人专门著书列出 d 值不超过 1 000 或 d 值在 1 501 到 2 012 的佩尔方程 $x^2 - dy^2 = 1$ 的最小正整数解.

《数论妙趣——数学女王的盛情款待》([美] 阿尔伯特·H·贝勒著,谈祥柏译,上海教育出版社)一书第 22 章专门讲了"佩尔方程",书中比较全面地介绍了这种类型方程的历史、理论和它的解法. 在本章末尾的参考文献中提到一个叫马丁(A. Martin)的人,他在 1877 年曾经求过 $x^2 - 9\ 817y^2 = 1$ 和 $x^2 - 9\ 781y^2 = 1$ 的最小正整数解. 在这本书的正文中还列出了 $x^2 - 9\ 781y^2 = 1$ 的最小正整数解,x, y 的值分别是 155 位数和 154 位数

$$
\begin{aligned}
x = &47\ 625\ 376\ 075\ 432\ 669\ 622\ 915\ 551 \\
&420\ 643\ 775\ 806\ 417\ 468\ 647\ 845 \\
&920\ 709\ 133\ 116\ 505\ 163\ 927\ 786 \\
&611\ 046\ 291\ 325\ 633\ 404\ 816\ 631 \\
&400\ 075\ 031\ 779\ 842\ 394\ 788\ 655 \\
&329\ 052\ 356\ 895\ 448\ 229\ 542\ 978
\end{aligned}
$$

$$234\ 993\ 801$$
$$y = 4\ 815\ 559\ 890\ 373\ 079\ 157\ 588\ 581$$
$$769\ 809\ 679\ 324\ 712\ 590\ 671\ 132$$
$$180\ 607\ 164\ 384\ 581\ 211\ 216\ 970$$
$$331\ 509\ 974\ 781\ 382\ 264\ 086\ 340$$
$$917\ 459\ 934\ 751\ 261\ 746\ 227\ 674$$
$$749\ 436\ 227\ 294\ 352\ 561\ 803\ 637$$
$$330\ 579\ 140$$

(见《数论妙趣 —— 数学女王的盛情款待》第 304 页)[2]

估计这本书的作者就是引用了马丁的研究成果. 130 多年前还没有电子计算机,可以想象当时为了计算这个方程的最小正整数解,要耗费多大的精力、耗费多少时间! 现在由于有了计算机,解决起来就要容易得多.

要求 $x^2 - 9\ 817y^2 = 1$ 和 $x^2 - 9\ 781y^2 = 1$ 的最小正整数解,可以分两步来完成. 第一步先将 $\sqrt{9\ 817}$ 和 $\sqrt{9\ 781}$ 展为循环连分数,第二步利用递推公式求出它们的最小正整数解. 下面我们就用计算机来完成这两项工作.

1. 将 $\sqrt{9\ 817}$ 和 $\sqrt{9\ 781}$ 展为循环连分数

我们利用下面的程序一,可以很快将 $\sqrt{9\ 817}$ 和 $\sqrt{9\ 781}$ 展为循环连分数,结果发现它们的循环节里分别有 95 个数和 157 个数.

程序一:将 $\sqrt{9\ 817}$ 和 $\sqrt{9\ 781}$ 展为循环连分数

```
#include⟨stdio.h⟩
#include⟨math.h⟩
```

```
    #include<conio.h>
    #include<dir.h>
main()
    {int p,q,a,d,i,a1,f,k;
    FILE * out;
out=fopen("c:\\2008\\Q48.TXT","a+");
if(out==NULL) // 创建可写的文本文件
    {
printf("输出结果失败! \n");return;
    }
    //————————————————————
printf("\nd=");
scanf("%d",&d);
fprintf(out,"\n%3d",d);
p=floor(sqrt(d));
printf("sqrt(%d)=",d);
a1=p;
printf("%d,",a1);
fprintf(out,"%d,",a1);
f=1;k=1;
q=d-p*p;
a=floor((a1+p)/q);
printf("%d,",a);
fprintf(out,"%d,",a);
if(a!=2*a1)f=0;
    {if(f==0)
for(i=1;i<=200;i++)
    {p=a*q-p;
```

```
q = (d − p * p)/q;
a = floor((a1 + p)/q);
k = k + 1;
printf("%d,",a);
fprintf(out,"%d,",a);
if(a == 2 * a1) break;
    }
    }
printf("\n 循环节里数的个数是 %2d",k);
fprintf(out,"%2d",k);
fclose(out);}
```

$$\sqrt{9\,817} = 99,12,2,1,1,1,2,2,7,1,5,8,11,$$
$$1,1,6,1,4,2,21,1,1,3,2,1,2,$$
$$17,1,1,1,4,5,1,3,1,3,2,1,65,$$
$$2,1,3,2,5,1,3,24,1,1,24,3,1,$$
$$5,2,3,1,2,65,1,2,3,1,3,1,5,4,$$
$$1,1,1,17,2,1,2,3,1,1,21,2,4,$$
$$1,6,1,1,11,8,5,1,7,2,2,1,1,1,$$
$$2,12,198$$

循环节里有 95 个数；

$$\sqrt{9\,781} = 98,1,8,1,8,1,1,12,1,1,1,15,1,$$
$$4,1,2,2,6,1,1,1,3,2,1,1,2,5,$$
$$9,4,3,2,21,1,1,5,7,6,1,12,3,$$
$$16,6,3,7,1,1,2,9,2,48,1,38,1,$$
$$1,2,1,1,1,2,1,1,1,65,3,2,1,$$
$$27,1,1,3,1,7,1,4,1,1,1,1,4,4,$$
$$1,1,1,1,4,1,7,1,3,1,1,27,1,2,$$
$$3,65,1,1,1,2,1,1,1,2,1,1,38,$$

> 1,48,2,9,2,1,1,7,3,6,16,3,12,
> 1,6,7,5,1,1,21,2,3,4,9,5,2,1,
> 1,2,3,1,1,1,6,2,2,1,4,1,15,1,
> 1,1,12,1,1,8,1,8,1,196

循环节里有 157 个数.

2. **求 $x^2 - 9\,817y^2 = 1$ 和 $x^2 - 9\,781y^2 = 1$ 的最小正整数解**

有了上面的结果,从理论上讲可以容易计算出这两个方程的最小正整数解来,但在实际计算时,却遇到了数目太大的麻烦,用一般整数四则运算的方法,计算机只能输出不超过 4 294 967 295 的整数,而这两个方程的最小正整数解大大超出这个范围. 我们利用数组,解决了这个问题.

下面的程序帮助我们求出了这两个方程的最小正整数解.

在下面的程序二中,执行 n[190] 这个语句,可以得到 $x^2 - 9\,817y^2 = 1$ 的最小正整数解是

$x =$ 1 087 319 469 877 070 045 654 171 500 019 972
689 878 078 955 845 851 165 794 522 041 819 432
604 428 846 808 167 197 337 118 849(97 位)

$y =$ 10 974 071 089 678 774 410 161 078 963 233 070
156 422 894 010 351 506 814 076 536 718 633 072
745 503 799 243 013 892 140 880(95 位)

在下面的程序二中,执行 n[314] 这个语句,可以得到 $x^2 - 9\,781y^2 = 1$ 的最小正整数解是

$x =$ 476 253 759 140 903 459 015 557 037 148 038 242
693 916 217 081 970 911 219 193 915 687 212 965
387 149 749 210 085 965 745 753 950 599 752 054

760 793 982 856 538 711 730 939 866 434 465 866

978 234 993 801(156 位)

$y=4$ 815 559 876 082 440 302 661 477 925 425 109

987 613 771 229 009 146 426 082 013 196 562 198

768 697 030 920 980 312 716 578 208 128 986 190

989 127 348 406 759 507 489 241 673 054 751 368

237 330 579 140(154 位)

程序二:求 $x^2-9\ 817y^2=1$ 和 $x^2-9\ 781y^2=1$ 的
最小正整数解

```
#include〈stdio. h〉
#include〈math. h〉
#include〈conio. h〉
#include〈dir. h〉
main()
{int i,j,k,t,s,m,e;
int
// a[160]={0,99,},
a[160]={0,1,},
// c[160]={0,1,},
c[160]={0,0,},
n[190]={0,12,2,1,1,1,2,2,7,1,5,8,11,1,1,6,1,4,2,
21,1,1,3,2,1,2,17,1,1,1,4,5,1,3,1,3,2,1,65,2,1,
3,2,5,1,3,24,1,1,24,3,1,5,2,3,1,2,65,1,2,3,1,3,
1,5,4,1,1,1,17,2,1,2,3,1,1,21,2,4,1,6,1,1,11,8,
5,1,7,2,2,1,1,1,2,12,198,12,2,1,1,1,2,2,7,1,5,
8,11,1,1,6,1,4,2,21,1,1,3,2,1,2,17,1,1,1,4,5,1,
3,1,3,2,1,65,2,1,3,2,5,1,3,24,1,1,24,3,1,5,2,3,
1,2,65,1,2,3,1,3,1,5,4,1,1,1,17,2,1,2,3,1,1,21,
```

115

```
2,4,1,6,1,1,11,8,5,1,7,2,2,1,1,1,2,12,},
// n[314]={0,1,8,1,8,1,1,12,1,1,1,15,1,4,
1,2,2,6,1,1,1,3,2,1,1,2,5,9,
// 4,3,2,21,1,1,5,7,6,1,12,3,16,6,3,7,1,1,
2,9,2,48,1,38,1,1,2,1,1,1,2,
// 1,1,1,65,3,2,1,27,1,1,3,1,7,1,4,1,1,1,
1,4,4,1,1,1,1,4,1,7,1,3,1,1,
// 27,1,2,3,65,1,1,1,2,1,1,1,2,1,1,38,1,
48,2,9,2,1,1,7,3,6,16,3,12,1,
// 6,7,5,1,1,21,2,3,4,9,5,2,1,1,2,3,1,1,1,
6,2,2,1,4,1,15,1,1,1,12,1,
// 1,8,1,8,1,196,1,8,1,8,1,1,12,1,1,1,15,
1,4,1,2,2,6,1,1,1,3,2,1,1,2,
// 5,9,4,3,2,21,1,1,5,7,6,1,12,3,16,6,3,7,
1,1,2,9,2,48,1,38,1,1,2,1,
// 1,1,2,1,1,1,65,3,2,1,27,1,1,3,1,7,1,4,
1,1,1,1,4,4,1,1,1,1,4,1,7,1,
// 3,1,1,27,1,2,3,65,1,1,1,2,1,1,1,2,1,1,
38,1,48,2,9,2,1,1,7,3,6,16,
// 3,12,1,6,7,5,1,1,21,2,3,4,9,5,2,1,1,2,
3,1,1,1,6,2,2,1,4,1,15,1,4,
// 1,12,1,1,8,1,8,1,},b[160],d[160];
FILE *out
out=fopen("c:\\2008\\Q52.TXT","a+");
if(out==NULL) // 创建可写的文本文件
    {
printf("输出结果失败！\n");return;
    }
```

```
//——————————————————————————
printf("\n");
fprintf(out,"\n");
j=0;
for(t=1;t<=189;t++)
    {for(i=0;i<=159;i++)
    {b[i]=(a[i]*n[t]+j)%10;
j=(a[i]*n[t]+j)/10;}
s=0;
for(m=0;m<=159;m++)
    {d[m]=(c[m]+b[m]+s)%10;
s=(c[m]+b[m]+s)/10;}
    // printf("\n");
if(t==189)
for(k=160;k>=1;k——)
    {printf("%d",d[k]);
fprintf(out,"%d",d[k]);}
for(e=1;e<=159;e++)
    {c[e]=a[e];a[e]=d[e];}}}
```

3. 检验解的正确性

由于《数论妙趣 —— 数学女王的盛情款待》书中没有列出 $x^2 - 9\,817y^2 = 1$ 的最小正整数解,所以无法比较.

而 $x^2 - 9\,781y^2 = 1$ 的最小正整数解,我们求出的解与书中列出的解不相同. 到底哪一个是正确的呢? 必须通过检验才可以判断. 要检验解的正确性,也不是一件容易的事.

首先要计算 x^2 和 y^2,由于 x 是 156 位数,y 是 154

位数,因此要解决如何计算大数的平方的问题. 下面我们通过程序三,计算出 x^2 和 y^2.

其次还要解决 9 781 乘 y^2 的问题,也就是要计算一个 300 多位的数与一个四位数的乘积的问题,我们又用程序四,解决了这个问题.

通过计算发现,我们求得的解是正确的,因此可以肯定该书中列出的 $x^2 - 9\,781y^2 = 1$ 的最小正整数解是不正确的.

程序三:求大数的平方

```
#include〈stdio. h〉
#include〈math. h〉
#include〈conio. h〉
#include〈dir. h〉
void main()
{int i,j,k,s,t;
int a[326]={0,1,0,8,3,9,9,4,3,2,8,7,9,6,6,8,5,
6,4,4,3,4,6,6,8,9,3,9,0,3,7,1,1,7,8,3,5,
6,5,8,2,8,9,3,9,7,0,6,7,4,5,0,2,5,7,9,9,
5,0,5,9,3,5,7,5,4,7,5,6,9,5,8,0,0,1,2,9,
4,7,9,4,1,7,8,3,5,6,9,2,1,2,7,8,6,5,1,9,
3,9,1,9,1,2,1,1,9,0,7,9,1,8,0,7,1,2,6,1,
9,3,9,6,2,4,2,8,3,0,8,4,1,7,3,0,7,5,5,5,
1,0,9,5,4,3,0,9,0,4,1,9,5,7,3,5,2,6,7,4,};
// int a[324]={0,0,4,1,9,7,5,0,3,3,7,3,2,
8,6,3,1,5,7,4,5,0,3,7,
// 6,1,4,2,9,8,4,7,0,5,9,5,7,6,0,4,8,4,3,
7,2,1,9,8,9,0,9,1,6,8,
// 9,8,2,1,8,0,2,8,7,5,6,1,7,2,1,3,0,8,9,
```

0,2,9,0,3,0,7,9,6,8,6,

// 7,8,9,1,2,6,5,6,9,1,3,1,0,2,8,0,6,2,4,

6,4,1,9,0,0,9,2,2,1,7,

// 7,3,1,6,7,8,9,9,0,1,5,2,4,5,2,9,7,7,4,

1,6,6,2,0,3,0,4,4,2,8,

// 0,6,7,8,9,5,5,5,1,8,4,};

int b[326]={0,},c[326]={0,};

FILE * out;

out=fopen(″c:\\2008\\Q74. TXT″,″a+″);

if(out==NULL) // 创建可写的文本文件

{

printf(″输出结果失败！\n″);return;

}

//————————————————

s=0;

printf(″\n″);

fprintf(out,″\n″);

for(j=325;j>=1;j——)

{for(i=1;i<=325;i++)

{b[i]=(a[i] * a[j]+c[i]+s)%10;

s=(a[i] * a[j]+c[i]+s)/10;}

for(t=322;t>=1;t——)

{c[t+1]=b[t];c[1]=0;}

if(j==1)

for(i=0;i<=325;i++)

{if((b[i]!=0)&&(b[i+1]==0)&&(b[i+2]==0)

&&(b[i + 3] = = = 0)&&(b[i + 4] = =

0)&&(b[i+5]==0))
    {for(k=i;k>=1;k--)
    {printf("%d",b[k]);
    fprintf(out,"%d",b[k]);
    }}}}}

在上面的程序中,执行 int a[326] 这个语句,可以得到

$x^2 = $226 817 643 095 841 685 044 376 741 603 860
466 809 605 957 957 231 303 539 605 716 276
252 491 045 751 087 726 264 562 599 417 079
355 654 509 699 351 059 207 431 589 938 378
935 076 447 447 241 721 487 075 362 300 025
485 006 013 305 419 681 636 221 555 216 939
890 529 871 028 183 857 596 004 263 348 471
829 807 926 219 334 965 911 079 413 658 732
520 745 824 853 473 161 976 925 755 455 896
428 842 508 427 601(312 位)

执行 int a[324] 这个语句,可以得到

$y^2 = $23 189 616 920 135 127 803 330 614 620 576 675
882 793 779 568 268 204 022 043 320 343 140
015 442 771 811 443 233 264 758 145 085 303
716 849 984 597 797 690 157 610 667 455 161
545 490 997 570 976 534 820 096 339 845 157
448 728 484 349 215 993 888 309 499 738 256
878 629 079 663 005 581 842 783 288 873 512
913 600 472 276 348 626 017 729 645 100 963
167 960 827 468 884 774 248 620 330 834 927
803 139 600(308 位)

120

程序四:求 9 781 与 y^2 的积

　　＝＃include〈stdio. h〉

main( )

　　｛int i,j,k,s,t;

int a[324]＝{0,0,0,6,9,3,1,3,0,8,7,2,9,4,3,8,0,

　　　　　3,3,0,2,6,8,4,2,4,7,7,4,8,8,8,6,4,

　　　　　7,2,8,0,6,9,7,6,1,3,6,9,0,0,1,5,4,

　　　　　6,9,2,7,7,1,0,6,2,6,8,4,3,6,7,2,2,

　　　　　7,4,0,0,6,3,1,9,2,1,5,3,7,8,8,8,2,

　　　　　3,8,7,2,4,8,1,8,5,5,0,0,3,6,6,9,7,

　　　　　0,9,2,6,8,7,8,6,5,2,8,3,7,9,9,4,9,

　　　　　0,3,8,8,3,9,9,5,1,2,9,4,3,4,8,4,

　　　　　8,2,7,8,4,4,7,5,1,5,4,8,9,3,3,6,9,

　　　　　0,0,2,8,4,3,5,6,7,9,0,7,5,7,9,9,0,

　　　　　9,4,5,4,5,1,6,1,5,5,4,7,6,6,0,1,6,

　　　　　7,5,1,0,9,6,7,9,7,7,9,5,4,8,9,9,4,

　　　　　8,6,1,7,3,0,3,5,8,0,5,4,1,8,5,7,4,

　　　　　6,2,3,3,2,3,4,4,1,1,8,1,7,7,2,4,4,

　　　　　5,1,0,0,4,1,3,4,3,0,2,3,3,4,0,2,2,

　　　　　0,4,0,2,8,6,2,8,6,5,9,7,7,3,9,7,2,

　　　　　8,8,5,7,6,6,7,5,0,2,6,4,1,6,0,3,3,

　　　　　3,0,8,7,2,1,5,3,1,0,2,9,6,1,6,9,8,

　　　　　1,3,2,},

b[324]＝{0},c[324]＝{0},d[324]＝{0,1,8,7,9,};

s＝0;

printf(″\n″);

for(j＝323;j＞＝1;j－－)

　　｛for(i＝1;i＜＝323;i＋＋)

$$\{b[i] = (a[i] * d[j] + c[i] + s)\%10;$$
$$s = (a[i] * d[j] + c[i] + s)/10;\}$$
$$for(t = 322;t >= 1;t——)$$
$$\{c[t+1] = b[t];c[1] = 0;\}$$
$$if(j == 1)$$
$$for(i = 0;i <= 323;i++)$$
$$\{if((b[i] == 0)\&\&(b[i+1] == 0)\&\&(b[i+2] == 0)$$
$$\&\&(b[i+3] == 0)\&\&(b[i+4] == 0)\&\&(b[i+5] == 0))$$
$$\{for(k = i;k >= 1;k——)$$
$$\{printf("\%d",b[k]);$$
$$\}\}\}\}\}$$

此程序运行的结果是

$9\ 781y^2 =$ 22 681 764 309 584 168 504 437 674 160 386
046 680 960 595 795 723 130 353 960 571
627 625 249 145 751 087 726 264 562 599
417 079 355 654 509 699 351 059 207 431
589 938 378 935 076 447 447 241 721 487
075 362 300 025 485 006 013 305 419 681
636 221 555 216 939 890 529 871 028 183
857 596 004 263 348 471 829 807 926 219
334 965 911 079 413 658 732 520 745 824
853 473 161 976 925 755 455 896 428 842
508 427 600(311 位)

与 x^2 的值进行比较,马上可以看出 x,y 的值满足方程 $x^2 - 9\ 781y^2 = 1$. 因此,我们求得的解是正确的.

4. 10 000 以内佩尔方程 $x^2 - dy^2 = \pm 1$ 的最小正整数解

我们利用下面的程序,在普通的家用电脑上可以迅速输出 d 值在 10 000 以内的佩尔方程 $x^2 - dy^2 = -1$ 的最小正整数解,用时不到一分钟. 一共只有 1 322 个 d 值是有解的. 另外我们还通过其他的程序计算出使 $x^2 - dy^2 = -1$ 有解的 d 值(d 值在 20 000 以内),在 10 001 到 20 000 内一共只有 1 205 个 d 值是有解的. 现列表如下:

表 1

d 值范围	1 — 1 000	1 001 — 2 000	2 001 — 3 000	3 001 — 4 000	4 001 — 5 000
有解方程数目	152	144	134	137	123
d 值范围	5 001 — 6 000	6 001 — 7 000	7 001 — 8 000	8 001 — 9 000	9 001 — 10 000
有解方程数目	125	134	129	116	128
d 值范围	10 001 — 11 000	11 001 — 12 000	12 001 — 13 000	13 001 — 14 000	14 001 — 15 000
有解方程数目	119	124	127	113	118
d 值范围	15 001 — 16 000	16 001 — 17 000	17 001 — 18 000	18 001 — 19 000	19 001 — 20 000
有解方程数目	116	124	120	122	122

```
// 求 x*x - dy*y = -1 的最小正整数解
#include〈stdio. h〉
#include〈math. h〉
#include〈conio. h〉
#include〈dir. h〉
```

```
main()
    {int p,q,i,j,k,t,s,m,e,f,b1,d,r,u,v,w=0;
for(d=1;d<=1 000;d++)
if((d!=1)&&(d!=4)&&(d!=9)&&(d!=16)
&&(d!=25)
    &&(d!=36)&&(d!=49)&&(d!=64)
&&(d!=81)&&(d!=100)
    &&(d!=121)&&(d!=144)&&(d!=169)
&&(d!=196)&&(d!=225)
    &&(d!=256)&&(d!=289)&&(d!=324)
&&(d!=361)&&(d!=400)
    &&(d!=441)&&(d!=484)&&(d!=529)
&&(d!=576)&&(d!=625)
    &&(d!=676)&&(d!=729)&&(d!=784)
&&(d!=841)&&(d!=900)
    &&(d!=961)&&(d!=1024)&&(d!=1089)
&&(d!=1156)&&(d!=1225)
    &&(d!=1296)&&(d!=1369)&&(d!=1444)
&&(d!=1521)&&(d!=1600)
    &&(d!=1681)&&(d!=1764)&&(d!=1849)
&&(d!=1936)&&(d!=2025)
    &&(d!=2116)&&(d!=2209)&&(d!=2304)
&&(d!=2401)&&(d!=2500)
    &&(d!=2601)&&(d!=2704)&&(d!=2809)
&&(d!=2916)&&(d!=3025)
    &&(d!=3136)&&(d!=3249)&&(d!=3364)
&&(d!=3481)&&(d!=3600)
    &&(d!=3721)&&(d!=3844)&&(d!=3969)
```

&.&.(d! = 4096)&.&.(d! = 4225)

    &.&.(d! = 4356)&.&.(d! = 4489)&.&.(d! = 4624)

&.&.(d! = 4761)&.&.(d! = 4900)

    &.&.(d! = 5041)&.&.(d! = 5184)&.&.(d! = 5329)

&.&.(d! = 5476)&.&.(d! = 5625)

    &.&.(d! = 5776)&.&.(d! = 5929)&.&.(d! = 6084)

&.&.(d! = 6241)&.&.(d! = 6400)

    &.&.(d! = 6561)&.&.(d! = 6724)&.&.(d! = 6889)

&.&.(d! = 7056)&.&.(d! = 7225)

    &.&.(d! = 7396)&.&.(d! = 7569)&.&.(d! = 7744)

&.&.(d! = 7921)&.&.(d! = 8100)

    &.&.(d! = 8281)&.&.(d! = 8464)&.&.(d! = 8649)

&.&.(d! = 8836)&.&.(d! = 9025)

    &.&.(d! = 9216)&.&.(d! = 9409)&.&.(d! = 9604)

&.&.(d! = 9801)&.&.(d! = 10000))

    {int a[240] = {0,},g[240] = {0,1,},c[240] = {0,1,},

h[240] = {0,0,},n[434] = {0,},b[240],

z[240],x[240],y[240];

    FILE * out;

out = fopen("c:\\2008\\Q52B. TXT","a +");

if(out ==NULL) // 创建可写的文本文件

    {

printf("输出结果失败！\n");return;

    }

    //————————————————

p = floor(sqrt(d));

a[1] = p;f = 1;k = 1;q = d − p * p;

```
b1 = floor((a[1] + p)/q);n[1] = b1;
if(b1! = 2 * a[1])f = 0;
if(f = = 0)
for(i = 1;i <= 300,i ++)
    {p = b1 * q - p;
q = (d - p * p)/q;
b1 = floor((a[1] + p)/q);
k = k + 1;
if(b1 = = 2 * a[1])
break;
n[i + 1] = b1;}
if(k%2 = = 1)
    {n[k] = 0;w = w + 1;printf("\n%4d",d);
fprintf(out,"\n%4d",d);}
if(k%2 = = 1)
    {printf("x =");
fprintf(out,"x =");
j = 0;
for(t = 1;t <= 432;t ++)
    {for(r = 0;r <= 239;r ++)
    {b[r] = (a[r] * n[t] + j)%10;
j = (a[r] * n[t] + j)/10;}
s = 0;
for(m = 0;m <= 239;m ++)
    {z[m] = (c[m] + b[m] + s)%10;
s = (c[m] + b[m] + s)/10;}
for(r = 1;r <= 240;r ++)
if((t = = 432)&&(z[r]! = 0)&&(z[r + 1] = = 0)
```

```
&&(z[r+2]==0)
    &&(z[r+3]==0)&&(z[r+4]==0)&&
(z[r+5]==0)&&(z[r+6]==0)
    &&(z[r+7]==0)&&(z[r+8]==
0)&&(z[r+9]==0))
for(v=r;v>=1;v--).
    {printf("%d",z[v]);
fprintf(out,"%d",z[v]);}
for(e=1;e<=239;e++)
    {c[e]=a[e];a[e]=z[e];}
    }
printf("y=");
fprintf(out,"y=");
j=0;
for(t=1;t<=432;t++)
    {for(r=0;r<=239;r++)
    {x[r]=(g[r]*n[t]+j)%10;
j=(g[r]*n[t]+j)/10;}
s=0;
for(m=0;m<=239;m++)
    {y[m]=(h[m]+x[m]+s)%10;
s=(h[m]+x[m]+s)/10;}
for(r=1;r<=240;r++)
if((t==432)&&(y[r]!=0)&&(y[r+1]==
0)&&(y[r+2]==0)
    &&(y[r+3]==0)&&(y[r+4]==
0)&&(y[r+5]==0)&&(y[r+6]==0)
    &&(y[r+7]==0)&&(y[r+8]==
```

```
0)&&(y[r+9]==0))
for(v=r;v>=1;v——)
    {printf("%d",y[v]);
fprintf(out,"%d",y[v]);}
for(e=1;e<=239;e++)
    {h[e]=g[e];g[e]=y[e];}}}
fclose(out);}
printf("\n 共有 %d 个方程有解",w);
    }
```

我们为了节约篇幅,下面只写出输出结果的最后一页.

……

$dx^2 - dy^2 = -1$ 的最小正整数解

9 722 $x=493$ $y=5$

9 725 $x=1\ 282$ $y=13$

9 733 $x=2\ 958\ 601\ 321\ 327\ 138\ 630\ 244\ 859\ 990\ 809$
        411 121 986 422 039 917 582 804 173
        964 618

        $y=29\ 989\ 076\ 025\ 015\ 185\ 773\ 493\ 112\ 152\ 483$
        736 506 336 028 404 281 870 941 239 665

9 749 $x=11\ 617\ 258\ 057\ 990$

        $y=117\ 658\ 579\ 657$

9 754 $x=55\ 562\ 202\ 505\ 231\ 453\ 209\ 047\ 194\ 418\ 609$
        942 877 285

        $y=562\ 584\ 907\ 790\ 537\ 473\ 175\ 851\ 963\ 711$
        043 695 537

9 769 $x=1\ 157\ 018\ 984\ 508\ 958\ 562\ 556\ 442\ 411\ 683$
        505 962 628 248 781 678 568 352 023 177

128

$$605\ 738\ 948\ 379\ 468\ 712\ 780$$

$$y = 11\ 706\ 186\ 264\ 486\ 555\ 215\ 038\ 587\ 573$$
$$585\ 380\ 563\ 892\ 929\ 313\ 261\ 102\ 505\ 293$$
$$339\ 384\ 952\ 822\ 884\ 148\ 173$$

9 770　$x = 358\ 307$　$y = 3\ 625$

9 773　$x = 1\ 115\ 618$　$y = 11\ 285$

9 778　$x = 750\ 416\ 769$　$y = 7\ 588\ 877$

9 781　$x = 487\ 982\ 458\ 261\ 003\ 199\ 258\ 092\ 847\ 828$
$$414\ 564\ 070\ 122\ 149\ 554\ 625\ 605\ 558\ 197$$
$$529\ 358\ 203\ 165\ 164\ 370$$

$$y = 4\ 934\ 152\ 646\ 842\ 461\ 957\ 673\ 629\ 396\ 080$$
$$165\ 329\ 129\ 323\ 755\ 969\ 289\ 926\ 718\ 858$$
$$320\ 757\ 369\ 909\ 961$$

9 802　$x = 99$　$y = 1$

9 805　$x = 485\ 298$　$y = 4\ 901$

9 817　$x = 737\ 332\ 852\ 203\ 490\ 945\ 759\ 241\ 163\ 585$
$$096\ 785\ 868\ 514\ 690\ 632$$

$$y = 7\ 441\ 734\ 799\ 204\ 446\ 071\ 122\ 530\ 309\ 232$$
$$151\ 170\ 560\ 356\ 045$$

9 818　$x = 4\ 024\ 664\ 550\ 478\ 243$
$$y = 40\ 617\ 966\ 265\ 285$$

9 829　$x = 843\ 990$　$y = 8\ 513$

9 833　$x = 98\ 864$　$y = 997$

9 857　$x = 10\ 239\ 102\ 043\ 969\ 828\ 101\ 938\ 875\ 667$
$$338\ 268$$

$$y = 103\ 131\ 062\ 715\ 691\ 640\ 719\ 679\ 587$$
$$839\ 785$$

9 865　$x = 1\ 368\ 578\ 972\ 213\ 397\ 608\ 828\ 059\ 871\ 183$

119 932

$y = 13\ 779\ 114\ 789\ 331\ 174\ 714\ 105\ 048\ 707$

008 285

9 866 $x = 1\ 317\ 166\ 896\ 260\ 843$

$y = 13\ 260\ 816\ 080\ 405$

9 881 $x = 4\ 466\ 069\ 172\ 860$　　$y = 44\ 928\ 818\ 261$

9 893 $x = 745\ 341\ 008\ 274\ 865\ 618$

$y = 7\ 493\ 608\ 709\ 869\ 585$

9 901 $x = 1\ 728\ 527\ 313\ 469\ 655\ 537\ 130$

$y = 17\ 371\ 475\ 822\ 344\ 538\ 501$

9 914 $x = 623\ 195\ 347\ 529\ 925\ 620\ 035\ 405$

$y = 6\ 258\ 924\ 966\ 576\ 504\ 297\ 797$

9 925 $x = 20\ 478\ 302\ 982$　　$y = 205\ 555\ 313$

9 929 $x = 1\ 072\ 718\ 204\ 579\ 401\ 026\ 672\ 640\ 327\ 649$

233 648 160

$y = 10\ 765\ 467\ 533\ 331\ 050\ 008\ 592\ 033\ 749\ 762$

366 837

9 938 $x = 6\ 215\ 143$　　$y = 62\ 345$

9 941 $x = 41\ 590\ 997\ 990\ 691\ 010$

$y = 417\ 142\ 370\ 364\ 569$

9 946 $x = 173\ 885\ 517\ 916\ 953\ 164\ 732\ 782\ 555\ 451$

597 979 165

$y = 1\ 743\ 569\ 188\ 505\ 657\ 755\ 233\ 039\ 736\ 656$

744 709

9 949 $x = 3\ 431\ 546\ 270\ 623\ 363\ 128\ 596\ 014\ 118\ 116$

144 221 075 051 039 537 067 641 511 872

618 579 455 226 741 550 509 978 502 410

879 762 136 834 818

130

$y=34\ 403\ 303\ 269\ 449\ 939\ 153\ 283\ 126\ 077\ 708$
　664　857　428　452　182　230　098　434　142　453
　222　430　571　308　633　791　476　247　185　645
　245　170　282　525

$9\ 953\ \ x=1\ 696\ \ \ \ y=17$

$9\ 965\ \ x=1\ 965\ 165\ 618\ 129\ 578\ 242$
　　　$y=19\ 686\ 137\ 118\ 519\ 029$

$9\ 970\ \ x=17\ 136\ 540\ 368\ 198\ 968\ 275\ 663$
　　　$y=171\ 623\ 031\ 595\ 451\ 439\ 541$

$9\ 973\ \ x=186\ 718\ 093\ 482\ \ \ \ y=1\ 869\ 706\ 745$

$9\ 985\ \ x=2\ 030\ 525\ 335\ 128\ 816\ 474\ 207\ 251\ 508$
　　　$y=20\ 320\ 499\ 445\ 302\ 989\ 009\ 314\ 473$

$9\ 997\ \ x=1\ 056\ 881\ 013\ 819\ 720\ 204\ 460\ 013\ 572$
　　　　819　482
　　　$y=10\ \ 570\ \ 395\ \ 816\ \ 504\ \ 471\ \ 539\ \ 188\ \ 482$
　748　085

共有 1 322 个方程有解.

我们利用与上面类似的程序,在普通的家用电脑上可以迅速输出 d 值在 10 000 以内佩尔方程 $x^2-dy^2=1$ 的最小正整数解,用时不到五分钟. 这里就不一一列举结果了. 如果全部打印出来,大概有 200 多页.

我们发现,d 值在 10 000 以内,有些佩尔方程 $x^2-dy^2=1$ 的最小正整数解的数目也很大,数位都在 160 位以上,一共有 10 个,现在将它们列举在下面:

$x^2-6\ 829y^2=1$ 的最小正整数解是

$x=329\ 193\ 470\ 472\ 193\ 712\ 949\ 550\ 776\ 348\ 318\ 404$
　515　010　693　082　347　229　388　317　940　707　942　971

956 588 011 161 803 916 649 277 857 045 856 156
953 356 297 825 072 563 425 494 288 962 207 368
895 353 723 748 671 049(162 位)

$y = 3$ 983 571 862 015 289 177 268 105 541 724 820
937 760 171 200 667 222 370 948 986 501 166 335
722 772 085 747 080 516 646 954 487 089 316 624
085 365 269 517 982 453 973 452 961 546 542 626
698 572 599 406 860 740(160 位)

$x^2 - 9\ 769 y^2 = 1$ 的最小正整数解是

$x = 2$ 677 385 861 028 283 388 306 699 404 081 279
401 116 566 590 779 009 504 980 464 967 069 106
396 203 177 648 005 156 599 189 440 600 330 138
491 794 364 545 788 685 252 454 707 393 732 041
078 429 717 820 270 656 801(163 位)

$y = 27$ 088 559 488 417 906 261 509 790 884 783 306
271 211 980 758 804 996 282 550 799 325 189 564
176 206 303 853 716 337 669 082 446 273 474 838
544 389 694 766 136 518 855 986 788 791 171 580
034 076 550 197 501 880(161 位)

$x^2 - 9\ 241 y^2 = 1$ 的最小正整数解是

$x = 12$ 573 838 066 883 297 924 025 856 555 850 154
472 486 093 484 157 078 993 537 834 939 845 467
061 258 394 878 207 218 793 460 782 082 220 079
247 310 394 068 809 320 671 583 968 898 005 826
866 965 287 013 322 844 449(164 位)

$y = 130$ 800 190 900 621 192 997 821 801 731 887 110
424 328 332 042 516 650 805 528 199 345 533 111
208 104 700 959 904 643 449 309 336 825 053 218

088 643 171 196 800 540 988 864 315 210 797 366
076 845 838 554 875 640(162 位)

$x^2 - 9\,421y^2 = 1$ 的最小正整数解是

$x = 5$ 112 161 261 249 048 093 086 167 862 074 895
030 026 317 774 068 800 220 300 490 580 619 717
201 755 114 678 693 685 672 659 635 934 641 082
890 337 478 778 572 324 625 972 108 575 481 869
848 966 642 686 537 248 503 049(166 位)

$y = 52$ 669 117 688 395 277 351 870 670 958 074 818
853 488 550 354 978 276 772 288 913 658 238 135
514 425 935 015 345 276 521 145 348 068 763 933
827 843 872 956 352 806 806 169 055 478 988 402
203 726 401 048 526 843 220(164 位)

$x^2 - 9\,601y^2 = 1$ 的最小正整数解是

$x = 218$ 157 225 950 810 133 427 623 872 159 661 931
415 227 902 047 298 116 588 445 900 889 874 886
711 718 207 009 401 667 609 139 111 991 265 317
883 309 627 044 592 868 893 886 108 560 929 822
841 554 954 887 453 079 618 049(168 位)

$y = 2$ 226 441 906 172 624 589 585 519 009 759 855
882 668 121 964 187 729 949 149 139 877 887 515
746 195 915 916 426 257 177 324 701 164 802 118
732 003 260 603 658 100 625 229 691 183 777 786
776 062 735 798 876 096 317 920(166 位)

$x^2 - 8\,269y^2 = 1$ 的最小正整数解是

$x = 33$ 062 619 115 498 415 354 672 956 090 445 328
468 427 948 652 304 945 487 550 872 739 650 291
167 548 601 953 034 995 310 740 662 490 641 188

621 406 246 998 934 867 492 994 207 172 774 777
121 423 359 925 276 149 434 261 449(170 位)

$y=$363 589 018 779 330 490 688 818 677 544 195 098
479 579 467 567 926 276 302 586 281 672 943 716
849 516 060 581 657 469 634 405 970 699 780 416
915 973 273 508 806 848 984 138 038 633 877 332
234 384 105 215 179 082 376 220(168 位)

$x^2-8\ 821y^2=1$ 的最小正整数解是

$x=$18 265 550 877 087 558 354 013 627 101 134 396
393 144 107 164 411 277 202 026 449 087 942 618
962 969 178 128 847 989 339 751 840 751 507 847
031 555 249 526 925 209 552 823 766 987 575 692
782 214 716 836 613 524 730 337 801(170 位)

$y=$194 479 515 433 061 340 149 048 486 202 312 076
672 122 692 431 460 104 884 358 890 134 327 292
584 268 071 253 767 287 684 597 920 308 267 587
237 684 836 014 095 982 144 552 139 889 629 109
094 319 763 325 099 020 788 060(168 位)

$x^2-9\ 349y^2=1$ 的最小正整数解是

$x=$51 656 307 989 267 703 540 879 380 845 975 127
917 680 122 854 237 934 497 655 785 917 557 388
336 490 256 146 317 144 854 190 586 157 776 781
818 049 349 744 794 264 045 796 317 561 017 465
497 628 741 492 011 059 434 201 801(170 位)

$y=$534 245 389 472 923 247 131 114 573 159 529 285
543 703 702 417 501 076 227 299 174 052 709 611
618 962 327 512 263 802 885 455 987 900 834 865
331 119 140 126 590 408 279 603 786 893 623 302

902 270 665 924 551 562 453 420(168 位)

$x^2 - 8\,941y^2 = 1$ 的最小正整数解是

$x =$ 2 565 007 112 872 132 129 669 406 439 503 954
211 359 492 684 749 762 901 360 167 370 740 763
715 001 557 789 090 674 216 330 243 703 833 040
774 221 628 256 858 633 287 876 949 448 689 668
281 446 637 464 359 482 677 366 420 261 407 112
316 649 010 675 881 349 744 201(202 位)

$y =$ 27 126 610 172 119 035 540 864 542 981 075 550
089 190 381 938 849 116 323 732 855 930 990 771
728 447 597 698 969 628 164 719 475 714 805 646
913 222 890 277 024 408 337 458 564 351 161 990
641 948 210 581 361 708 373 955 113 191 451 102
494 265 278 824 127 994 180(200 位)

$x^2 - 9\,949y^2 = 1$ 的最小正整数解是

$x =$ 23 551 019 614 858 223 475 933 893 515 741 198
183 163 217 312 913 587 552 899 320 396 564 478
041 197 360 918 469 501 097 146 448 985 821 854
465 768 234 479 384 482 435 117 587 576 296 319
428 592 757 548 743 265 811 454 938 493 105 633
433 315 887 574 461 850 060 798 834 186 249
(212 位)

$y =$ 236 113 054 062 810 988 826 514 929 828 649 213
339 688 520 849 720 684 015 415 366 388 626 019
230 322 623 673 232 286 474 879 711 003 505 448
178 417 385 617 250 641 629 212 134 427 833 135
509 077 013 929 303 770 208 680 820 795 381 507
114 806 491 325 360 400 076 633 910 900(210 位)

参考文献

[1] 潘承洞,潘承彪.初等数论[M].北京:北京大学出版社,
 1994:364.

[2] 贝勒 H 阿尔伯特.数论妙趣 —— 数学女王的盛情款待
 [M].谈祥柏,译.上海:上海教育出版社,2001.

佩尔方程 $ax^2 - by^2 = 1$ 的最小解[①]

第十一章

佩尔方程 $x^2 - Dy^2 = 1(D \in \mathbf{Z}^*, D$ 不是完全平方数）的正整数解及整数解的解集已被许多学者研究过，而广义佩尔方程 $ax^2 - by^2 = 1(a, b \in \mathbf{Z}^*, a > 1,$ ab 为非平方的正整数）的正整数解及整数解完全取决于系数 a, b，当 $a \neq 1$ 时，方程的解是一个较为复杂的问题. 文献[1,2]研究了佩尔方程 $ax^2 - by^2 = 1$ 的整数解的解集，文献[3,4]研究了佩尔方程 $ax^2 - by^2 = 1$ 中的一种特殊情况，即 $4x^2 - py^2 = 1(p$ 为奇素数），而方程 $ax^2 - by^2 = 1$ 的最小解目前很少有人研究，红河学院教师教育学院的杜先存，万飞与红河学院数学系的赵金娥三位教授在 2012 年运用连分数的知识讨论了佩尔方程 $ax^2 - by^2 = 1(a, b \in \mathbf{Z}^*, a > 1,$ ab 为

① 选自《湖北民族学院学报（自然科学版）》，2012 年第 1 期.

137

非平方的正整数）的最小解的求法.

1. 预备知识

引理 1 设 $a > 1, (a,b) \in \mathbf{N}^2, ab$ 不是完全平方数，如果 $ax^2 - by^2 = 1$ 有解 $(x,y) \in \mathbf{N}^2$，设 $x_1\sqrt{a} + y_1\sqrt{b}$ 是方程 $ax^2 - by^2 = 1$ 的基本解，$x_0 + y_0\sqrt{ab}$ 是佩尔方程 $x^2 - aby^2 = 1$ 的基本解，则 $x_0 + y_0\sqrt{ab} = (x_1\sqrt{a} + y_1\sqrt{b})^2$.

引理 2[5] 设 $\sqrt{A}$（A 是非完全平方的 $\mathbf{Z}^*$）的连分数的循环节的长度为 $s, \dfrac{p_k}{q_k}(k \in \mathbf{Z}^*)$ 为 $\sqrt{A}$ 的第 k 个渐近分数，若 s 为偶数，则 $(p_{ts}, q_{ts})(t \in \mathbf{Z}^*)$ 为方程 $x^2 - Ay^2 = 1$ 的正整数解；若 s 为奇数，则 $(p_{2ts}, q_{2ts})(t \in \mathbf{Z}^*)$ 为方程 $x^2 - Ay^2 = 1$ 的正整数解.

2. 主要结论及证明

定理 1 佩尔方程 $ax^2 - by^2 = 1(a, b \in \mathbf{Z}^*, a > 1, ab$ 为非平方的正整数）如果有最小解 (x,y)，则 $\dfrac{x}{y}$ 的连分数可用 $\sqrt{\dfrac{b}{a}}$ 的连分数截段取得.

证明 假设方程 $ax^2 - by^2 = 1(a, b \in \mathbf{Z}^*, a > 1, ab$ 为非平方的正整数）有最小解，设其最小解为 (x,y)，则由 $ax^2 - by^2 = 1$ 得：$\dfrac{b}{a}y^2 = x^2 - \dfrac{1}{a}$，即 $y\sqrt{\dfrac{b}{a}} = \sqrt{x^2 - \dfrac{1}{a}}$.

（1）当 $y = 1$ 时，方程 $ax^2 - by^2 = 1$ 变为 $ax^2 - b = 1$，则有 $\dfrac{b}{a} = x^2 - \dfrac{1}{a}$，故

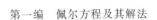

$$\sqrt{\frac{b}{a}} = \sqrt{x^2 - \frac{1}{a}} =$$

$$x - 1 + \left[\sqrt{x^2 - \frac{1}{a}} - (x-1)\right] =$$

$$x - 1 + \frac{(x-1) + \left(x - \frac{1}{a}\right)}{\sqrt{x^2 - \frac{1}{a}} + (x-1)} =$$

$$x - 1 + \frac{a(x-1) + (ax-1)}{\sqrt{a^2x^2 - a} + a(x-1)} =$$

$$x - 1 + \frac{1}{\dfrac{\sqrt{a^2x^2 - a} + a(x-1)}{a(x-1) + (ax-1)}} =$$

$$x - 1 + \frac{1}{1 + \dfrac{\sqrt{a^2x^2 - a} - (ax-1)}{a(x-1) + (ax-1)}} =$$

$$x - 1 + \frac{1}{1 + \dfrac{1}{\sqrt{a^2x^2 - a} + (ax-1)}} =$$

$$x - 1 + \frac{1}{1 + \dfrac{1}{2(ax-1) + \left[\sqrt{a^2x^2 - a} - (ax-1)\right]}} =$$

$$x - 1 + \frac{1}{1 + \dfrac{1}{2(ax-1) + \dfrac{a(x-1) + (ax-1)}{\sqrt{a^2x^2 - a} + (ax-1)}}} = \cdots$$

可以发现,往下进行计算都是重复得到 $1,2(ax-1)$ 的过程,即从 a_4 开始,总是 $1,2(ax-1)$ 重复出现. 所以

$$\sqrt{\frac{b}{a}} = [x-1, 1, 2(ax-1), 1, 2(ax-1), \cdots] =$$

$$[x-1, \dot{1}, 2(a\dot{x}-1)]$$

其中 $\dfrac{p_2}{q_2} = [x-1,1] = x-1+1 = x = \sqrt{\dfrac{1+b}{a}}$，则

$\sqrt{\dfrac{1+b}{a}}$（即 x）可由 $\sqrt{\dfrac{b}{a}}$ 的连分数的（第二个）渐近分

数 $\dfrac{p_2}{q_2}$ 表示.

    （2）当 $y \neq 1$ 时，$y\sqrt{\dfrac{b}{a}} = \sqrt{x^2 - \dfrac{1}{a}} = x-1+$

$$\cfrac{1}{1+\cfrac{1}{2(ax-1)+\cfrac{a(x-1)+(ax-1)}{\sqrt{a^2x^2-a}+(ax-1)}}} = \cdots, \text{ 所以}$$

$y\sqrt{\dfrac{b}{a}} = [x-1,1,2(ax-1),1,2(ax-1),\cdots] = [x-$

$1,\dot{1},2(a\dot{x}-1)]$，其中 $\dfrac{p_2}{q_2} = [x-1,1] = x-1+1 = x =$

$\sqrt{\dfrac{1+by^2}{a}}$，则 $\sqrt{\dfrac{1+by^2}{a}}$（即 x）也可由 $\sqrt{\dfrac{by^2}{a}}$（即

$y\sqrt{\dfrac{b}{a}}$）的连分数的（第二个）渐近分数 $\dfrac{p_2}{q_2}$ 表示.

    于是 $\dfrac{x}{y}$（即 $\dfrac{\sqrt{\dfrac{1+by^2}{a}}}{y}$）的连分数，可由 $\dfrac{\sqrt{\dfrac{by^2}{a}}}{y}$（即

$\sqrt{\dfrac{b}{a}}$）的连分数的渐近分数 $\dfrac{p_k}{q_k}(k \in \mathbf{Z}^*)$ 表示，所以 $\dfrac{x}{y}$

可由 $\sqrt{\dfrac{b}{a}}$ 的连分数截段取得.

    定理 2 设 $x_0 + y_0\sqrt{ab}$ 是佩尔方程 $x^2 - aby^2 = 1(a,b \in \mathbf{Z}^*, a > 1, ab$ 为非平方的非整数）的基本解，若 $\dfrac{x_0+1}{2a}$ 与 $\dfrac{ay_0^2}{2(x_0+1)}$ 均为完全平方的正整数，则佩

140

尔方程 $ax^2-by^2=1(a,b\in \mathbf{Z}^*,a>1,ab$ 为非平方的正整数)有解,且其最小解为

$$\left(\sqrt{\frac{x_0+1}{2a}},y_0\sqrt{\frac{a}{2(x_0+1)}}\right)$$

证明　设 $x_1\sqrt{a}+y_1\sqrt{b}$ 是佩尔方程 $ax^2-by^2=1$ 的基本解,则由引理 1,得

$$x_0+y_0\sqrt{ab}=(x_1\sqrt{a}+y_1\sqrt{b})^2=$$
$$(ax_1^2+by_1^2)+2x_1y_1\sqrt{ab}$$

则有

$$\begin{cases} x_0=ax_1^2+by_1^2 \\ y_0=2x_1y_1 \end{cases} \tag{1}$$

解式(1)得

$$\begin{cases} x_1^2=\dfrac{x_0+1}{2a} \\ y_1^2=\dfrac{ay_0^2}{2(x_0+1)} \end{cases} \tag{2}$$

又 $x_1\sqrt{a}+y_1\sqrt{b}$ 是佩尔方程 $ax^2-by^2=1$ 的基本解,故 $x_1,y_1\in \mathbf{Z}^*$,所以由式(2),得 $\dfrac{x_0+1}{2a}$ 与 $\dfrac{ay_0^2}{2(x_0+1)}$ 均为完全平方的正整数.

又由式(2)得

$$\begin{cases} x_1=\sqrt{\dfrac{x_0+1}{2a}} \\ y_1=\sqrt{\dfrac{ay_0^2}{2(x_0+1)}}=y_0\sqrt{\dfrac{a}{2(x_0+1)}} \end{cases} \tag{3}$$

所以,当 $\dfrac{x_0+1}{2a}$ 与 $\dfrac{ay_0^2}{2(x_0+1)}$ 均为完全平方的正整数时,解式(3)得

$$\begin{cases} x_1 = \sqrt{\dfrac{x_0+1}{2a}} \\[4mm] y_1 = y_0\sqrt{\dfrac{a}{2(x_0+1)}} \end{cases}$$

此时 $ax^2-by^2=1$ 的最小解为

$$(x_1,y_1)=\left(\sqrt{\frac{x_0+1}{2a}},\ y_0\sqrt{\frac{a}{2(x_0+1)}}\right)$$

综上,若 $\dfrac{x_0+1}{2a}$ 与 $\dfrac{ay_0^2}{2(x_0+1)}$ 均为完全平方的正整数,则 $ax^2-by^2=1$ 有解,且其最小解为

$$\left(\sqrt{\frac{x_0+1}{2a}},\ y_0\sqrt{\frac{a}{2(x_0+1)}}\right)$$

3. 佩尔方程 $ax^2-by^2=1\ (a,b\in \mathbf{Z}^*,a>1,ab$ 为非平方的正整数)的最小解的求法

(1)通过求 $\sqrt{\dfrac{b}{a}}$ 的连分数的渐进分数 $\dfrac{p_k}{q_k}(k\in\mathbf{Z}^*)$ 来求 $ax^2-by^2=1$ 的最小解.

定理 1 说明可以通过求出 $\sqrt{\dfrac{b}{a}}$ 的连分数的渐近分数 $\dfrac{p_k}{q_k}(k\in\mathbf{Z}^*)$,然后再找出满足方程 $ax^2-by^2=1$ 的渐近分数 $(p_k,q_k)(k\in\mathbf{Z}^*)$,则满足方程 $ap_k^2-bq_k^2=1$ 的最小的 $(p_k,q_k)(k\in\mathbf{Z}^*)$ 即为方程 $ax^2-by^2=1$ 的最小解.

(2)通过求 $\sqrt{ab}$ 的连分数的渐近分数 $\dfrac{p_k}{q_k}(k\in\mathbf{Z}^*)$ 求出 $x^2-aby^2=1$ 的最小解,从而求出 $ax^2-by^2=1$ 的最小解.

定理 2 说明可以通过求出 $\sqrt{ab}$ 的连分数的渐近分

数 $\dfrac{p_{ts}}{q_{ts}}(t \in \mathbf{Z}^{*}$，且 st 为双数），从而得出最小的 $(p_{ts},$ $q_{ts})(t \in \mathbf{Z}^{*}$，且 st 为双数），则最小的 $(p_{ts}, q_{ts})(t \in \mathbf{Z}^{*}$，且 st 为双数）即为方程 $ax^2 - by^2 = 1$ 的最小解，则由定理 2 可得出方程 $ax^2 - by^2 = 1$ 的最小解.

4. 实例

例 1 求佩尔方程 $7x^2 - 3y^2 = 1$ 的最小解.

解法 1 （利用定理 1）

因为 $\sqrt{\dfrac{3}{7}} = [0, 1, \dot{1}, 1, 8, 1, 1, \dot{2}], s = 6$；则有

$$\frac{p_1}{q_1} = \frac{0}{1}, \frac{p_2}{q_2} = \frac{1}{1}, \frac{p_3}{q_3} = \frac{1}{2}$$

$$\frac{p_4}{q_4} = \frac{2}{3}, \frac{p_5}{q_5} = \frac{17}{26}, \frac{p_6}{q_6} = \frac{19}{29}, \cdots$$

经计算有 $(p_4, q_4) = (2, 3)$ 是方程 $7x^2 - 3y^2 = 1$ 的正整数解，显然 $(2, 3)$ 是方程 $7x^2 - 3y^2 = 1$ 的最小解.

解法 2 （利用定理 2）

先求佩尔方程 $x^2 - 21y^2 = 1$ 的最小解.

因为 $\sqrt{21} = [4, \dot{1}, 1, 2, 1, 1, \dot{8}], s = 6$；则有

$$\frac{p_1}{q_1} = \frac{4}{1}, \frac{p_2}{q_2} = \frac{5}{1}, \frac{p_3}{q_3} = \frac{9}{2}$$

$$\frac{p_4}{q_4} = \frac{23}{5}, \frac{p_5}{q_5} = \frac{32}{7}, \frac{p_6}{q_6} = \frac{55}{12}, \cdots$$

由引理 2，知 $(p_6, q_6) = (55, 12)$ 是方程 $x^2 - 21y^2 = 1$ 的正整数解，显然 $(55, 12)$ 是方程 $x^2 - 21y^2 = 1$ 的最小解，则 $\dfrac{x_0 + 1}{2a} = \dfrac{55 + 1}{2 \cdot 7} = \dfrac{56}{14} = 4$；$\dfrac{ay_0^2}{2(x_0 + 1)} = \dfrac{7 \cdot 12^2}{2 \cdot (55 + 1)} = 9$. 设 $x_1\sqrt{a} + y_1\sqrt{b}$ 是佩尔方程 $7x^2 -$

$3y^2 = 1$ 的基本解,则由定理 1,得

$$x_1\sqrt{\frac{x_0+1}{2a}} = 2; y_1 = \sqrt{\frac{ay_0^2}{2(x_0+1)}} = 3$$

所以 $7x^2 - 3y^2 = 1$ 的最小解为: $(x_1, y_1) = (2, 3)$.

参考文献

[1] 曹珍富. 不定方程及其应用[M]. 上海:上海交通大学出版社,2007:16-17.

[2] 黄金贵. 不定方程 $ax^2 - by^2 = 1$ 的整数解与一个猜想的解决[J]. 中学数学月刊,1994(9):12-14.

[3] 管训贵. 关于不定方程 $4x^2 - py^2 = 1$[J]. 湖北民族学院学报(自然科学版),2011,29(1):46-48.

[4] 管训贵. 关于不定方程 $4x^2 - py^2 = 1$ 的一个注记[J]. 西安文理学院学报(自然科学版),2011,14(3):37-39.

[5] 夏圣亭. 不定方程浅说[M]. 天津:天津人民出版社,1980:114.

佩尔方程 $x^2 - Dy^2 = \pm 2$ 的解的递推性质①

第十二章

1. 主要结果

令 $D > 1$ 是无平方因子整数, N 为非零整数, 则佩尔方程

$$x^2 - Dy^2 = N \qquad (1)$$

是一类基础且重要的丢番图方程, 它的正整数解与实二次域的基本单位以及其他代数数论理论有密切联系[1-4]. 例如:设

$$O_D = \{ x + y\rho D : x, y \in \mathbf{Z} \}$$

$$\rho D \begin{cases} \sqrt{\dfrac{D}{4}}, D \equiv 0 (\bmod\ 4) \\ \dfrac{1 + \sqrt{D}}{2}, D \equiv 1 (\bmod\ 4) \end{cases}$$

令 $\alpha \in O_D$, 如果 α 为 O_D 的单位根, 当且仅当 $N(\alpha) = \pm 1$. 佩尔方程在解高次丢番图方程, 以及有关递推数列问题时有

---

① 选自《四川师范大学学报(自然科学版)》,2013 年第 2 期.

广泛且深入的应用. 关于佩尔方程(1)的其他方面的许多应用, 及在其他分支, 诸如群论、组合等诸多应用, 可参见文献[3-17].

2004 年, A. Tekcan[18] 利用连分数的性质以及代数数论的基本理论, 对方程(1)当 $N=2$ 时的情形进行了研究, 即对方程

$$x^2 - Dy^2 = 2 \qquad (2)$$

的解进行了深入、细致地讨论. 在文献[18]中, A. Tekcan 提出了以下猜想.

Tekcan 猜想　设 (k,l) 是方程(2)的基本解, 则当 $n \geqslant 4$ 时, 方程(2)的通解 (X_n, Y_n) 满足下列递推关系

$$X_n = (2k^2 - 1)(X_{n-1} - X_{n-2}) + X_{n-3}$$
$$Y_n = (2k^2 - 1)(Y_{n-1} - Y_{n-2}) + Y_{n-3}$$

而且文献[18]验证了: 当 $n \leqslant 9$ 时, 以上猜想成立.

2013 年, 四川师范大学数学与软件科学学院的吴莉, 王学平和阿坝师范高等专科学校数学系的杨仕椿三位教授利用佩尔方程的基本解的性质, 对于方程

$$x^2 - Dy^2 = \pm 2 \qquad (3)$$

的通解进行了讨论, 获得了方程解的一个递推性质, 证明了 Tekcan 猜想. 本章的主要结论是如下的定理.

定理　令 $\eta \in \{1, -1\}$, 且 (k,l) 是佩尔方程 $x^2 - Dy^2 = 2\eta$ 的基本解, 当 $n \geqslant 4$ 时, 该佩尔方程的通解 X_n, Y_n 满足

$$\begin{cases} X_n = (2k^2 - \eta)(X_{n-1} - \eta X_{n-2}) + \eta X_{n-3} \\ Y_n = (2k^2 - \eta)(Y_{n-1} - \eta Y_{n-2}) + \eta Y_{n-3} \end{cases} \qquad (4)$$

2. 定理的证明

先给出一个引理.

引理　如果 $D > 2$, 且方程(3)有解, 令 $\lambda_\eta = k + l$

$\sqrt{D}$ 为方程 $x^2 - Dy^2 = 2\eta$ 的基本解,则方程的通解 (X_n, Y_n) 为

$$X_n + Y_n \sqrt{D} = \frac{\lambda_\eta^{2n+1}}{2} \tag{5}$$

该引理由文献[19]中的定理 7、8 推出,具体推证过程可参见文献[19].

定理的证明　设 $D > 2$,且 (X_n, Y_n) 为方程(2)的解,则由引理可得

$(2k^2 - \eta)(X_{n-1} - \eta X_{n-2}) + \eta X_{n-3} +$

$((2k^2 - \eta)(Y_{n-1} - \eta Y_{n-2}) + \eta Y_{n-3})\sqrt{D} =$

$(2k^2 - \eta)(X_{n-1} + Y_{n-1}\sqrt{D} - \eta(X_{n-2} + Y_{n-2}\sqrt{D})) +$

$\eta(X_{n-3} + Y_{n-3}\sqrt{D}) =$

$(2k^2 - \eta)\left(\dfrac{\lambda_\eta^{2n-1}}{2^{n-1}} - \eta\dfrac{\lambda_\eta^{2n-3}}{2^{n-2}}\right) + \eta\dfrac{\lambda_\eta^{2n-5}}{2^{n-3}} =$

$\dfrac{\lambda_\eta^{2n-5}}{2^{n-1}}((2k^2 - \eta)(\lambda_\eta^4 - 2\eta\lambda_\eta^2) + 4\eta) \tag{6}$

下面计算 $(2k^2 - \eta)(\lambda_\eta^4 - 2\eta\lambda_\eta^2) + 4\eta$. 由于 $\lambda_\eta = k + l\sqrt{D}$ 是方程 $x^2 - Dy^2 = 2\eta$ 的基本解,因此将 λ_η 代入式(6)可得

$(2k^2 - \eta)(\lambda_\eta^4 - 2\eta\lambda_\eta^2) + 4\eta =$

$(2k^2 - \eta)((k^4 + 6k^2l^2D + l^4D^2) +$

$(4k^3l + 4kl^3D)\sqrt{D} -$

$2\eta((k^2 + l^2D) + 2kl\sqrt{D})) + 4\eta =$

$(2k^6 + 12k^4l^2D + 2k^2l^4D^2 - 5k^4\eta - 10\eta k^2l^2D -$

$\eta l^4D^2 + 2\eta^2k^2 + 2\eta^2l^2D + 4\eta) +$

$(8k^5l + 8k^3l^3D + 4\eta k^3l - 4\eta kl^3D - 4\eta^2kl)\sqrt{D} \tag{7}$

由于 $k^2 - l^2 D = 2\eta$,因此将 $k^2 = 2\eta + l^2 D$ 代入上式的有理部分可得

$$2k^6 + 12k^4 l^2 D + 2k^2 l^4 D^2 - 5k^4 \eta - 10\eta k^2 l^2 D -$$
$$\eta l^4 D^2 + 2\eta^2 k^2 + 2\eta^2 l^2 D + 4\eta =$$
$$2(8\eta^3 + 12\eta^2 l^2 D + 6\eta l^4 D^2 + l^6 D^3) +$$
$$12(4\eta^2 + 4\eta l^2 D + l^4 D^2)l^2 D + 2(2\eta + l^2 D)l^4 D^2 -$$
$$5(4\eta^2 + 4\eta l^2 D + l^4 D^2)\eta -$$
$$10\eta(2\eta + l^2 D)l^2 D - l^4 D^2 \eta +$$
$$2(2\eta + l^2 D)\eta^2 + 2\eta^2 l^2 D + 4\eta =$$
$$36\eta^2 l^2 D + 48\eta l^4 D^2 + 16l^6 D^3 + 4\eta \tag{8}$$

现在来计算 $\frac{1}{2}\lambda_\eta^6$ 的有理部分,将 $\lambda_\eta = k + l\sqrt{D}$ 及 $k^2 = 2\eta + l^2 D$ 代入可得

$$\frac{1}{2}k^6 + \frac{15}{2}k^4 l^2 D + \frac{15}{2}k^2 l^4 D^2 + \frac{1}{2}l^6 D^3 =$$

$$4\eta^3 + 6\eta^2 l^2 D + 3\eta l^4 D^2 + \frac{1}{2}l^6 D^3 +$$

$$30\eta^2 l^2 D + 30\eta l^4 D^2 + \frac{15}{2}l^6 D^3 +$$

$$15\eta l^4 D^2 + \frac{15}{2}l^6 D^3 + \frac{1}{2}l^6 D^3 =$$

$$36\eta^2 l^2 D + 48\eta l^4 D^2 + 16l^6 D^3 + 4\eta^3 \tag{9}$$

由(8)、(9) 两式可得,由于 $\eta = \pm 1$,则 $(2k^2 - \eta)(\lambda_\eta^4 - 2\eta\lambda_\eta^2) + 4\eta$ 与 $\frac{1}{2}\lambda_\eta^6$ 的有理部分相等. 用同样的方法可验证,它们的无理部分也相等. 因此

$$(2k^2 - \eta)(\lambda_\eta^4 - 2\eta\lambda_\eta^2) + 4\eta = \frac{1}{2}\lambda_\eta^6 \tag{10}$$

由(6)、(10) 两式可得

$$(2k^2 - \eta)(X_{n-1} - \eta X_{n-2}) + \eta X_{n-3} +$$

$$((2k^2 - \eta)(Y_{n-1} - \eta Y_{n-2}) + \eta Y_{n-3})\sqrt{D} =$$

$$\frac{1}{2}\lambda_\eta^6 \cdot \frac{\lambda_\eta^{2n-5}}{2^{n-1}} = \frac{\lambda_\eta^{2n+1}}{2^n} \tag{11}$$

故由引理知,此时式(4)成立.

当 $D = 2$ 时,令 $X = y, Y = \dfrac{x}{2}$,则方程(2)变为

$$X^2 - 2Y^2 = \pm 1 \tag{12}$$

由于方程(12)的基本解为

$$\lambda_1 = 3 + 2\sqrt{2}, \lambda_{-1} = 1 + \sqrt{2}$$

则方程的所有解可分别表示为

$$X_n + Y_n\sqrt{2} = \lambda_1^n, X_n + Y_n\sqrt{2} = \lambda_{-1}^{2n-1}$$

可直接验证此时式(4)也成立.因此定理得证.

3. 注记

(1) 利用文献[19]中佩尔方程解的基本结论,对任意的佩尔方程(1),运用本章的方法,也可得到其解的类似的递推性质.

(2) 令 D 为奇数,在方程

$$x^2 - Dy^2 = -2 \tag{13}$$

中,对方程(13)两边取勒让德符号可知,当 D 满足 $D \equiv 3 \pmod 8$ 且不含素因子 $p \equiv 5,7 \pmod 8$ 时,方程才可能有解.反过来,如果 D 满足 $D \equiv 3 \pmod 8$ 且不含素因子 $p \equiv 5,7 \pmod 8$,方程(13)一定有解吗?例如,当 $D = 219 = 3 \times 73$ 时,方程 $x^2 - 219y^2 = -2$ 就没有正整数解.通过计算机搜索,当 $D < 1\,000$ 且 D 无平方因子时,仅有以下的 6 个 D 值使方程(13)无解,$D = 219, 323, 579, 723, 939, 979$.因此提出如下问题:

问题 1　当奇数 D 取何值时,方程(13)有正整数解?

问题 2 存在无穷多个素数 p，使得方程 $x^2 - 3py^2 = -2$ 没有正整数解吗？

参考文献

[1] FLATH D E. Introduction to Number Theory[M]. New York: Wiley, 1989.

[2] GUY R K. Unsolved Problem in Number Theory[M]. 3rd ed. New York: Springer-Verlag, 2004: 4-10.

[3] EPSTEIN P. Zur auflosbarkeit der gleichung $x^2 - Dy^2 = 1$ [J]. J Reine Angew Math, 1934, 171: 243-252.

[4] GRYTCZUK A, LUCA F, WOJTOWICZ M. The negative Pell equation and Pythagorean triples[J]. Proc Japan Acad, 2000, 76(1): 91-94.

[5] MCLAUGHLIN J. Multi-variable polynomial solutions to Pell equation and fundamental units in real quadratic fields[J]. Pacific J Math, 2003(210): 335-49.

[6] LENSTRA Jr H W. Solving the Pell equation [J]. Notices Am Math Soc, 2002(49): 182-192.

[7] LI K Y. Pell equation [J]. Mathematical Excalibur, 2001(6): 1-4.

[8] MATTHEWS K. The Diophantine equation $x^2 - Dy^2 = N, D > 0$ [J]. Expositiones Math, 2000(18): 323-331.

[9] MOLLIN R A. A simple criterion for solvability of both $X^2 - DY^2 = c$ and $X^2 - DY^2 = -c$ [J]. New York J Math, 2001(7): 87-97.

[10] MOLLIN R A, CHENG K, GODDARD B. The Diophantine equation $AX^2 - BY^2 = C$ solved via continued fractions [J]. Acta Math Univ Comenianae, 2002(71): 121-138.

[11] MOLLIN R A, POORTEN A J, WILLIAMS H C. Halfway to a solution of $x^2 - Dy^2 = -3$ [J]. J de Theorie des Nombres Bordeaux, 1994(6): 421-457.

150

［12］STEVENHAGEN P. A density conjecture for the negative Pell equation,computational algebra and number theory［J］. Math Appl,1992(325):187-200.

［13］COHN J H E. The Diophantine equations $x(x+1)(x+2)(x+3)=2y(y+1)(y+2)(y+3)$［J］. Pacific J Math,1971(37):331-335.

［14］DUJELLA A,FRANUSIC Z. On differences of two squares in some quadratic fields［J］. Rocky Mountain J Math,2007,37(2):429-440.

［15］杨仕椿,廖群英. 关于 Lebesgue-Nagell 方程 $x^2+D=y^p$ 的一个注记［J］. 四川大学学报（自然科学版）,2010,47(4):718-722.

［16］廖群英,李俊. 有限域上 Reed-Solomon 码的一个注记［J］. 四川师范大学学报（自然科学版）,2010,33(4):540-544.

［17］廖群英,李波. 二元域上对称循环矩阵的非退化性［J］. 四川师范大学学报（自然科学版）,2011,34(3):422-426.

［18］TEKCAN A. Pell equation $x^2-Dy^2=2$［J］. Irish Math Soc Bulletin,2004,54(1):73-89.

［19］曹珍富.丢番图方程引论［M］.哈尔滨:哈尔滨工业大学出版社,1989:46-47,164-165.

第二编

若干特殊佩尔方程的解法研究

关于佩尔方程 $x^2 - Dy^2 = -1$ 的一个必要条件^①

①　选自《贵州师范大学学报(自然科学版)》,1994 年第 12 卷第 1 期.

第十三章

当 D 是一个正整数且非完全平方时,一般地决定佩尔方程

$$x^2 - Dy^2 = -1 \qquad (1)$$

在整数环 **Z** 中是否有解是一个比较困难的问题,贵州遵义教育学院的曾利江教授在 1994 年把解的范围微稍扩大一点,扩大到代数整数环 **Z**$[i]$ 上,得到了一个非常有趣的性质,即:

定理 1　设佩尔方程(1) 在代数整数环 **Z**$[i]$ 中有解 x,y,则一定有

$$
\begin{cases}
2x = \dfrac{\alpha^2 + D\beta^2}{(\alpha^2, \alpha\beta, D\beta^2)}t \\[3mm]
y = \dfrac{-\alpha\beta}{(\alpha^2, \alpha\beta, D\beta^2)}t
\end{cases}
$$

其中,α,β 是 **Z**$[i]$ 中两个不全为 0 的代数整数,t 是 **Z**$[i]$ 中非 0 代数整数.

证明　假设 x 和 y 是方程(1)在 $\mathbf{Z}[i]$ 中的解,我们导出 $2x$ 和 y 有定理 1 所述形式.

由于 x 和 y 是方程(1)在 $\mathbf{Z}[i]$ 中的解,它们必定满足

$$\begin{vmatrix} x+i & Dy \\ y & x-i \end{vmatrix} = 0$$

于是,由线性代数知,存在 $\mathbf{Q}(i)$ 中不全为 0 的两个代数数 α_1 和 β_1,使

$$\begin{cases} \alpha_1(x+i) + \beta_1 Dy = 0 \\ \alpha_1 y + \beta_1(x-i) = 0 \end{cases}$$

由文[1]中第 459 页的定理 4 知存在自然数 a 和 b,使 $a\alpha_1$ 和 $b\beta_1$ 是代数整数,即 $\mathbf{Z}[i]$ 中的整数. 取 $c=ab$,令 $\alpha = C\alpha_1$、$\beta = C\beta_1$,有 α 和 β 都是 $\mathbf{Z}[i]$ 中的代数整数,且有

$$\alpha(x+i) + \beta Dy = 0 \tag{2}$$

$$\alpha y + \beta(x-i) = 0 \tag{3}$$

注意到 α_1 和 β_1 不全为 0,C 为自然数,有 α 和 β 也不全为 0,查文[1]中有关表格可知,代数整数环 $\mathbf{Z}[i]$ 的类数为 1,因而是唯一析因环,故在 $\mathbf{Z}[i]$ 中因式分解及唯一性定理成立,于是,由式(2)和式(3),存在 $\mathbf{Z}[i]$ 中代数整数 t_1 和 t_2 分别有

$$x+i = \frac{-D\beta}{(\alpha, D\beta)} t_1, y = \frac{\alpha}{(\alpha, D\beta)} t_1$$

$$y = \frac{-\beta}{(\alpha, \beta)} t_2, x-i = \frac{\alpha}{(\alpha, \beta)} t_2$$

由上面四式有

$$2x = \frac{-D\beta}{(\alpha, D\beta)} t_1 + \frac{\alpha}{(\alpha, \beta)} t_2$$

及

156

$$\frac{\alpha}{(\alpha,D\beta)}t_1 = \frac{-\beta}{(\alpha,\beta)}t_2$$

得

$$\alpha(\alpha,\beta)t_1 + \beta(\alpha,D\beta)t_2 = 0$$

同理,存在 $\mathbf{Z}[i]$ 中代数整数 t,使

$$t_1 = \frac{-\beta(\alpha,D\beta)}{(\alpha^2,\alpha\beta,D\beta^2)}t$$

$$t_2 = \frac{\alpha(\alpha,\beta)}{(\alpha^2,\alpha\beta,D\beta^2)}t$$

将 t_1 和 t_2 代入式(4) 和以上关于 y 的任一式即可得

$$2x = \frac{\alpha^2 + D\beta^2}{(\alpha^2,\alpha\beta,D\beta^2)}t$$

$$y = \frac{-\alpha\beta}{(\alpha^2,\alpha\beta,D\beta^2)}t$$

显然,代数整数 t 不能为 0.定理 1 得证.

参考文献

[1] 华罗庚.数论导引[M].北京:科学出版社,1979.

关于佩尔方程 $x^2 - 2py^2 = -1$[①]

第十四章

设 $p \equiv 1 \pmod 4$ 是一个素数,佩尔方程

$$x^2 - 2py^2 = -1 \qquad (1)$$

的整数解问题,见于文献[1,2]中的结果有

A　当 $p \equiv 5 \pmod 8$ 时,方程(1)有整数解 x, y.

B　当 $p \equiv 1 \pmod 8$ 时,写 $2p = r^2 + s^2$,若奇数 r 和 s 满足 $r \equiv \pm 3 \pmod 8$,$s \equiv \pm 3 \pmod 8$,则方程(1) 无整数解 x, y.

定理 B 是 Epstein 在 1934 年首先得到的,他的证明用到四次剩余的一些较深的结果.1978 年,Lienen 用连分数给出了一个初等证明.1983 年,柯召、孙琦利用复整数的唯一分解定理给出了一个

---

①　选自《温州师范学院学报(自然科学版)》,1996 年第 6 期.

新的证明(参见[2]).1993 年,温州师范学院数学系的陈克瀛教授用完全初等的方法推广了定理 B(参见文[3]).

当 $p \equiv 1 \pmod 8$,$2p = r^2 + s^2$,而奇数 r 和 s 满足 $r \equiv \pm 1 \pmod 8$,$s \equiv \pm 1 \pmod 8$ 时,尚未见到方程(1)的整数解问题的研究结果,本章探讨在上述条件下方程(1)的整数解问题,所得的结果是

C　设 $p \equiv 1 \pmod 8$ 是一个素数,$2p = r^2 + s^2$,若 $r = a^2$,$s = b^2$ 且奇数 a, b 满足 $a \equiv \pm 3 \pmod 8$,$b \equiv \pm 3 \pmod 8$,则方程(1)无整数解 x, y.

引理　在定理 C 的条件下,有

$$\left(\frac{a}{p}\right) = \left(\frac{b}{p}\right) = -1$$

这里 $\left(\dfrac{d}{p}\right)$ 是模 p 的勒让德符号.

证明　由已知条件可得 $(a, p) = (a, b) = 1$ 且 $|a| > 1$,$|a| \equiv \pm 3 \pmod 8$,故由雅可比(Jacobi)符号的性质,有

$$\left(\frac{|a|}{p}\right) = \left(\frac{p}{|a|}\right) = -\left(\frac{2}{|a|}\right)\left(\frac{p}{|a|}\right) = -\left(\frac{2p}{|a|}\right) =$$
$$-\left(\frac{a^4 + b^4}{|a|}\right) = -\left(\frac{b^4}{|a|}\right) = -1$$

所以

$$\left(\frac{a}{p}\right) = \left(\frac{\pm |a|}{p}\right) = \left(\frac{\pm 1}{p}\right)\left(\frac{|a|}{p}\right) = 1$$

同理可证 $\left(\dfrac{b}{p}\right) = -1$.

定理 C 的证明　用反证法.设方程(1)有整数解 x, y,则 x, y 都是奇数,又因 $|x|$,$|y|$ 也是方程(1)的解,故可设 $x > 0, y > 0$.首先,由方程(1)和已知条件

可得

$$(rx-s)(rx+s)=r^2x^2-s^2\equiv$$
$$-(r^2+s^2)\equiv 0(\bmod\ p)$$

故 p 必整除 $rx-s$ 与 $rz+s$ 中的一个. 以下分 $(1)\,p\mid rx-s,(2)\,p\mid rx+s$ 两种情形来讨论.

(1) $p\mid rx-s$ 的情形. 由于 r,s,x 都是奇数,故进一步有

$$2p\mid rx-s \qquad (2)$$

由 $r^2+s^2=2p$ 和方程(1)得 $(x^2+1)(r^2+s^2)=(2py)^2$,对左边作恒等变形即得

$$(rx-s)^2+(sx+r)^2=(2py)^2$$

由此及式(2)推出 $2p\mid sx+r$,因而有

$$\left(\frac{rx-s}{2p}\right)^2+\left(\frac{sx+r}{2p}\right)^2=y^2 \qquad (3)$$

且 $\dfrac{rx-s}{2p}$ 是整数,$\dfrac{sx+r}{2p}$ 是正整数,我们来证明必有

$$rx-s>0 \qquad (4)$$

由 $a\equiv\pm 3(\bmod 8)$ 知 $|a|>1$,那么 $r=a^2>1$,由此及方程(1),$r^2+s^2=2p$ 推出

$$(rx-s)(rx+s)=r^2x^2-s^2=r^2(2py^2-1)-s^2=$$
$$2p(r^2y^2-1)\geqslant 2p(r^2-1)>0$$

而 $rx+s>0$,这就证明了式(4). 由式(4),将不定方程 $x'^2+y'^2=z'^2$ 的正整数解公式用于式(3)得

$$\frac{rx-s}{2p}=t(k^2-l^2),\frac{r+sx}{2p}=2tkl \qquad (5)$$

或

$$\frac{rx-s}{2p}=2tkl,\frac{r+sx}{2p}=t(k^2-l^2) \qquad (6)$$

其中 t,k,l 都是正整数,且 k 和 l 满足

$$k > l, (k, l) = 1, 2 \nmid k + l$$

由式(5)中两式消去 x ,并由 $r^2 + s^2 = 2p$ 可得

$$1 = t(2kl \cdot r - (k^2 - l^2) \cdot s)$$

所以必须 $t = 1$,即

$$2kl \cdot r - (k^2 - l^2) \cdot s = 1 \tag{7}$$

由上式得 $s \cdot l^2 + (2kr) \cdot l - (k^2 s + 1) = 0$,故 l 是整系数二次方程

$$su^2 + (2kr)u - (k^2 s + 1) = 0$$

的正整数根,由此推出该方程的判别式必是一个正整数的平方,就是说,存在 $m \in \mathbf{N}$,使得

$$s + 2pk^2 = m^2 \tag{8}$$

由此及 $s = b^2$ 得

$$(m - b)(m + b) = 2pk^2 \tag{9}$$

由 $2 \nmid b^2 = s$ 和式(8)知 $2 \nmid m$,故 $m \pm b$ 皆为偶数,进而由式(9)知 k 必为偶数,因此式(9)可写成

$$\frac{m - b}{2} \cdot \frac{m + b}{2} = 2p \left(\frac{k}{2} \right)^2 \tag{10}$$

设 $\left(\dfrac{m - b}{2}, \dfrac{m + b}{2} \right) = d$,则 $d \mid m, d \mid b$,于是 d 为奇数且 $d^2 \mid m^2, d^2 \mid b^2 = s$,由此和式(8)得 $d^2 \mid pk^2$,由 $d \mid b, (b, p) = 1$ 知 $(d, p) = 1$,从而 $d^2 \mid k^2$,故 $d \mid k$,由此和 $d \mid s$,从式(7)推出 $d = 1$. 这就证明了 $\dfrac{m - b}{2}$ 和 $\dfrac{m + b}{2}$ 互素,又由式(9)和 $m > 0$,推出 $\dfrac{m \pm b}{2}$ 都是正整数,因此由式(10)得

$$\frac{m - b}{2} = tu^2, \frac{m + b}{2} = jv^2 \tag{11}$$

其中 u, v, t, j 为正整数,且 t, j 的值为 $(t, j) = (2, p)$ 或

$(1,2p)$ 或 $(p,2)$ 或 $(2p,1)$,式(11) 给出

$$jv^2 - tu^2 = b \qquad (12)$$

若 $(t,j) = (2,p)$ 或 $(1,2p)$,对式(12) 取模 p 得 $b \equiv -tu^2 \pmod{p}$. 由此及 $\left(\dfrac{-t}{p}\right) = 1$ 推出 $\left(\dfrac{b}{p}\right) = 1$;若 $(t,j) = (p,2)$ 或 $(2p,1)$,对式(12) 取模 p 同样推出 $\left(\dfrac{b}{p}\right) = 1$. 显然所得的结果均与引理矛盾.

由式(6) 中两式可得

$$(k^2 - l^2) \cdot r - 2kl \cdot s = 1 \qquad (13)$$

由此知 k 是整系数二次方程

$$ru^2 - (2ts)u - (l^2 r + 1) = 0$$

的正整数根,故其判别式为一个正整数的平方,因此存在 $n \in \mathbf{N}$,使得

$$r + 2pl^2 = n^2 \qquad (14)$$

由(14),(13) 两式及 $r = a^2, n > 0$ 可推得

$$\frac{n-a}{2} = tu^2, \frac{n+a}{2} = jv^2 \qquad (15)$$

其中 $u,v,t,j \in \mathbf{N}, t$ 和 j 的值同于式(11) 中的情形. 仿由式(11) 推出 $\left(\dfrac{b}{p}\right) = 1$ 的方法,由式(15) 中两式推出 $\left(\dfrac{a}{p}\right) = 1$,这又与引理矛盾.

(2) $p \mid rx + s$ 的情形,可用完全类似于(1) 中的方法推得 $\left(\dfrac{a}{p}\right) = 1$ 或 $\left(\dfrac{b}{p}\right) = 1$,从而导致与引理矛盾. 在 (1) 和(2) 两种情形下所得出的矛盾证明了定理 C.

例 取素数 $p = 353, q = 14\ 593$,则 $2p = 3^4 + 5^4$,$2q = 5^4 + 13^4$. 所以 $x^2 - 2py^2 = -1$ 与 $x^2 - 2qy^2 = -1$ 都没有整数解.

参考文献

［1］曹珍富.丢番图方程引论［M］.哈尔滨:哈尔滨工业大学出版社,1989:160-161.

［2］柯召,孙琦.不定方程中的代数数论方法［J］.数学通报,1983(7):23-26.

［3］陈克瀛.佩尔方程 $x^2 - 2py^2 = -1$ 无整数解的一个结论［J］.温州师范学院学报(自然科学版),1993:(2).

关于佩尔方程 $x^2 - Dy^2 = \pm 1$ 的解法[①]

第十五章

1997 年,农垦师专的刘清,陈秉龙两位教授通过对佩尔方程在 D 为较小值时的正整数解的考察和归纳,推测出了佩尔方程在 D 为任何容许值时的整数解的递推公式,并给出了直观而简明的证明,其证明方法明显优越于传统的利用循环连分数的渐近法.

1. 佩尔方程

对于佩尔方程
$$x^2 - Dy^2 = \pm 1 \qquad (1)$$
其中 D 为正整数,且为非平方数,我们先在 D 为 $2,3,5$ 等特殊值时,对方程(1)的情况做一探讨.

当 $D = 2$ 时,一般地,我们有如下结论.

定理 1 佩尔方程
$$x^2 - 2y^2 = 1 \qquad (2)$$

---

① 选自《农垦师专学报》,1997 年第 1 期.

有无穷多组正整数解,若设 $x_1 = 3, y_1 = 2$,及

$$\begin{cases} x_{n+1} = 3x_n + 4y_n \\ y_{n+1} = 2x_n + 3y_n \end{cases} \quad (n = 1, 2, 3 \cdots)$$

则方程(2)的全部正整数解为 $x = x_n, y = y_n, n = 1, 2, 3 \cdots$.

为了证明定理 1,首先给出两个引理.

引理 1　设 x, y 是方程(2)的解,取

$$\begin{cases} g = 3x + 4y \\ h = 2x + 3y \end{cases}$$

则 g, h 也是方程(2)的解.

证明　因为

$$g^2 - 2h^2 = (3x + 4y)^2 - 2(2x + 3y)^2 =$$
$$x^2 - 2y^2 = 1$$

所以 g, h 是方程(2)的解,证毕

引理 2　设 g, h 是方程(2)的解,若取

$$\begin{cases} x = 3g - 4h \\ y = -2g + 3h \end{cases}$$

则 x, y 也是方程(2)的解.

下面证明定理 1.

证明　首先应用数学归纳法及引理 1,易证方程(2)除 $x = x_n, y = y_n (n = 1, 2, 3, \cdots)$ 外再无其他正整数解.

用反证法.假如存在那样的解,取其中最小者,记为 g, h,且取

$$\begin{cases} x' = 3g - 4h \\ y' = -2g + 3h \end{cases}$$

由引理 2 知 x', y' 也是方程(2)的整数解.下面我们证 $x' > 0, y' > 0$ 且 $y' < h$.因为 $g^2 - 2h^2 = 1$,所以有

$g^2 = 2h^2 + 1$,于是 $g^2 > 2h^2$,即 $g > \sqrt{2}h$,所以

$$x' = 3g - 4h > 3\sqrt{2}h - 4h = (3\sqrt{2} - 4)h > 0$$

$$y' = -2g + 3h = h(3 - 2\frac{g}{h}) =$$

$$2h(\frac{3}{2} - \frac{g}{h}) = 2h(\sqrt{2 + \frac{1}{2^2}} - \sqrt{2 + \frac{1}{h^2}})$$

若注意到 3,2 是方程(2)的最小正整数解及 g,h 的取法,则可知 $h > 2$,因此 $y' > 0$.

又 $y' = -2g + 3h < 3h - 2h = h$,就是说,$x',y'$ 是方程(2)的正整数解且 $y' < h$,由 g,h 的最小性知,必然存在某自然数 i,使得 $x' = x_i, y' = y_i$,即

$$\begin{cases} x_i = 3g - 4h \\ y_i = -2g + 3h \end{cases}$$

从中解出 g,h 为

$$\begin{cases} g = 3x_i + 4y_i = x_{i+1} \\ h = 2x_i + 3y_i = y_{i+1} \end{cases}$$

这与 g,h 的取法矛盾. 因此说明除 $x = x_n, y = y_n (n = 1,2,3,\cdots)$ 外,方程(2)再无其他正整数解. 定理 1 证毕.

同理,我们有如下定理.

定理 2 佩尔方程

$$x^2 - 2y^2 = -1 \tag{3}$$

有无穷多组正整数解. 若设 $x_1 = 1, y_1 = 1$ 及

$$\begin{cases} x_{n+1} = 3x_n + 4y_n \\ y_{n+1} = 2x_n + 3y_n \end{cases} \quad (n = 1,2,3,\cdots)$$

则方程(3)的全部正整数解为 $x = x_n, y = y_n (n = 1,2,3,\cdots)$.

定理 3 佩尔方程

$$x^2 - 3y^2 = 1 \qquad\qquad (4)$$

有无穷多组正整数解,若设 $x_1 = 2$,$y_1 = 1$,及

$$\begin{cases} x_{n+1} = 2x_n + 3y_n \\ y_{n+1} = x_n + 2y_n \end{cases} (n = 1, 2, 3, \cdots)$$

则方程(4)的全部正整数解为 $x = x_n$,$y = y_n (n = 1, 2, 3, \cdots)$.

当 $D = 3$ 时,佩尔方程 $x^2 - 3y^2 = -1$ 无整数解,这个结论可用反证法证明如下:

设 x, y 为上述方程的解,显然 x, y 只有这样两种可能:(a) 同为偶数或同为奇数;(b) 二者为一奇一偶.

(a) 若 x, y 同为偶数或同为奇数,则

$$x^2 - 3y^2 \equiv 0 \pmod{z}$$

这与 $x^2 - 3y^2 = -1 \equiv 1 \pmod{z}$ 矛盾;

(b) 若 x, y 为一奇一偶,则

$$x^2 - 3y^2 \equiv 1 \pmod{z}$$

这与 $x^2 - 3y^2 = -1 \equiv -1 \pmod{4}$ 矛盾.

综合(a) 与(b) 两种情况可知不存在正整数 x, y,使得 $x^2 - 3y^2 = -1$,即方程无解.

定理 4 佩尔方程

$$x^2 - 5y^2 = 1 \qquad\qquad (5)$$

有无穷多组正整数解,若设 $x_1 = 9$,$y_1 = 4$,及

$$\begin{cases} x_{n+1} = 9x_n + 20y_n \\ y_{n+1} = 4x_n + 9y_n \end{cases} (n = 1, 2, 3, \cdots)$$

则方程(5)的全部正整数解为 $x = x_n$,$y = y_n (n = 1, 2, 3, \cdots)$ 等.

2. 关于佩尔方程的一般讨论

通过对方程(1)当 D 为 $2, 3, 5$ 等特殊值时的各个公式的考察,我们会发现它们的递推公式与它们的最

小的正整数解（基本解）有着密切的关系. 一般地,我们有如下结论.

定理 5 设 D 是正整数,且为非平方数,则方程
$$x^2 - Dy^2 = 1 \tag{6}$$
有无穷多组正整数解,设 $x_1 = x_0, y_1 = y_0$ 是方程(6)的最小的正整数解（基本解）,且取
$$\begin{cases} x_{n+1} = x_0 x_n + y_0 D y_n \\ y_{n+1} = y_0 x_n + x_0 y_n \end{cases} (n = 1, 2, 3, \cdots)$$
则方程(6)的全部正整数解为 $x = x_n, y = y_n (n = 1, 2, 3, \cdots)$.

为证明定理5,先给出两个引理,其中引理1易证,证明从略. 而着重证明引理 2.

引理 1 设 x, y 是方程(6)的解,若取
$$\begin{cases} g = x_0 x + y_0 D y \\ h = y_0 x + x_0 y \end{cases}$$
则 g, h 也是方程(6)的解.

引理 2 设 g, h 是方程(6)的正整数解,且 $g > x_0, h > y_0$,若取
$$\begin{cases} x = x_0 g - y_0 D h \\ y = -y_0 g + x_0 h \end{cases}$$
则 x, y 也是方程(6)的正整数解,且 $y < h$.

证明 易证 x, y 是方程(6)的整数解,下面只需证 $x > 0, y > 0$ 且 $y < h$.

由 $g^2 - Dh^2 = 1$ 知 $g > \sqrt{D} h$,同理,$x_0 > \sqrt{D} y_0$,故有
$$x = x_0 g - y_0 D h > x_0$$
$$\sqrt{D} h - y_0 D h = \sqrt{D} h (x_0 - \sqrt{D} y_0) > 0$$

168

$$y = -y_0 g + x_0 h = y_0 h \left(\frac{x_0}{y_0} - \frac{g}{h} \right) =$$

$$y_0 h \left(\sqrt{D + \frac{1}{y_0^2}} - \sqrt{D + \frac{1}{h^2}} \right)$$

注意到 $h > y_0$,则 y_0 又有

$$y = -y_0 g + x_0 h < x_0 h - y_0 \sqrt{D} h = h(x_0 - y_0 \sqrt{D})$$

注意到:$y_0 \sqrt{D} = \sqrt{x_0^2 - 1} = \sqrt{(x_0 + 1)(x_0 - 1)} >$ $\sqrt{(x_0 - 1)^2} = x_0 - 1$,则有 $y < h(x_0 - y_0 \sqrt{D}) < h(x_0 - x_0 + 1) = h$,得证.

下面证明定理 5.

证明　首先,利用数学归纳法及引理 1 易证,对任何自然数 n,$x = x_n$,$y = y_n$ 都是方程(6)的正整数解.

其次,证明方程(6)除 $x = x_n$,$y = y_n$($n = 1, 2,$ $3, \cdots$)外再无其他正整数解.用反证法.

假如有那样的解,则在其解空间中取其最小者,记为 g, h,则 $g > x_0$,$h > y_0$,并取

$$\begin{cases} x' = x_0 g - y_0 D h \\ y' = -y_0 g + x_0 h \end{cases}$$

由引理 2 知 x',y' 也是方程(6)的正整数解,且 $y' < h$,由 g, h 的最小性知,必存在某自然数 j,使得 $x' = x_j$,$y' = y_j$,即

$$\begin{cases} x_j = x_0 g - y_0 D h \\ y_j = -y_0 g + x_0 h \end{cases}$$

从中解出 g, h 为

$$\begin{cases} g = x_0 x_j + y_0 D y_j = x_{j+1} \\ h = y_0 x_j + x_0 y_j = y_{j+1} \end{cases}$$

这与 g, h 的取法矛盾.这就证明了方程(6)除 $x = x_n$,$y = y_n$($n = 1, 2, 3, \cdots$)外再无其他正整数解,证毕.

定理 6 设 D 是整数且为非平方数,如果方程
$$x^2 - Dy^2 = -1 \qquad (7)$$
有正整数解,且设 $x_0, y_0 > 0$ 是方程(7)的所有正整数解中最小的解(基本解),并取
$$\begin{cases} x_{n+1} = x_0 x_n + y_0 D y_n \\ y_{n+1} = y_0 x_n + x_0 y_n \end{cases} \quad (n = 1, 2, 3, \cdots)$$
则方程(7)的全部正整数解为 $x = x_{2n-1}, y = y_{2n-1}(n = 1, 2, 3, \cdots)$.

定理 6 的证明与定理 5 类似,从略.

将定理 5 和定理 6 中的通解分别变成 $x = \pm x_n$, $y = \pm y_n (n = 1, 2, 3, \cdots)$,则这个解便是佩尔方程在整数范围内的通解.

参考文献

[1] 华罗庚. 数论导引[M]. 北京:科学出版社,1957.

[2] 柯召,孙琦. 谈谈不定方程[M]. 上海:上海教育出版社,1980.

[3] 闵嗣鹤,严士健. 初等数论[M]. 北京:高等教育出版社,1957.

佩尔方程 $x^2 - (a^2 - 1)y^2 = k$ 的解集^①

① 选自《沈阳大学学报》,2009 年第 5 期.

第十六章

佩尔方程是数论中一个引人瞩目的研究课题,涉及许多领域,其结果影响到数学的进展.因而,系统地研究佩尔方程的解,在数论领域具有重要意义,同时在核心数学其他分支有着广泛的应用.青岛科技大学数理学院的赵丕卿,赵刚堂二位教授在 2009 年应用本原解、解数列等概念,完整、清晰地表述了形如 $x^2 - (a^2 - 1)y^2 = k(k \in \mathbf{Z}, k \neq 0, a \geqslant 2)$ 型佩尔方程的整数解集.

1. 预备知识

定义 1[1] k 阶线性递归数列. 若数列 $\{a_n\}$ 自第 k 项以后的任一项都是其前 k 项的线性组合,即

$$a_{n+k} = p_1 a_{n+k-1} + p_2 a_{n+k-2} + \cdots + p_k a_n \cdots \tag{I}$$

其中 n 是任意自然数,$p_1, p_2, \cdots, p_k$ 是

171

常数,且 $p_k \neq 0$,则称 $\{a_n\}$ 为 k 阶线性递归数列.式(Ⅰ)是 $\{a_n\}$ 的递归方程.

引理 1[2]　最小数原理.任意一个自然数的任何非空子集中,必有一个最小数存在.

2.主要结论及证明

(1)方程变形.

对于佩尔方程

$$x^2 - (a^2 - 1)y^2 = k \quad (k \in \mathbf{Z}, k \neq 0, a \geqslant 2) \quad (1)$$

不妨设 $x > 0, y > 0$.作代换

$$x = u - ay \tag{2}$$

则式(1)变为

$$u^2 - 2auy + y^2 - k = 0 \tag{3}$$

且

$$u = x + ay > y > 0 \tag{4}$$

所以,只需求得式(4)的一切正整数解,即可得式(1)的正整数解.令 $f(u,y) = u^2 - 2ayu + y^2 - k(u > y > 0, u, y \in \mathbf{N})$,则

$$M = \max \left\{ k, \frac{-k}{2(a-1)} \right\}$$

(2)方程的本原解.

若 $f(u,y) = 0$,且 $y^2 \leqslant M, u^2 > M$,则称 (u,y) 为 $f(u,y) = 0$ 的本原解.

(3)方程 $f(u,y) = 0$ 有解的充要条件.

定理 1　若 $f(u,y) = 0$,则 $u^2 > M$.

证明　当 $k > 0$ 时,$M = k$,所以 $u^2 - M = u^2 - k = u^2 - (u^2 - 2auy + y^2) = y(2au - y) > 0$,则 $u^2 > M$.当 $k < 0$ 时,$M = \frac{-k}{2(a-1)}$,所以 $2(a-1)u^2 -$

$2(a-1)M=2(a-1)u^2+k=(2a-1)u^2-2ayu+y^2=(u-y)[(2a-1)u-y]>0$,则 $u^2>M$,定理 1 成立.

定理 2　若 $f(u,y)=0,y^2>M,u_1=2ay-u$,则 $f(y,u_1)=0,y>u_1>0$,且 u_1 为整数.

证明

$$f(y,u_1)=y^2-2au_1y+u_1^2-k=$$
$$u^2-2ayu+y^2-k=0 \qquad (5)$$

因为 $u^2-2ayu+y^2-k=f(u,y)=0,y^2-2au_1y+u_1^2-k=f(y,u_1)=0$,所以 u,u_1 为方程

$$g(z)=z^2-2ayz+y^2-k=0 \qquad (6)$$

的二根,$u+u_1=2ay$. 又 $u,2ay$ 为整数,所以 u_1 为整数,又 $uu_1=y^2-k\geqslant y^2-M>0$,所以 u_1 为正整数

$$g(y)=y^2-2ay^2+y^2-k=$$
$$-k-2(a-1)y^2=$$
$$2(a-1)\left[\frac{-k}{2(a-1)}-y^2\right]\leqslant$$
$$2(a-1)(M-y^2)<0$$

又 u,u_1 为方程(6)的二根,所以 $uu_1=y^2-k$,所以 $(u-y)(u_1-y)=y^2-2ay^2+uu_1=y^2-2ay^2+y^2-k=g(y)<0$,又 $u>y$,所以 $u_1-y<0$,则

$$u_1<y \qquad (7)$$

由式(5),式(7)及 u_1 为正整数,知定理 2 成立.

定理 3　若 $f(u,y)=0$ 有解,则 $f(u,y)=0$ 有本原解.

证明　作 $\mathbf{N}\times\mathbf{N}$ 到 $\mathbf{N}$ 的映射 $h:s=h(u,y)=u+y,f(u,y)=0$,令 $F=\{s\mid s=u+y,f(u,y)=0\}$,则 $F\subset\mathbf{N}$.

因为 $f(u,y)=0$ 有解,所以 $F\neq\varnothing$.由最小数原理

173

知，F 中有最小元素 s_1，则存在 (u_0,y_0)，$f(u_0,y_0)=0$，使得 $s_1=u_0+y_0$，则 (u_0,y_0) 为 $f(u,y)=0$ 的本原解，由定理 1 知，$u_0^2>M$.

假设 (u_0,y_0) 不是 $f(u,y)=0$ 的本原解，则 $y_0^2>M$. 由定理 2 知，存在 $(y_0,u_1)\in \mathbf{N}\times\mathbf{N}$，使得 $f(y_0,u_1)=0$，且 $u_0>y_0>u_1$. 令 $s_0=y_0+u_1$，则 $s_0\in F$，$s_0<s_1$，这与 s_1 的最小性矛盾，所以 (u_0,y_0) 是 $f(u,y)=0$ 的本原解.

定理 4　方程 $f(u,y)=0$ 有解的充要条件是其本原解集 $E\neq\varnothing$.

证明　由定理 1、定理 2、定理 3 即可证得.

（3）方程 $f(u,y)=0$ 的本原解集.

由 $f(u,y)=0$ 的全体本原解组成的集合称为 $f(u,y)=0$ 的本原解集.

（4）方程 $f(u,y)=0$ 的解数列.

定理 5　设数列 $\{x_n\}$，$x_1=y_0$，$x_2=u_0$，$x_{n+2}=2ax_{n+1}-x_n(n=1,2,\cdots)$，$(u_0,y_0)$ 为 $f(u,y)=0$ 的本原解，则 $\{x_n\}$ 为递增自然数列，且 $\forall n\in\mathbf{N}$，$f(x_{n+1},x_n)=0$.

证明　① 求 $\{x_n\}$ 的通项公式.

设方程 $x^2-2ax+1=0$ 的二根为 α,β，因为 $\Delta=4(a^2-1)>0$，所以 $\alpha\neq\beta$，不妨设 $\alpha>\beta$，由韦达定理，$\alpha+\beta=2a$，$\alpha\beta=1$，所以 $x_{n+2}-(\alpha+\beta)x_{n+1}+\alpha\beta x_n=0$. 则

$$x_{n+2}-\alpha x_{n+1}=\beta(x_{n+1}-\alpha x_n)\qquad(8)$$
$$x_{n+2}-\beta x_{n+1}=\alpha(x_{n+1}-\beta x_n)\qquad(9)$$

由式（8）得

$$x_{n+1}-\alpha x_n=\beta^{n-1}(x_2-\alpha x_1)=$$
$$\beta^{n-1}(u_0-\alpha y_0)\qquad(10)$$

174

由式（9）得

$$x_{n+1} - \beta x_n = \alpha^{n-1}(u_0 - \beta y_0) \tag{11}$$

由式（10）和式（11）得

$$x_n = \frac{\alpha^{n-1}(u_0 - \beta y_0) - \beta^{n-1}(u_0 - \alpha y_0)}{\alpha - \beta} \tag{12}$$

② 证明 $x_{n+1} > x_n > 0, x_{n+1}, x_n \in \mathbf{N}.$

由 $\{x_n\}$ 的通项公式得

$$
\begin{aligned}
x_{n+1} - x_n &= \frac{\alpha^n(u_0 - \beta y_0) - \beta^n(u_0 - \alpha y_0)}{\alpha - \beta} - \\
&\quad \frac{\alpha^{n-1}(u_0 - \beta y_0) - \beta^{n-1}(u_0 - \alpha y_0)}{\alpha - \beta} = \\
&\quad \frac{\left[(\alpha^n - \beta^n) - (\alpha^{n-1} - \beta^{n-1})\right]u_0}{\alpha - \beta} - \\
&\quad \frac{\left[(\alpha^{n-1} - \beta^{n-1}) - (\alpha^{n-2} - \beta^{n-2})\right]y_0}{\alpha - \beta} > \\
&\quad \frac{\left[(\alpha^n - \beta^n) - (\alpha^{n-1} - \beta^{n-1})\right]y_0}{\alpha - \beta} - \\
&\quad \frac{\left[(\alpha^{n-1} - \beta^{n-1}) - (\alpha^{n-2} - \beta^{n-2})\right]y_0}{\alpha - \beta} = \\
&\quad \frac{\left[\alpha^{n-1}(\alpha - 1)^2 - \beta^{n-1}(\beta - 1)^2\right]y_0}{\alpha - \beta}
\end{aligned}
$$

又 $\alpha + \beta = 2a > 2$，所以 $\alpha - 1 > 1 - \beta > 0$，则 $(\alpha - 1)^2 > (1 - \beta)^2 > 0.$ 且 $\alpha^{n-1} > \beta^{n-1}$，所以 $x_{n+1} - x_n > 0$，即 $x_{n+1} > x_n.$ 而 $x_1 = y_0 > 0$，归纳可得 $x_n > 0$，所以 $x_{n+1} > x_n > 0$，由 $\{x_n\}$ 的递推公式知，$x_{n+1}, x_n \in \mathbf{N}.$

③ 证明 $f(x_{n+1}, x_n) = 0.$

因为 (u_0, y_0) 为 $f(u, y) = 0$ 的本原解，所以 $u_0^2 - 2ay_0u_0 + y_0^2 - k = 0$，又 $\alpha + \beta = 2a, \alpha\beta = 1, x_{n+1} - \alpha x_n = \beta^{n-1}(u_0 - \alpha y_0), x_{n+1} - \beta x_n = \alpha^{n-1}(u_0 - \beta y_0)$，所以

$$x_{n+1}^2 - 2ax_n x_{n+1} + x_n^2 - k =$$
$$x_{n+1}^2 - (\alpha + \beta)x_n x_{n+1} + \alpha\beta x_n^2 - k =$$
$$(x_{n+1} - \alpha x_n)(x_{n+1} - \beta x_n) - k =$$
$$\beta^{n-1}(u_0 - \alpha y_0) \cdot \alpha^{n-1}(u_0 - \beta y_0) - k =$$
$$(\alpha\beta)^{n-1}(u_0^2 - (\alpha + \beta)u_0 y_0 + \alpha\beta y_0^2) - k =$$
$$u_0^2 - 2ay_0 u_0 + y_0^2 - k = 0$$

由②、③的证明知$\{x_n\}$为递增自然数列,$f(x_{n+1}, x_n) = 0$,定理 4 得证.

称数列$\{x_n\}$为$f(u, y) = 0$的解数列,解数列由前两项决定.

定理 6 若(p, q)为$f(u, y) = 0$的解,则存在$f(u, y) = 0$的一个唯一的解数列$\{x_n\}$,使得$(p, q) = (x_{n+1}, x_m)$(m 为某个自然数).

证明 存在性:令$y_1 = p, y_2 = q, y_{n+2} = 2ay_{n+1} - y_n (n = 1, 2, \cdots)$.

与定理 5 的证明相仿,可证数列$\{y_n\}$是递减整数列,且$y_n^2 = 2ay_{n+1} y_n + y_{n+1}^2 - k = 0 (\forall n \in \mathbf{N})$. 因为$\{y_n\}$递减,$y_1 = p$ 为有限自然数,所以$\exists k \in \mathbf{N}$,使得$y_k > 0, y_{k+1} \leqslant 0$. 因为$y_3 > 0$,所以$k \geqslant 2$,且$y_k^2 \leqslant M$. 假设$y_k^2 > M$,因为$y_{k+1} = 2ay_k - y_{k-1}, f(y_{k-1}, y_k) = 0$,由定理 2,知$f(y_k, y_{k+1}) = 0$,且$y_k > y_{k+1} > 0$,这与$y_{k-1} \leqslant 0$矛盾,所以$y_k^2 \leqslant M$.

因为$f(y_{k-1}, y_k) = 0$,由定理 1,$y_{k-1}^2 > M$,所以(y_{k-1}, y_k)为$f(u, y) = 0$的本原解.

设数列$\{x_n\}$:$x_1 = y_k, x_2 = y_{k-1}, x_{n+2} = 2ax_{n+1} - x_n (n = 1, 2, \cdots)$.

由定理 5 知,$\{x_n\}$为$f(u, y) = 0$的一个解数列.

用数学归纳法可证,$x_{k-1} = y_2, x_k = y_1$,令$m = k -$

1,则 $(p,q) = (y_1,y_2) = (x_k,x_{k-1}) = (x_{m+1},x_m)$,存在性得证.

唯一性：设数列 $\{z_n\}$ 为 $f(u,y) = 0$ 的解数列, $\exists\, m \in \mathbf{N}$,使得 $(p,q) = (z_{m+1},z_m)$,即 $z_m = q, z_{m+1} = p$, 且 $z_{n+2} = 2az_{n+1} - z_n\,(n=1,2,\cdots)$.

由存在性证明,对于数列 $\{x_n\}$,因为 $x_m = q, x_{m+1} = p, x_{n+2} = 2ax_{n+1} - x_n\,(n=1,2,\cdots)$,用数学归纳法可证 $z_1 = x_1, z_2 = x_2$,所以 $\forall\, n \in \mathbf{N}, z_n = x_n$,所以 $\{z_n\}$ 与 $\{x_n\}$ 相同,唯一性得证.

（5）方程 $f(u,y) = 0$ 的解数列集.

由 $f(u,y) = 0$ 的全体解数列组成的集合称为 $f(u,y) = 0$ 的解数列集.

（6）方程 $f(u,y) = 0$ 的解集.

定理 7　如果 $f(u,y) = 0$ 的本原解集 $E \neq \varnothing$,则 $f(u,y) = 0$ 的解集 $A = \{(u,y) \mid (u,y) = (x_{n+1},x_n), \{x_k\} \in L, L$ 为 $f(u,y) = 0$ 的解数列集$\}$.

证明　① 方程 $f(u,y) = 0$ 有解.

因为 $f(u,y) = 0$ 的本原解集 $E \neq \varnothing$,由定理 1 知, $f(u,y) = 0$ 有解.

② 若 $(u,y) \in A$,则 $f(u,y) = 0$.

由解数列的定义可证.

③ 若 (p,q) 为 $f(u,y) = 0$ 的解,则 $(p,q) \in A$.

由定理 6,存在 $f(u,y) = 0$ 的一个唯一的解数列 $\{x_n\}$,使得 $(p,q) = (x_{m+1},x_m)$（m 为某个自然数）,所以 $(p,q) \in A$.

由证明 ①、②、③ 知,A 为 $f(u,y) = 0$ 的解集.

（7）方程（1）的解集.

设 $\{x_n\}$ 为 $f(u,y) = 0$ 的任一解数列,令 $h(x,y) =$

$x^2 - (a^2 - 1)y^2 = k(x > 0, y > 0)$，数列 $\{u_n\}$：$u_n = x_n$（当 $x_2 - ax_1 > 0$ 时）或 x_{n+1}（当 $x_2 - ax_1 \leqslant 0$ 时）.

定理 8　对于数列 $\{u_n\}$，$u_{n+1} - au_n > 0$，$h(u_{n+1} - au_n, u_n) = 0$，因而 $(u_{n+1} - au_n, u_n)$ 是 $h(x, y) = 0$ 的解.

证明　① $u_{n+1} - au_n > 0$.

当 $x_2 - ax_1 > 0$ 时，$u_n = x_n$，$u_{n+1} - au_n = x_{n+1} - ax_n$. 若 $n = 1$，则 $u_{n+1} - au_n = x_2 - ax_1 > 0$；若 $n \geqslant 2$，$u_{n+1} - au_n = x_{n+1} - ax_n = ax_n - x_{n-1} \geqslant 2x_n - x_{n-1} > 0$.

当 $x_2 - ax_1 \leqslant 0$ 时，$u_n = x_{n+1}$，$u_{n+1} - au_n = x_{n+2} - ax_{n+1} = ax_{n+1} - x_n \geqslant 2x_{n+1} - x_n > 0$，所以 $u_{n+1} - au_n > 0$.

② $h(u_{n+1} - au_n, u_n) = 0$.

当 $x_2 - ax_1 > 0$ 时

$$u_n = x_n$$
$$h(u_{n+1} - au_n, u_n) =$$
$$(u_{n+1} - au_n)^2 - (a^2 - 1)u_n^2 - k =$$
$$(x_{n+1} - ax_n)^2 - (a^2 - 1)x_n^2 - k =$$
$$x_{n+1}^2 - 2ax_n x_{n+1} + x_n^2 - k = 0$$

当 $x_2 - ax_1 \leqslant 0$ 时

$$u_n = x_{n+1}$$
$$h(u_{n+1} - au_n, u_n) =$$
$$(u_{n+1} - au_n)^2 - (a^2 - 1)u_n^2 - k =$$
$$(x_{n+2} - ax_{n+1})^2 - (a^2 - 1)x_{n+1}^2 - k =$$
$$x_{n+2}^2 - 2ax_{n+1}x_{n+2} + x_{n+1}^2 - k = 0$$

所以 $(u_{n+1} - au_n, u_n)$ 是 $h(x, y) = 0$ 的解.

定理 9　若 $f(u, y) = 0$ 的本原解集 $E \neq \varnothing$，则 $h(x, y) = 0$ 的解集

$$B = \{(x, y) \mid (x, y) =$$
$$(u_{n+1} - au_n, u_n)(n = 1, 2, \cdots)\}$$

证明　① 数列 $\{u_n\}$ 的存在性.

因为 $f(u,y)=0$ 的本原解集 $E\neq\varnothing$,由定理 4、定理 6,$f(u,y)=0$ 的解数列 $\{x_n\}$ 存在,所以数列 $\{u_n\}$ 存在.

②$(u_{n+1}-au_n,u_n)$ 是 $h(x,y)=0$ 的解.

由定理 7 可得.

③ 对于 $h(x,y)=0$ 的任一解 (r,s),$(r,s)\in B$.

由 $h(r,s)=0$ 得,$r^2-(a^2-1)s^2-k=0$,所以 $(r+as)^2-2as(r+as)+s^2-k=0$.因为 $r+as>s$,所以 $(r+as,s)$ 为 $f(u,y)=0$ 的解.由定理 5,存在 $f(u,y)=0$ 的一个唯一的解数列 $\{x_n\}$,使得 $(r+as,s)=(x_{m+1},x_m)$(m 为某个自然数).

当 $x_2-ax_1>0$ 时,$u_n=x_n$,$(r+as,s)=(u_{m+1},u_m)$,所以 $(r,s)=(u_{m+1}-au_m,u_m)$,$(r,s)\in B$.

当 $x_2-ax_1\leqslant 0$ 时,因为 $(r+as,s)=(x_{m+1},x_m)$,所以 $r=(r+as)-as=x_{m+1}-ax_m>0$.而 $x_2=ax_1\leqslant 0$,则 $m\geqslant 2$.因为 $x_2-ax_1\leqslant 0$,所以 $u_n=x_{n+1}$,且 $(r+as,s)=(u_m,u_{m-1})$,$(r,s)=(u_m-au_{m-1},u_{m-1})$,$(r,s)\in B$.

由证明步骤 ①、② 知,定理 8 成立.

参考文献

[1] 余元希,田万海,毛宏德.初等代数研究[M].北京:高等教育出版社,2005:465-467.

[2] 张君达.数论基础[M].北京:北京科学技术出版社,2002:4.

[3] 闵嗣鹤,严士健.初等数论[M].3 版.北京:高等教育出版社,2003.

[4] 吴文良,孙骏.关于 Pell 方程最小解计算公式的 2 个定理[J].云南大学学报(自然科学版),2008,17(2):131-132.

[5] 赵开明.丢番图方程 $y^2+(y+1)^2=3x^2$ 的正整数解[J].吉首大学学报(自然科学版),2008,29(2):18-19.

关于佩尔方程 $x^2 - Dy^2 = \pm 1$ 的通解公式[①]

第十七章

1. 佩尔方程与卢卡斯猜想

佩尔方程

$$x^2 - Dy^2 = 1 \quad (D > 0 \text{ 且不是平方数}) \tag{1}$$

$$x^2 - Dy^2 = -1 \quad (D > 0 \text{ 且不是平方数}) \tag{2}$$

在数论研究中占有极其重要的地位,关于它的研究有着悠久的历史和丰富的成果. 1875 年卢卡斯(E. Lucas)猜想[1]:丢番图方程

$$x(x+1)(2x+1) = 6y^2 \quad (x \geqslant 1, y \geqslant 1) \tag{3}$$

仅有正整数解 $(x,y) = (1,1),(24,70)$,1919 年沃森(Watson)和 1952 年琼格伦用二次域上的佩尔方程予以肯定. 1985 年马德岣、徐肇玉和曹珍富各自独立地给出了初等证明,1994 年

---

① 选自《天中学刊》,2000 年第 5 期.

后,何宗友、王云萍、王云葵、王林分别运用佩尔方程给出了卢卡斯猜想简洁的初等证明.1999 年王云葵与罗华明运用佩尔方程证明了丢番图方程[2]

$$x(x+1)(2x+1)=6y^n \quad (x \geqslant 1, y \geqslant 1, n \geqslant 2)$$
$$(4)$$

当 $n=3,5$ 及 $n \geqslant 2$ 为偶数时,仅有正整数解 $(x,y,n)=$ $(1,1,n),(24,70,2)$.1980 年柯召与孙琦获得了佩尔方程的深刻结果[3].

引理 1　方程(1)必有无穷多组正整数解,并且若 (x_1,y_1) 是方程(1)的基本解,则方程(1)的无穷多组正整数解 (x_n,y_n) 满足

$$x_n + y_n\sqrt{D} = (x_1 + y_1\sqrt{D})^n \quad (n \geqslant 1) \quad (5)$$

引理 2　若方程(2)有正整数解,则必有无穷多组正整数解,并且若方程(2)有基本解 (x_1,y_1),则方程(2)的无穷多组正整数解 (x_n,y_n) 满足

$$x_n + y_n\sqrt{D} = (x_1 + y_1\sqrt{D})^{2n-1} \quad (n \geqslant 1) \quad (6)$$

应当指出,运用以上方法来求解佩尔方程或研究数论问题并不十分方便.广西民族学院数学系的王云葵和广西农垦明阳高中的侯李静两位教师运用递推数列的通解公式,获得佩尔方程的简洁递推关系及其显示解的通解公式.

2. 佩尔方程的通解公式

引理 3[4]　设 $pq \neq 0$,则递推方程 $a_{n+2} = pa_{n+1} + qa_n$ 的解为

$$a_n = \sum_{k=0}^{[n/2]} \frac{(n-2k)qa_1 + k_p(a_2 - pa_1)}{n-k} \cdot$$
$$C_{n-k}^k p^{n-2k-1} q^{k-1} \quad (n \geqslant 1) \quad (7)$$

定理 1　若 (x_1,y_1) 为方程(1)的基本解,则方程

181

（1）的无穷多组正整数解(x_n,y_n)满足

$$\begin{cases} x_{n+2}=2x_1x_{n+1}-x_n, x_2=2x_1^2-1 \\ y_{n+2}=2x_1y_{n+1}-y_n, y_2=2x_1y_1 \end{cases} \quad (8)$$

$$\begin{cases} x_n=\sum_{k=0}^{[n/2]}(-1)^k\dfrac{n}{2(n-k)}C_{n-k}^k(2x_1)^{n-2k} \\ y_n=y_1\sum_{k=0}^{[(n-1)/2]}(-1)^kC_{n-k-1}^k(2x_1)^{n-2k-1} \end{cases} \quad (9)$$

证　由引理 1 及 $x_1^2-Dy_1^2=1$ 得

$$x_{n+1}+y_{n+1}\sqrt{D}=$$
$$(x_1+y_1\sqrt{D})(x_n+y_n\sqrt{D})=$$
$$(x_1x_n+Dy_1y_n)+(x_1y_n+y_1x_n)\sqrt{D}$$

故

$$x_{n+1}=x_1x_n+Dy_1y_n, y_{n+1}=y_1x_n+x_1y_n \quad (10)$$

由式（10）可得到式（8），令 $p=2x_1, q=-1$，则由式（8）及引理 3 即得式（9）.

定理 2　若 (x_1,y_1) 为方程（2）的基本解，则方程（2）的无穷多组正整数解 (x_n,y_n) 满足

$$\begin{cases} x_{n+2}=(4x_1^2+2)x_{n+1}-x_n, x_2=x_1(4x_1^2+3) \\ y_{n+2}=(4x_1^2+2)y_{n+1}-y_n, y_2=y_1(4x_1^2+1) \end{cases}$$

$$(11)$$

$$\begin{cases} x_n=x_1\sum_{k=0}^{[n/2]}(-1)^k\dfrac{n-4k(x_1^2+1)}{n-k}\cdot \\ \qquad C_{n-k}^k(4x_1^2+2)^{n-2k-1} \\ y_n=y_1\sum_{k=0}^{[n/2]}(-1)^k\dfrac{n+4kx_1^2}{n-k}C_{n-k}^k(4x_1^2+2)^{n-2k-1} \end{cases}$$

$$(12)$$

证明　由引理 2 及 $x_1^2-Dy_1^2=-1$ 得

$$x_{n+1}+y_{n+1}\sqrt{D}=(x_1+y_1\sqrt{D})^2(x_n+y_n\sqrt{D})$$

182

展开比较,则有

$$\begin{cases} x_{n+1} = (2x_1^2+1)x_n + 2Dx_1y_1y_n \\ y_{n+1} = 2x_1y_1y_n + (2x_1^2+1)y_n \end{cases} \quad (13)$$

由式(13)即得式(11).令 $P = 4x_1^2+2, q = -1$,由引理 3 即得式(12).利用定理 1 与定理 2,可以很方便地求解佩尔方程.

例 1　佩尔方程 $x^2 - 2y^2 = 1$ 有基本解 $(x_1, y_1) = (3,2)$,故该方程有无穷多组正整数解 (x_n, y_n),且满足

$$\begin{cases} x_{n+2} = 6x_{n+1} - x_n, x_1 = 3, x_2 = 17 \\ y_{n+2} = 6y_{n+1} - y_n, y_1 = 2, y_2 = 12 \end{cases} \quad (14)$$

$$\begin{cases} x_n = \sum_{k=0}^{[n/2]} (-1)^k \dfrac{n}{2(n-k)} C_{n-k}^k 6^{n-2k} \\ y_n = 2 \sum_{k=0}^{[(n-1)/2]} (-1)^k C_{n-k-1}^k 6^{n-2k-1} \end{cases} \quad (15)$$

例 2　佩尔方程 $x^2 - 2y^2 = -1$ 有基本解 $(x_1, y_1) = (1,1)$,故该方程有无穷多组正整数解 (x_n, y_n) 满足

$$\begin{cases} x_{n+2} = 6x_{n+1} - x_n, x_1 = 1, x_2 = 7 \\ y_{n+2} = 6y_{n+1} - y_n, y_1 = 1, y_2 = 5 \end{cases} \quad (16)$$

$$\begin{cases} x_n = \sum_{k=0}^{[n/2]} (-1)^k \dfrac{n-8k}{n-k} C_{n-k}^k 6^{n-2k-1} \\ y_n = \sum_{k=0}^{[n/2]} (-1)^k \dfrac{n+4k}{n-k} C_{n-k}^k 6^{n-2k-1} \end{cases} \quad (17)$$

类似地可以得到任一佩尔方程的通解公式.

3. 厄多斯猜想的一个结果

1939 年厄多斯(Erdös)猜想[5]:丢番图方程

$$x(x+1) = 2y^n \quad (x \geqslant 1, y \geqslant 1, n \geqslant 3) \quad (18)$$

只有唯一正整数解 $(x, y) = (1,1)$.对此,曹珍富、乐茂

华等人作了大量的研究.1997 年,Györy 完全肯定了厄多斯猜想,但对 $n=2$ 时方程(18)解的情况尚不十分明确.这里我们运用佩尔方程证明了方程(18)在 $n=2$ 时必有无穷多组正整数解.

定理 3 方程 $x(x+1)=2y^n$ 必有无穷多组正整数解 (x_n,y_n),并且满足

$$\begin{cases} x_{n+2}=6x_{n+1}-x_n+2,x_1=1,x_2=8 \\ y_{n+2}=6y_{n+1}-y_n,y_1=1,y_2=6 \end{cases} \quad (19)$$

$$\begin{cases} x_n=\dfrac{1}{2}\Big(\displaystyle\sum_{k=0}^{[n/2]}(-1)^k\dfrac{n}{2(n-k)}C_{n-k}^k6^{n-2k}-1\Big) \\ y_n=\displaystyle\sum_{k=0}^{[(n-1)/2]}(-1)^kC_{n-k-1}^k6^{n-2k-1} \end{cases} \quad (20)$$

证明 由 $x(x+1)=2y^n$ 有 $(2x+1)^2-2(2y)^2=1$.由于佩尔方程 $u^2-2v^2=1$ 中必有 $2\nmid u,2\mid v$,故令 $u_n=2x_n+1,v_n=2y_n$,代入式(14),(15)则有式(19),(20)成立.

参考文献

[1] 曹珍富.数论中的问题与结果[M].哈尔滨:哈尔滨工业大学出版社,1998:124-125,160-161.

[2] 王云葵,罗华明.卢卡斯猜想的推广形式[J].柳州师专学报,1999,14(3):93-95.

[3] 柯召,孙琦.谈谈不定方程[M].上海:上海教育出版社,1980:17-28.

[4] 叶中豪,等.初等数学研究论文选[M].上海:上海教育出版社,1992:287-288.

[5] 乐茂华.Geifond-Baker 方法在丢番图方程中的应用[M].北京:科学出版社,1998:200-204.

[6] 王云葵.卢卡斯方程唯一解的简洁初等证明[J].数学通讯,1996(11):37-39.

佩尔方程 $x^2 - Dy^2 = -1$ 可解性的一个判别条件[①]

第十八章

1. 引言

设 $D > 0$ 是非平方数，p 为素数. 关于佩尔方程

$$x^2 - Dy^2 = -1 \qquad (1)$$

的研究，已有悠久的历史和许多丰富的成果[1-7]. 1969 年，莫德尔[1] 就提出求佩尔方程（1）的解，是一个比较困难的问题，因为没有该方程的一个简明的可解性判别准则. 随后，柯召、孙琦[2] 指出，判断方程 $x^2 - 2py^2 = -1 (p \equiv 1 (\bmod 4)$ 是素数）是否有解，是件不容易的事情. 文献[3-5]指出，当 D 含有 $4k + 3$ 形因子或 $D \equiv 0 (\bmod 4)$ 时，方程（1）没有整数解. 因此研究 D 取何值时，方程（1）有解或无解是一件有意义的事情.

① 选自《西南民族大学学报（自然科学版）》，2011 年第 4 期.

在文献[6-9]中,Lienen[6]、袁平之[7]、杨柳[8]、管训贵[9]等分别给出了方程(1)在某些特殊情况下无解的一些判断. 例如,Lienen 用代数数论的方法证明了,如果 $p \equiv 1 \pmod 8$ 是素数,且 $2p = r^2 + s^2, r \equiv \pm 3 \pmod 8, s \equiv \pm 3 \pmod 8$,那么方程(1)无解. 而在文献[7]中,袁平之给出了方程(1)无解的一个充要条件,并得到了一些重要推论.

阿坝师范专科学校数学系的郑惠,杨仕椿两位教授在 2011 年利用佩尔方程 $x^2 - Dy^2 = 1$ 的基本性质,进一步给出方程(1)可解性的一个一般判别条件,并给出了一些有用的推论.

2. 一个引理

引理 1[3,5]   设 $x_0 + y_0 \sqrt{D}$ 为佩尔方程

$$x^2 - Dy^2 = 1 \qquad (2)$$

的基本解,则方程(2)的全部解可表为

$$x + y\sqrt{D} = \pm(x_0 + y_0\sqrt{D})^n$$

其中 $n \in \mathbf{N}^*$.

3. 定理及证明

定理   设 (x_1, y_1) 是佩尔方程 $x^2 - Dy^2 = 1$ 的最小正整数解,且存在素因子 $p \equiv 3 \pmod 4$,满足 $p \mid x_1 + 1$,且 $p \mid y_1$,则方程 $x^2 - Dy^2 = -1$ 没有正整数解.

证明   设佩尔方程 $x^2 - Dy^2 = 1$ 的基本解为 $\varepsilon = x_1 + y_1\sqrt{D}$,则由引理 1 可知,该方程的所有解可表为

$$x + y\sqrt{D} = \varepsilon^n = (x_1 + y_1\sqrt{D})^n$$

其中 $n \in \mathbf{N}^*$.

如果方程 $x^2 - Dy^2 = -1$ 有正整数解 (x_0, y_0),令

$\rho = x_0 + y_0 \sqrt{D}$，那么

$$\rho^2 = x_0^2 + y_0^2 D + 2 x_0 y_0 \sqrt{D}$$

是方程 $x^2 - Dy^2 = 1$ 的解. 于是

$$x_0^2 + y_0^2 D + 2 x_0 y_0 \sqrt{D} = (x_1 + y_1 \sqrt{D})^k \quad (k \in \mathbf{N}^*)$$

$$(3)$$

再由式(3)可得

$$2 x_0 y_0 = y_1 \left| \sum_{j=0}^{\left[\frac{k-1}{2}\right]} \binom{k}{2j+1} x_1^{k-1-2j} (-y_1^2)^j \right| \quad (4)$$

所以 $y_1 \mid 2 x_0 y_0$，从而 $p \mid 2 x_0 y_0$.

若 $p \mid y_0$，则由方程 $x^2 - Dy^2 = -1$ 可得 $x_0^2 \equiv -1 (\bmod\ p)$，这与 $p \equiv 3 (\bmod\ 4)$ 矛盾，因此 $p \mid x_0$ 且 $p \nmid y_0$. 于是由式(3)与 $p \mid x_1 + 1$ 及 $p \mid y_1$ 可得

$$x_0^2 + y_0^2 D = x_1^k + \binom{2}{k} x_1^{k-2} y_1^2 + \cdots \equiv (-1)^k (\bmod\ p)$$

但

$$x_0^2 + y_0^2 D = 2 x_0^2 + 1 \equiv 1 (\bmod\ p)$$

故 $2 \mid k$. 于是可令 $k = 2 k_1, k_1 \in \mathbf{N}^*$. 再由引理 1 可得

$$x_0^2 + y_0^2 D + 2 x_0 y_0 \sqrt{D} = (x_1 + y_1 \sqrt{D})^{2k_1}$$

即

$$x_0 + y_0 \sqrt{D} = (x_1 + y_1 \sqrt{D})^{k_1}$$

同时由

$$x_0 - y_0 \sqrt{D} = (x_1 - y_1 \sqrt{D})^{k_1}$$

可得

$$x_0^2 - y_0^2 D = (x_1^2 - y_1^2 D)^{k_1} = 1$$

此与 (x_0, y_0) 为方程 $x^2 - Dy^2 = -1$ 的解矛盾，因此方程 $x^2 - Dy^2 = -1$ 没有正整数解. 从而定理得证.

4. 推论

推论 1　如果 $k > 1$ 为奇数，k 存在素因子 $p \equiv 3 \pmod 4$，且 $D = 2(2k^2 - 1)$，那么不定方程(1) 没有正整数解.

证明　由于当 $D = 2(2k^2 - 1)$ 时，不定方程 $x^2 - Dy^2 = 1$ 有正整数解

$$x' + y' \sqrt{D} = 4k^2 - 1 + 2k\sqrt{2(2k^2 - 1)}$$

若 $x' + y' \sqrt{D}$ 不是方程 $x^2 - Dy^2 = 1$ 的基本解，设该方程的基本解为 $x_1 + y_1 \sqrt{D}$，则

$$x' + y' \sqrt{D} = 4k^2 - 1 + 2k\sqrt{2(2k^2 - 1)} \geqslant$$
$$(x_1 + y_1 \sqrt{D})^2 =$$
$$x_1^2 + y_1^2(4k^2 - 2) + 2x_1 y_1 \sqrt{2(2k^2 - 1)} \qquad (5)$$

则 $x_1 = y_1 = 1, k = 1$，矛盾.

因此 $x' + y' \sqrt{D}$ 是方程 $x^2 - Dy^2 = 1$ 的基本解. 由于 k 存在素因子 $p \equiv 3 \pmod 4$，则 $p \mid y'$ 和 $p \mid x' + 1$. 因此由定理可得，方程 $x^2 - Dy^2 = -1$ 没有正整数解. 从而推论 1 得证.

推论 2　不定方程 $x^2 - 2 \cdot 17 y^2 = -1$, $x^2 - 2 \cdot 17 \cdot 113 y^2 = -1$, $x^2 - 2 \cdot 17 \cdot 593 y^2 = -1$，均没有正整数解.

证明　在推论 1 中分别令 $k = 3, 31, 71$，即可得推论 2 成立.

参考文献

[1] MORDELL L J. Diophantine Equation[M]. New York: Academic Press, 1969:331-335.

[2] 柯召, 孙琦. 谈谈不定方程[M]. 上海: 上海教育出版社, 1980:24-28.

[3] 华罗庚. 数论导引[M]. 北京:科学出版社,1979:358-361.

[4] GUY R K. Unsolved problems in number theory[M]. Beijing:Beijing Science Press,2007:71-158.

[5] 曹珍富. 丢番图方程引论[M]. 哈尔滨:哈尔滨工业大学出版社,1986:149-164.

[6] LIENEN V H. The quadratic form $x^2 - 2py^2 = -1$[J]. J Number Theory,1978,10:10-15.

[7] 袁平之. Diophantus 方程 $x^2 - Dy^2 = -1$[J]. 长沙铁道学院学报,1994,12(1):107-108.

[8] 杨柳. 关于不定方程 $x^2 - Dy^2 = -1$ 的解的确定[J]. 云南民族大学学报:自然科学版,2006,15(2):91-95.

[9] 管训贵. 关于 Pell 方程 $x^2 - 5py^2 = -1$[J]. 西安文理学院学报:自然科学版:2010(3):32-33.

关于佩尔方程 $Ax^2-(A\pm1)y^2=1(A\in \mathbf{Z}^*,A\geqslant2)$

广义佩尔方程 $ax^2-by^2=1(a,b\in \mathbf{Z}^*,ab$ 不是完全平方数）的正整数解及整数解完全取决于系数 a,b. 当 $a=1$ 时即为通常的佩尔方程,但当 $a\neq1$ 时,却是一个较为复杂的问题. 红河学院教师教育学院的杜先存教授在 2012 年运用连分数的知识讨论广义佩尔方程 $ax^2-by^2=1(a,b\in \mathbf{Z}^*,ab$ 不是完全平方数）中的两个比较特殊的方程——$Ax^2-(A-1)y^2=1(A\in \mathbf{Z}^*,A\geqslant2)$ 和 $Ax^2-(A+1)y^2=1(A\in \mathbf{Z}^*,A\geqslant2)$,从而得出一些相关的结论.

1. 预备知识

引理 1[1]　实数 α 展成连分数$\alpha=a_1+\cfrac{1}{a_2}+\cfrac{1}{a_3}+\cdots+\cfrac{1}{a_N}(N\in \mathbf{Z}^*,$当 N 无穷大时为无穷连分数),设 $\delta_1,\delta_2,\cdots,\delta_N$

依次为它的各个渐进分数,则$\delta_{2n-1} \leqslant \alpha \leqslant \delta_{2n}(N \in \mathbf{Z}^*, 2n-1 \leqslant N, 2n \leqslant N)$,等号当且仅当$\alpha \in \mathbf{Q}$(有限连分数),且$2n-1 = N$,或$2n = N$时成立.

引理 2[1]　实数α展成连分数$\alpha = a_1 + \cfrac{1}{a_2} + \cfrac{1}{a_3} + \cdots + \cfrac{1}{a_N}(N \in \mathbf{Z}^*$,当$N$无穷大时为无穷连分数),设$\delta_N = \dfrac{p_n}{q_n}$为他的第$N$个渐近分数$(n \in \mathbf{Z}^*, n < N)$,则$\mid \alpha - \delta_n \mid \leqslant \dfrac{1}{q_n q_{n+1}} < \dfrac{1}{q_n^2}$,等号当且仅当$\alpha \in \mathbf{Q}$(有限连分数),且$n+1 = N$时成立.

引理 3[2]　设$[a_1, a_2, \cdots, a_n, \cdots]$是(有限或无限的)简单连分数,$\dfrac{p_k}{q_k}(k \in \mathbf{Z}^*)$是它的渐近分数,则$\dfrac{p_{2(k-1)}}{q_{2(k-1)}} > \dfrac{p_{2k}}{q_{2k}}$.

引理 4[3]　设$a > 1, (a, b) \in \mathbf{N}^2, ab$不是完全平方数,如果$ax^2 - by^2 = 1$有解$(x, y) \in \mathbf{N}^2$,设$x_1 \sqrt{a} + y_1 \sqrt{b}$是方程$ax^2 - by^2 = 1(x, y \in \mathbf{Z})$的基本解,则$ax^2 - by^2 = 1$的任一组解可以表示为:$x \sqrt{a} + y \sqrt{b} = \pm (x_1 \sqrt{a} + y_1 \sqrt{b})^{2n+1}, n \in \mathbf{Z}$.

引理 5[1]　设$a > 1, (a, b) \in \mathbf{N}^2, ab$不是完全平方数,如果$ax^2 - by^2 = 1$有解$(x, y) \in \mathbf{N}^2$,设$x_1 \sqrt{a} + y_1 \sqrt{b}$是方程$ax^2 - by^2 = 1$的基本解,$x_0 + y_0 \sqrt{ab}$是佩尔方程$x^2 - aby^2 = 1$的基本解,则$x_0 + y_0 \sqrt{ab} = (x_1 \sqrt{a} + y_1 \sqrt{b})^2$.

2. 主要结论及证明

定理 1 设 $\dfrac{p_k}{q_k}(k \in \mathbf{Z}^*)$ 为 $\sqrt{\dfrac{A-1}{A}}$ 的第 $k(k \in \mathbf{Z}^*)$ 个渐进分数,则 $(p_{2k}, q_{2k})(k \in \mathbf{Z}^*)$ 必为佩尔方程 $Ax^2 - (A-1)y^2 = 1(A \in \mathbf{Z}^*, A \geqslant 2)$ 的正整数解.

证明 因为

$$\sqrt{\frac{A-1}{A}} = 0 + \cfrac{1}{\sqrt{\dfrac{A}{A-1}}} =$$

$$0 + \cfrac{1}{1 + \left(\dfrac{A}{A-1} - 1\right)}$$

$$\sqrt{\frac{A}{A-1}} - 1 = \frac{1}{\sqrt{A(A-1)} + (A-1)} =$$

$$\cfrac{1}{2(A-1) + (\sqrt{A(A-1)} - (A-1))}$$

$$\sqrt{A(A-1)} - (A-1) =$$

$$\cfrac{A-1}{\sqrt{A(A-1)} + (A-1)} =$$

$$\cfrac{1}{\sqrt{\dfrac{A}{A-1}} + 1} = \cfrac{1}{2 + \left(\sqrt{\dfrac{A}{A-1}} - 1\right)}$$

$$\sqrt{\frac{A}{A-1}} - 1 = \frac{1}{\sqrt{A(A-1)} + (A-1)} =$$

$$\cfrac{1}{2(A-1) + (\sqrt{A(A-1)} - (A-1))}$$

$\cdots$

所以 $\sqrt{\dfrac{A-1}{A}} = [0, 1, 2(\dot{A}-1), \dot{2}]$,显然循环节长度的

项数为 $s=2$.

由引理 1，得 $\dfrac{p_{2k}}{q_{2k}} > \sqrt{\dfrac{A-1}{A}} = \dfrac{\sqrt{A-1}}{\sqrt{A}}(k \in \mathbf{Z}^*)$，即

$$\sqrt{A}\,p_{2k} - \sqrt{A-1}\,q_{2k} > 0 \qquad (1)$$

由引理 2，得 $\dfrac{p_{2k}}{q_{2k}} - \sqrt{\dfrac{A-1}{A}} < \dfrac{1}{q_{2k}q_{2k+1}}(k \in \mathbf{Z}^*)$，即

$$\sqrt{A}\,p_{2k} - \sqrt{A-1}\,q_{2k} < \dfrac{\sqrt{A}}{q_{2k+1}} \qquad (2)$$

由式（1）和式（2），得

$$0 < \sqrt{A}\,p_{2k} - \sqrt{A-1}\,q_{2k} < \dfrac{\sqrt{A}}{q_{2k+1}} \qquad (3)$$

又由式（1），得 $\sqrt{A-1}\,q_{2k} < \sqrt{A}\,p_{2k}$，故有

$$0 < \sqrt{A}\,p_{2k} + \sqrt{A-1}\,q_{2k} < 2\sqrt{A}\,p_{2k} \qquad (4)$$

由式（3）和式（4），得

$$0 < A p_{2k}^2 - (A-1)q_{2k}^2 < \dfrac{2A p_{2k}}{q_{2k+1}} \qquad (5)$$

又 $q_{2k+1} = a_{2k+1}q_{2k} + q_{2k-1}$，而 $a_{2k+1} = 2(A-1)$，故

$$q_{2k+1} = 2(A-1)q_{2k} + q_{2k-1} \qquad (6)$$

由式（6），得

$$\dfrac{2A p_{2k}}{q_{2k+1}} = \dfrac{2A p_{2k}}{2(A-1)q_{2k} + q_{2k-1}} <$$

$$\dfrac{2A p_{2k}}{2(A-1)q_{2k}} = \dfrac{A}{(A-1)} \cdot \dfrac{p_{2k}}{q_{2k}} \qquad (7)$$

由引理 3，得 $\dfrac{p_2}{q_2} > \dfrac{p_4}{q_4} > \cdots > \dfrac{p_{2(k-1)}}{p_{2(k-1)}} > \dfrac{p_{2k}}{q_{2k}}(k \in$

$\mathbf{Z}^*)$，而 $\dfrac{p_2}{q_2} = 1$，故

$$\dfrac{p_{2k}}{q_{2k}} \leqslant 1 \qquad (8)$$

将式(8) 代入式(7),得

$$\frac{A}{(A-1)} \cdot \frac{p_{2k}}{q_{2k}} \leqslant \frac{A}{(A-1)} < 2 \qquad (9)$$

将式(9) 代入式(5),得 $0 < Ap_{2k}^2 - (A-1)q_{2k}^2 < 2$,所以 $Ap_{2k}^2 - (A-1)q_{2k}^2 = 1$

所以 (p_{2k}, q_{2k}) 为方程 $Ax^2 - (A-1)y^2 = 1(A \in \mathbf{Z}^*, A \geqslant 2)$ 的正整数解.

定理2 佩尔方程 $Ax^2 - (A-1)y^2 = 1(A \in \mathbf{Z}^*, A \geqslant 2)$ 的任一组整数解可表为:

$$\sqrt{A}x + \sqrt{A+1}y = \pm(\sqrt{A} + \sqrt{A+1})^{2n+1} \quad (n \in \mathbf{Z})$$

证明 显然 $(1,1)$ 是方程 $Ax^2 - (A-1)y^2 = 1(A \in \mathbf{Z}^*, A \geqslant 2)$ 的最小解,故方程 $Ax^2 - (A-1)y^2 = 1(A \in \mathbf{Z}^*, A \geqslant 2)$ 的基本解为 $\sqrt{A} + \sqrt{A+1}$.

则由引理4得,方程 $Ax^2 - (A-1)y^2 = 1(A \in \mathbf{Z}^*, A \geqslant 2)$ 的任一组整数解可表为: $\sqrt{A}x + \sqrt{A+1} y = \pm(\sqrt{A} + \sqrt{A+1})^{2n+1} (n \in \mathbf{Z})$.

定理3 佩尔方程 $Ax^2 - (A+1)y^2 = 1(A \in \mathbf{Z}^*, A \geqslant 2)$ 无正整数解.

证明 假设佩尔方程 $Ax^2 - (A+1)y^2 = 1(A \in \mathbf{Z}^*, A \geqslant 2)$ 有解,设 (x_1, y_1) 为其最小解,(x_0, y_0) 为佩尔方程 $x^2 - A(A+1)y^2 = 1(A \in \mathbf{Z}^*, A \geqslant 2)$ 的最小解.

由引理5,得

$$x_0 + \sqrt{A(A+1)} y_0 = (\sqrt{A}x_1 + \sqrt{A+1} y_1)^2 =$$
$$(Ax_1^2 + (A+1)y_1^2) + 2\sqrt{A(A+1)} x_1 y_1$$

所以有

$$y_0 = 2x_1 y_1 \qquad (10)$$

194

又 $(A+1)x^2-Ay^2=1(A\in \mathbf{Z}^*,A\geqslant 2)$ 的最小解为 $(1,1)$,则由引理 5,得 $x^2-A(A+1)y^2=1(A\in \mathbf{Z}^*,A\geqslant 2)$ 的最小解 (x_0,y_0) 满足

$$x_0+\sqrt{A(A+1)}\,y_0=(\sqrt{A}+\sqrt{A+1})^2=$$
$$(A+(A+1))+2\sqrt{A(A+1)}=$$
$$2\sqrt{A(A+1)}+(2A+1)$$

所以有

$$y_0=2 \tag{11}$$

由式 $(10),(11)$,得 $y_0=2x_1y_1=2$,即 $x_1=y_1=1$,但 $(1,1)$ 显然不为 $Ax^2-(A+1)y^2=1$ 的最小解,矛盾. 故佩尔方程 $Ax^2-(A+1)y^2=1(A\in \mathbf{Z}^*,A\geqslant 2)$ 无正整数解.

参考文献

[1] 曹珍富. 不定方程及其应用[M]. 上海:上海交通大学出版社,2007.

[2] 闵嗣鹤,严士健. 初等数论[M]. 北京:高等教育出版社,2007.

[3] 夏圣亭. 不定方程浅说[M]. 天津:天津人民出版社,1980.

关于佩尔方程 $x^2-5(5n\pm2)y^2=-1(n\equiv-1(\mathrm{mod}\ 4))$[①]

第二十章

关于佩尔方程 $x^2-Dy^2=\pm1$（D 是非完全平方的正整数）的整数解问题，文献[1-4]已有一些结果，而关于佩尔方程 $x^2-aby^2=-1$（ab 是非完全平方的正整数）的整数解问题，文献[6-8]已有一些结果，文献[7]利用奇偶性、同余性和勒让德符号的性质等给出了 $p>3$ 是一个费马素数时，佩尔方程 $x^2-5py^2=-1$ 有正整数解. 红河学院教师教育学院的杜先存，云南艺术学院艺术文化学院的史家银和红河学院数学系的赵金娥在 2012 年利用奇偶性、同余性和完全平方数的性质等将文献[7]的方程 $x^2-5py^2=-1$ 中的条件"$p>3$ 是一个费马素数"推广到"p 为 $5n$

① 选自《湖北民族学院学报（自然科学版）》，2012 年第 2 期.

$\pm 2(n \equiv -1(\bmod 4))$ 型的素数",即探讨佩尔方程 $x^2 - 5(5n+2)y^2 = -1$ 与 $x^2 - 5(5n-2)y^2 = -1(n \in \mathbf{Z}^*, n \equiv -1(\bmod 4), 5n-2$ 为素数) 的解的情况.

1. 主要结论

定理 1　佩尔方程
$$x^2 - 5(5n+2)y^2 = -1$$
$(n \in \mathbf{Z}^*, n \equiv -1(\bmod 4), 5n+2$ 为素数)　(1)
有正整数解.

定理 2　佩尔方程
$$x^2 - 5(5n-2)y^2 = -1$$
$(n \in \mathbf{Z}^*, n \equiv -1(\bmod 4), 5n-2$ 为素数)　(2)
有正整数解.

2. 定理证明

(1) 定理 1 的证明.

证明　设 (x_0, y_0) 是 $x^2 - 5(5n+2)y^2 = 1$ 的基本解,若 x_0 为偶数,则 $x_0^2 \equiv 0(\bmod 4)$.

因为 $n \equiv -1(\bmod 4)$,令 $n = 4k-1(k \in \mathbf{Z}^*)$,则 $5(5n+2) = 5(5(4k-1)+2) = 100k - 15 = 4(25k - 4) + 1$,故有
$$x_0^2 - 5(5n+2)y_0^2 \equiv -y_0^2(\bmod 4) \qquad (3)$$

若 y_0 为偶数,则 $y_0^2 \equiv 0(\bmod 4)$,故方程(1) 为 $x_0^2 - 5(5n+2)y_0^2 \equiv 0(\bmod 4)$;

若 y_0 为奇数,则 $y_0^2 \equiv 1(\bmod 4)$,又 $4(25k-4) + 1 \equiv 1(\bmod 4)$,故方程(1) 为 $x_0^2 - 5(5n+2)y_0^2 \equiv -1(\bmod 4)$.

综上有,若 x_0 为偶数,则 $x_0^2 - 5(5n+2)y_0^2 \equiv -1, 0(\bmod 4)$,这与 $x_0^2 - 5(5n+2)y_0^2 \equiv 1(\bmod 4)$ 矛盾,

故 x_0 只能为奇数,则 $x_0 \equiv 1 \pmod 2$,所以有 $2 \mid (x_0 - 1)$,$2 \mid (x_0 + 1)$,$x_0^2 - 1 \equiv 0 \pmod 4$,故 $\frac{x_0 - 1}{2} \in \mathbf{N}$,$\frac{x_0 + 1}{2} \in \mathbf{Z}^*$.

又 $x_0^2 - 1 = 5(5n + 2)y_0^2$,而 $5n + 2 = 20k - 3$ 为奇数,故 $5(5n + 2)$ 为奇数,而 $x_0^2 - 1$ 为偶数,故 y_0^2 为偶数,得 y_0 为偶数,故 $\frac{y_0}{2} \in \mathbf{Z}^*$.

由 $x_0^2 - 1 = 5(5n + 2)y_0^2$,得 $(x_0 - 1)(x_0 + 1) = 5(5n + 2)y_0^2$,所以有

$$\frac{x_0 - 1}{2} \cdot \frac{x_0 + 1}{2} = \frac{x_0^2 - 1}{4} = 5(5n + 2)\left(\frac{y_0}{2}\right)^2 \quad (4)$$

令 $\frac{y_0}{2} = uv(u, v \in \mathbf{Z}^*)$,即 $y_0 = 2uv$,则 $5(5n + 2) \cdot \left(\frac{y_0}{2}\right)^2 = 5(5n + 2)u^2v^2$,所以式(2)变形为

$$\frac{x_0 - 1}{2} \cdot \frac{x_0 + 1}{2} = 5(5n + 2)u^2v^2 \quad (5)$$

因为 $\frac{x_0 - 1}{2}$,$\frac{x_0 + 1}{2}$ 是两个相邻的自然数,故 $\frac{x_0 - 1}{2}$,$\frac{x_0 + 1}{2}$ 互素.

故式(5)的解只可能为以下 4 种情况:

A. $\begin{cases} \dfrac{x_0 - 1}{2} = 5(5n + 2)v^2 \\ \dfrac{x_0 + 1}{2} = u^2 \end{cases}$

B. $\begin{cases} \dfrac{x_0 - 1}{2} = (5n + 2)v^2 \\ \dfrac{x_0 + 1}{2} = 5u^2 \end{cases}$

C. $\begin{cases} \dfrac{x_0-1}{2}=5v^2 \\[2mm] \dfrac{x_0+1}{2}=(5n+2)u^2 \end{cases}$

D. $\begin{cases} \dfrac{x_0-1}{2}=v^2 \\[2mm] \dfrac{x_0+1}{2}=5(5n+2)u^2 \end{cases}$

上面 4 种情况可表为：

甲：$u^2-5(5n+2)v^2=1$，$y_0=2uv(u,v\in \mathbf{Z}^*)$；

乙：$5u^2-(5n+2)v^2=1$，$y_0=2uv(u,v\in \mathbf{Z}^*)$；

丙：$(5n+2)u^2-5v^2=1$，$y_0=2uv(u,v\in \mathbf{Z}^*)$；

丁：$v^2-5(5n+2)u^2=-1$，$y_0=2uv(u,v\in \mathbf{Z}^*)$.

若甲成立，则有 $u^2-5(5n+2)v^2=1$，故 (u,v) 为 $x^2-5(5n+2)y^2=1$ 的解，又 $y_0=2uv(u,v\in \mathbf{Z}^*)$，则 $0<u,v<y_0$，故 $0<v<y_0$，这与假设"(x_0,y_0) 是 $x^2-5(5n+2)\cdot y^2=1$ 的基本解"矛盾，故甲不成立.

若乙成立，则有

$$5u^2-(5n+2)v^2=1,\ y_0=2uv\ (u,v\in \mathbf{Z}^*) \quad (6)$$

式(6)两边取模 5，得：$-2v^2\equiv 1(\bmod 5)$，即 $(2v)^2\equiv -2\equiv 3(\bmod 5)$，则有

$$(2v)^2=5m+3 \quad (m\in \mathbf{N}) \quad\quad (7)$$

若式(6)有正整数解，则式(7)有正整数解. 又式(7)右边 $5m+3(m\in \mathbf{N})$ 的末尾只能为 3，8，而式(7)左边末尾只能为 0，4，6，故式(7)无正整数解，所以式(6)无正整数解，故乙不成立.

若丙成立，则有

$$(5n+2)u^2-5v^2=1,\ y_0=2uv\ (u,v\in \mathbf{Z}^*) \quad (8)$$

式(8)两边取模 5，得：$2u^2\equiv 1(\bmod 5)$，即 $(2u)^2\equiv$

$2(\bmod 5)$,则有

$$(2u)^2 = 5m + 2 \quad (m \in \mathbf{N}) \qquad (9)$$

若式(9)有正整数解,则式(8)有正整数解.又式(9)右边 $5m+2(m \in \mathbf{N})$ 的末尾只能为 $2,7$,而式(9)左边末尾只能为 $0,4,6$,故式(9)无正整数解,所以式(8)无正整数解,故丙不成立.

综上甲、乙、丙都不对,余下的只有丁成立,此时
$$v^2 - 5(5n+2)u^2 = -1, y_0 = 2uv \quad (u,v \in \mathbf{Z}^*)$$
$$(10)$$

故 (v,u) 为式(10)的一组解,即为方程(1)的一组解,又 $u,v \in \mathbf{Z}^*$,所以方程(1)有正整数解.

(2)定理 2 的证明.

证明　设 (x_0, y_0) 是 $x^2 - 5(5n-2)y^2 = 1$ 的基本解,同定理 1 的证明,知 x_0 只能为奇数,则 $2 \mid (x_0 - 1)$,$2 \mid (x_0 + 1)$,$x_0^2 - 1 \equiv 0(\bmod 4)$,故 $\dfrac{x_0 - 1}{2} \in \mathbf{N}$,$\dfrac{x_0 + 1}{2} \in \mathbf{Z}^*$.又 $n \equiv -1(\bmod 4)$,令 $n = 4k - 1(k \in \mathbf{Z}^*)$,则 $5n - 2 = 20k - 7$ 为奇数,故 $5(5n-2)$ 为奇数,又 $x_0^2 - 1 = 5(5n-2)y_0^2$,而 $x_0^2 - 1$ 为偶数,故 y_0^2 为偶数,得 y_0 为偶数,故 $\dfrac{y_0}{2} \in \mathbf{Z}^*$.

由 $x_0^2 - 1 = 5(5n-2)y_0^2$,得 $(x_0 - 1)(x_0 + 1) = 5(5n-2)y_0^2$,所以有

$$\frac{x_0 - 1}{2} \cdot \frac{x_0 + 1}{2} = \frac{x_0^2 - 1}{4} = 5(5n-2)\left(\frac{y_0}{2}\right)^2 \quad (11)$$

令 $\dfrac{y_0}{2} = uv(u,v \in \mathbf{Z}^*)$,即 $y_0 = 2uv$,则 $5(5n+2) \cdot \left(\dfrac{y_0}{2}\right)^2 = 5(5n-2)u^2v^2$,所以式(11)变形为

200

$$\frac{x_0-1}{2}\cdot\frac{x_0+1}{2}=5(5n-2)u^2v^2 \qquad (12)$$

因为 $\frac{x_0-1}{2}$，$\frac{x_0+1}{2}$ 互素，故式（12）的解只可能为以下 4 种情况

E. $\begin{cases} \dfrac{x_0-1}{2}=5(5n-2)v^2 \\[2mm] \dfrac{x_0+1}{2}=u^2 \end{cases}$

F. $\begin{cases} \dfrac{x_0-1}{2}=(5n-2)v^2 \\[2mm] \dfrac{x_0+1}{2}=5u^2 \end{cases}$

G. $\begin{cases} \dfrac{x_0-1}{2}=5v^2 \\[2mm] \dfrac{x_0+1}{2}=(5n-2)u^2 \end{cases}$

H. $\begin{cases} \dfrac{x_0-1}{2}=v^2 \\[2mm] \dfrac{x_0+1}{2}=5(5n-2)u^2 \end{cases}$

上面 4 种情况可表为：

戊：$u^2-5(5n-2)v^2=1$，$y_0=2uv(u,v\in\mathbf{Z}^*)$；

己：$5u^2-(5n-2)v^2=1$，$y_0=2uv(u,v\in\mathbf{Z}^*)$；

庚：$(5n-2)u^2-5v^2=1$，$y_0=2uv(u,v\in\mathbf{Z}^*)$；

辛：$v^2-5(5n-2)u^2=-1$，$y_0=2uv(u,v\in\mathbf{Z}^*)$.

若戊成立，则有 $u^2-5(5n-2)v^2=1$，故 (u,v) 为 $x^2-5(5n-2)y^2=1$ 的解，又 $y_0=2uv(u,v\in\mathbf{Z}^*)$，则 $0<u,v<y_0$，故 $0<v<y_0$，这与假设"(x_0,y_0) 是 $x^2-5(5n-2)y^2=1$ 的基本解"矛盾，故戊不成立.

若已成立,则有

$$5u^2 - (5n-2)v^2 = 1, y_0 = 2uv \quad (u,v \in \mathbf{Z}^*)$$
$$(13)$$

式(13)两边取模 5,得:$2v^2 \equiv 1(\bmod 5)$,即$(2v)^2 \equiv 2(\bmod 5)$,则有

$$(2v)^2 = 5m + 2 \quad (m \in \mathbf{N}) \quad (14)$$

若式(13)有正整数解,则式(14)有正整数解. 又式(14)右边 $5m+2(m \in \mathbf{N})$ 的末尾只能为 $2,7$,而式(14)左边末尾只能为 $0,4,6$,故式(14)无正整数解,所以式(13)无正整数解,故己不成立.

若庚成立,则有

$$(5n-2)u^2 - 5v^2 = 1, y_0 = 2uv \quad (u,v \in \mathbf{Z}^*)$$
$$(15)$$

式(15)两边取模 5,得:$-2u^2 \equiv 1(\bmod 5)$,即$(2u)^2 \equiv -2 \equiv 3(\bmod 5)$,则有

$$(2u)^2 = 5m + 3 \quad (m \in \mathbf{N}) \quad (16)$$

若式(15)有正整数解,则式(16)有正整数解. 又式(16)右边 $5m+3(m \in \mathbf{N})$ 的末尾只能为 $3,8$,而式(16)左边末尾只能为 $0,4,6$,故式(16)无正整数解,所以式(15)无正整数解,故庚不成立.

综上戊、己、庚都不成立,余下的只有辛成立,此时

$$v^2 - 5(5n-2)u^2 = -1, y_0 = 2uv \quad (u,v \in \mathbf{Z}^*)$$
$$(17)$$

故(u,v)为式(17)的一组解,即为方程(2)的一组解,又 $u,v \in \mathbf{Z}^*$,所以方程(2)有正整数解.

参考文献

[1] 郑惠,杨仕春.关于 Pell 方程 $x^2 - Dy^2 = -1$ 可解性的一个判别条件[J]. 西南民族大学学报(自然科学版),2011,

37(4):48-50.

［2］柳杨.关于不定方程 $x^2 - Dy^2 = -1$ 的解的确定［J］.云南民族大学学报（自然科学版）,2006,15(2):91-92,95.

［3］刘清,陈秉龙.关于 Pell 方程 $x^2 - Dy^2 = \pm 1$ 的解法［J］.农垦师专学报,1997(4):53-56.

［4］邓波.关于 Pell 方程 $x^2 - dy^2 = -1$ 的几个结果［J］.贵州科学,1994,12(4):64-66.

［5］陈克瀛.Pell 方程 $x^2 - 2py^2 = -1(p \equiv 1(\mathrm{mod}\ 8)$ 是素数)［J］.温州师范学院学报,1998(3):1-4.

［6］陈克瀛.关于 Pell 方程 $x^2 - 2py^2 = -1$［J］.温州师范学院学报,1996(6):17-19.

［7］管训贵.关于 Pell 方程 $x^2 - 5py^2 = -1$［J］.西安文理学院学报,2010(3):32-33.

［8］杜先存,万飞,赵金娥.Pell 方程 $ax^2 - by^2 = 1$ 有最小解［J］.湖北民族学院学报（自然科学版）,2012,30(1):35-38.

关于佩尔方程 $qx^2-(qn\pm6)y^2=\pm1(q$ 是素数)[①]

第
二
十
一
章

关于佩尔方程 $ax^2-by^2=\pm1$ 的整数解问题,文献[1—5]已有一些结果,红河学院教师教育学院的杜先存,万飞与红河学院数学系的赵金娥三位教授在 2012 年研究了 $qx^2-(qn\pm6)y^2=\pm1$ $(q\equiv\pm1,\pm5,\pm7,\pm11(\bmod24)$ 是素数)型佩尔方程的解的情况.

1. 主要结论

定理 1 佩尔方程
$$qx^2-(qn-6)y^2=1$$
$(q\equiv\pm7,\pm11(\bmod24)$ 是素数)
无正整数解.

定理 2 佩尔方程
$$qx^2-(qn+6)y^2=-1$$
$(q\equiv\pm7,\pm11(\bmod24)$ 是素数)
无正整数解.

---

① 选自《周口师范学院学报》2012 年第 5 期.

204

定理 3　佩尔方程

$$qx^2 - (qn-6)y^2 = -1$$

$$(q \equiv -1,-5,-7,-11(\bmod 24) \text{ 是素数})$$

无正整数解.

定理 4　佩尔方程

$$qx^2 - (qn+6)y^2 = 1$$

$$(q \equiv -1,-5,-7,-11(\bmod 24) \text{ 是素数})$$

无正整数解.

2. 定理证明

(1) 定理 1 的证明.

证明　对佩尔方程

$$qx^2 - (qn-6)y^2 = 1$$

$$(q \equiv \pm 7, \pm 11(\bmod 24) \text{ 是素数}) \qquad (1)$$

两边取模 q 得

$$6y^2 \equiv 1(\bmod q)$$

则有模 q 的勒让德符号值 $\left(\dfrac{6}{q}\right) = 1$

因

$$\left(\frac{2}{q}\right) = (-1)^{\frac{q^2-1}{8}}$$

$$\left(\frac{3}{q}\right) = (-1)^{\frac{3-1}{2} \cdot \frac{q-1}{2}} \left(\frac{q}{3}\right)$$

则当 $q \equiv \pm 7(\bmod 24)$ 时,有

$$\left(\frac{2}{q}\right) = 1, \left(\frac{3}{q}\right) = -1$$

当 $q \equiv \pm 11(\bmod 24)$ 时,有

$$\left(\frac{2}{q}\right) = -1, \left(\frac{3}{q}\right) = 1$$

故当 $q \equiv \pm 7, \pm 11(\bmod 24)$ 时,有

$$\left(\frac{6}{q}\right)=\left(\frac{2}{q}\right)\left(\frac{3}{q}\right)=-1$$

与 $\left(\dfrac{6}{q}\right)=1$ 矛盾. 所以方程(1)无正整数解.

（2）定理 2 的证明.

证明　对佩尔方程
$$qx^2-(qn+6)y^2=-1$$
$$(q\equiv\pm\,7,\pm\,11(\bmod\ 24)\text{ 是素数})\qquad(2)$$
两边取模 q 得 $-6y^2\equiv-1(\bmod\ q)$，即 $6y^2\equiv1(\bmod\ q)$，则有模 q 的勒让德符号值 $\left(\dfrac{6}{q}\right)=1$.

又 $q\equiv\pm\,7,\pm\,11(\bmod\ 24)$ 时，$\left(\dfrac{6}{q}\right)=-1$，与 $\left(\dfrac{6}{q}\right)=1$ 矛盾. 所以方程(2)无正整数解.

（3）定理 3 的证明.

证明　对佩尔方程
$$qx^2-(qn-6)y^2=-1$$
$$(q\equiv-1,-5,-7,-11(\bmod\ 24)\text{ 是素数})\ (3)$$
两边取模 q 得
$$6y^2\equiv-1(\bmod\ q)$$
即
$$-6y^2\equiv1(\bmod\ p)$$
则有模 q 的勒让德符号值 $\left(\dfrac{-6}{q}\right)=1$.

又因
$$\left(\frac{-1}{q}\right)=(-1)^{\frac{q-1}{2}}$$
当 $q\equiv-1(\bmod\ 24)$ 时，有
$$\left(\frac{-1}{q}\right)=-1,\left(\frac{2}{q}\right)=1,\left(\frac{3}{q}\right)=1$$

当 $q \equiv -5 (\bmod 24)$ 时,有

$$\left(\frac{-1}{q}\right) = -1, \left(\frac{2}{q}\right) = -1, \left(\frac{3}{q}\right) = -1$$

当 $q \equiv -11 (\bmod 24)$ 时,有

$$\left(\frac{-1}{q}\right) = 1, \left(\frac{2}{q}\right) = -1, \left(\frac{3}{q}\right) = 1$$

故当 $q \equiv -1, -5, -7, -11 (\bmod 24)$ 时,有

$$\left(\frac{-6}{q}\right) = \left(\frac{-1}{q}\right)\left(\frac{2}{q}\right)\left(\frac{3}{q}\right) = -1$$

与 $\left(\frac{6}{q}\right) = 1$ 矛盾. 所以方程(3)无正整数解.

(4)定理 4 的证明.

证明　对佩尔方程

$$qx^2 - (qn + 6)y^2 = 1$$

$(q \equiv -1, -5, -7, -11 (\bmod 24)$ 是素数) (4)

两边取模 q 得 $-6y^2 \equiv 1 (\bmod q)$,则有模 q 的勒让德符

号值 $\left(\frac{-6}{q}\right) = 1$.

又当 $q \equiv -1, -5, -7, -11 (\bmod 24)$ 时,有

$\left(\frac{-6}{q}\right) = -1$,与 $\left(\frac{-6}{q}\right) = 1$ 矛盾,所以方程(4)无正整

数解.

参考文献

[1]管训贵.关于不定方程 $4x^2 - py^2 = 1$[J].湖北民族学院学报(自然科学版),2011,29(1):46-48.

[2]管训贵.关于不定方程 $4x^2 - py^2 = 1$ 的一个注记[J].西安文理学院学报(自然科学版),2011,29(7):37-39.

[3]黄金贵.不定方程 $ax^2 - by^2 = 1$ 的整数解与一个猜想的解决[J].中学数学月刊,1994(9):12-14.

[4]杜先存,万飞,赵金娥.Pell 方程 $ax^2 - by^2 = 1$ 的最小解

［J］.湖北民族学院学报（自然科学版）,2012,30(1):35-38.

［5］杜先存.关于 Pell 方程 $Ax^2-(A\pm1)y^2=1(A\in \mathbf{Z}^*,A\geqslant 2)$［J］.保山学院学报,2012,31(2):57-59.

关于佩尔方程 $qx^2 - (qn \pm 2^k \cdot 3^l)y^2 = \pm 1 (k, l \in \mathbf{N}, n \in \mathbf{Z},$ q 是奇素数)[①]

① 选自《长沙大学学报》，2012 年第 26 卷第 5 期.

2012 年，红河学院教师教育学院的万飞和杜先存两位教授运用同余、平方剩余、勒让德符号的性质等初等方法给出了形如 $qx^2 - (qn \pm 2^k \cdot 3^l)y^2 = \pm 1(k, l \in \mathbf{N}, n \in \mathbf{Z}, q$ 是素数)型佩尔方程无正整数解的 12 个结论. 这些结论对研究狭义佩尔方程 $x^2 - Dy^2 = \pm 1(D$ 是非平方的正整数)起了重要作用.

1. 主要结论

定理 1 佩尔方程 $qx^2 - (qn \mp 2^{2s+1} \cdot 3^{2t})y^2 = \pm 1(s, t \in \mathbf{N}, n \in \mathbf{Z}, q \equiv \pm 3 \pmod 8$ 是奇素数)无正整数解.

上下排符号各表示一个方程，下同. 即上排符号表示方程 $qx^2 - (qn - 2^{2s+1} \cdot 3^{2t})y^2 = 1$，下排符号表示方程 $qx^2 - (qn + 2^{2s+1} \cdot 3^{2t})y^2 = -1$.

定理 2　佩尔方程 $qx^2 - (qn \pm 2^{2s+1} \cdot 3^{2t})y^2 = \pm 1(s,t \in \mathbf{N}, n \in \mathbf{Z}, q \equiv -1, -3(\mathrm{mod}\ 8)$ 是奇素数) 无正整数解.

定理 3　佩尔方程 $qx^2 - (qn \mp 2^{2s} \cdot 3^{2t+1})y^2 = \pm 1(s,t \in \mathbf{N}, n \in \mathbf{Z}, q \equiv 5,7(\mathrm{mod}\ 12)$ 是奇素数) 无正整数解.

定理 4　佩尔方程 $qx^2 - (qn \pm 2^{2s} \cdot 3^{2t+1})y^2 = \pm 1(s,t \in \mathbf{N}, n \in \mathbf{Z}, q \equiv -1(\mathrm{mod}\ 6)$ 是奇素数) 无正整数解.

定理 5　佩尔方程 $qx^2 - (qn \mp 2^{2s+1} \cdot 3^{2t+1})y^2 = \pm 1(s,t \in \mathbf{N}, n \in \mathbf{Z}, q \equiv \pm 7, \pm 11(\mathrm{mod}\ 24)$ 是奇素数) 无正整数解.

定理 6　佩尔方程 $qx^2 - (qn \pm 2^{2s+1} \cdot 3^{2t+1})y^2 = \pm 1(s,t \in \mathbf{N}, n \in \mathbf{Z}, q \equiv -1, -5, -7, -11(\mathrm{mod}\ 24)$ 是奇素数) 无正整数解.

2. 定理证明

(1) 定理 1 的证明.

证明　对佩尔方程

$$qx^2 - (qn \mp 2^{2s+1} \cdot 3^{2t})y^2 = \pm 1$$

$(s,t \in \mathbf{N}, n \in \mathbf{Z}, q \equiv \pm 3(\mathrm{mod}\ 8)$ 是奇素数) (1)

两边取模 q 得，$\pm 2^{2s+1} \cdot 3^{2t}y^2 \equiv \pm 1(\mathrm{mod}\ q)$，即 $(2^{s+1} \cdot 3^t)^2 y^2 \equiv 2(\mathrm{mod}\ q)$，则有模 q 的勒让德符号 $\left(\dfrac{2}{q}\right) = 1$.

因 $q \equiv \pm 3(\mathrm{mod}\ 8)$，则有 $\left(\dfrac{2}{q}\right) = -1$，矛盾，所以方程(1) 无正整数解.

(2) 定理 2 的证明.

证明　对佩尔方程

$$qx^2 - (qn \mp 2^{2s+1} \cdot 3^{2t})y^2 = \pm 1$$

$$(s,t \in \mathbf{N}, n \in \mathbf{Z}, q \equiv -1, -3 \pmod 8) \text{ 是奇素数})$$

$$(2)$$

两边取模 q 得，$\mp 2^{2s+1} \cdot 3^{2t}y^2 \equiv \pm 1 \pmod q$，即 $(2^{s+1} \cdot 3^t)^2 y^2 \equiv -2 \pmod q$，则有模 q 的勒让德符号 $\left(\dfrac{-2}{q}\right) = 1$.

因 $q \equiv -1, -3 \pmod 8$，则有 $\left(\dfrac{-2}{q}\right) = -1$，矛盾.

所以方程(2)无正整数解.

(3) 定理 3 的证明.

证明　对佩尔方程

$$qx^2 - (qn \mp 2^{2s} \cdot 3^{2t+1})y^2 = \pm 1$$

$$(s,t \in \mathbf{N}, n \in \mathbf{Z}, q \equiv 5, 7 \pmod{12} \text{ 是奇素数})$$

$$(3)$$

两边取模 q 得，$\pm 2^{2s} \cdot 3^{2t+1}y^2 \equiv \pm 1 \pmod q$，即 $(2^s \cdot 3^{t+1})^2 y^2 \equiv 3 \pmod q$，则有模 q 的勒让德符号 $\left(\dfrac{3}{q}\right) = 1$.

因 $q \equiv 5, 7 \pmod{12}$，则有 $\left(\dfrac{3}{q}\right) = -1$，矛盾，所以方程(3)无正整数解.

(4) 定理 4 的证明.

证明　对佩尔方程

$$qx^2 - (qn \pm 2^{2s} \cdot 3^{2t+1})y^2 = \pm 1$$

$$(s,t \in \mathbf{N}, n \in \mathbf{Z}, q \equiv -1 \pmod 6 \text{ 是奇素数}) \quad (4)$$

两边取模 q 得，$\mp 2^{2s} \cdot 3^{2t+1}y^2 \equiv \pm 1 \pmod q$，即 $(2^s \cdot 3^{t+1})^2 y^2 \equiv -3 \pmod q$，则有模 q 的勒让德符号

$$\left(\frac{-3}{q}\right)=1.$$

因 $q\equiv-1(\bmod 6)$，则有 $\left(\dfrac{-3}{q}\right)=-1$，矛盾，所以方程$(4)$无正整数解.

(5)定理 5 的证明.

证明　对佩尔方程

$$qx^2-(qn\mp 2^{2s+1}\cdot 3^{2t+1})y^2=\pm 1$$

$$(s,t\in \mathbf{N},n\in \mathbf{Z},q\equiv\pm 7,\pm 11(\bmod 24)\ \text{是奇素数})$$

$$(5)$$

两边取模 q 得，$\pm 2^{2s+1}\cdot 3^{2t+1}y^2\equiv\pm 1(\bmod q)$，即 $(2^{s+1}\cdot 3^{t+1})^2y^2\equiv 6(\bmod q)$，则有模 q 的勒让德符号 $\left(\dfrac{6}{q}\right)=1.$

因 $q\equiv\pm 7,\pm 11(\bmod 24)$，则有 $\left(\dfrac{6}{q}\right)=-1$，矛盾. 所以方程$(5)$无正整数解.

(6)定理 6 的证明.

证明　对佩尔方程

$$qx^2-(qn\pm 2^{2s+1}\cdot 3^{2t+1})y^2=\pm 1$$

$$(s,t\in \mathbf{N},n\in \mathbf{Z},q\equiv-1,-5,-7,-11(\bmod 24)\ \text{是奇素数})$$

$$(6)$$

两边取模 q 得，$\mp 2^{2s+1}\cdot 3^{2t+1}y^2\equiv\pm 1(\bmod q)$，即 $(2^{s+1}\cdot 3^{t+1})^2y^2\equiv 6(\bmod q)$，则有模 q 的勒让德符号 $\left(\dfrac{-6}{q}\right)=1.$

因 $q\equiv-1,-5,-7,-11(\bmod 24)$，则有 $\left(\dfrac{-6}{q}\right)=-1$，矛盾. 所以方程$(6)$无正整数解.

参考文献

[1] 杜先存,普粉丽,赵金娥.几种特殊情形下 Pell 方程 $x^2 - Dy^2 = 1$ 的最小解计算公式[J].西安文理学院学报(自然科学版),2012(3):29-32.

[2] 杜先存,史家银,赵金娥.关于 Pell 方程 $x^2 - 5(5n \pm 2)y^2 = -1(n \equiv -1(\bmod 4))$[J].湖北民族学院学报(自然科学版),2012(2):179-181.

[3] 杜先存.关于 Pell 方程 $Ax^2 - (A \pm 1)y^2 = 1(A \in \mathbf{Z}^*, A \geqslant 2)$[J].保山学院学报,2012(2):57-59.

[4] 杜先存,万飞,赵金娥.Pell 方程 $ax^2 - by^2 = 1$ 的最小解[J].湖北民族学院学报(自然科学版),2012(1):35-38.

[5] 杜先存,万飞,赵金娥.关于 Pell 方程 $qx^2 - (qn \pm 6)y^2 = \pm 1(q$ 是素数)[J].周口师范学院学报,2012(4):1-2.

[6] 杜先存,赵金娥.关于 Pell 方程 $ax^2 - mqy^2 = \pm 1(m \in \mathbf{Z}^*, a$ 为奇数,q 为素数)[J].沈阳大学学报(自然科学版),2012(3):28-30.

关于佩尔方程 $x^2-(4n+2)y^2=$ -1 的解的几个判别方法^①

第二十三章

通常的佩尔方程指形如 $x^2-Dy^2=$ ±1 或 $x^2-Dy^2=\pm4(x,y\in\mathbf{Z},D$ 是一个非完全平方的正整数) 的不定方程,广义的佩尔方程是上述形式的推广,它具有以下两种基本形式:

$x^2-Dy^2=C(x,y,C\in\mathbf{Z},D$ 是一个非完全平方的正整数);

$ax^2-by^2=\pm1,\pm2$ 或 $\pm4(x,$ $y\in\mathbf{Z},ab\in\mathbf{Z}^*,a,b$ 是非完全平方的正整数).

佩尔方程经过许多人的研究,不仅在理论上已日臻成熟,而且其应用价值也在不断被挖掘.在现实生活中,关于佩尔方程的应用也非常广泛,在其他一些领域,如计算机科学、电子学、信号的数字处理等方面,也应用到佩尔方程的相关知识.佩尔方程的理论成果在丢番图逼

① 选自《沈阳大学学报(自然科学版)》,2012 年第 24 卷第 5 期.

近理论及代数数论中起着十分重要的作用,并且对于解决一类丢番图方程解的存在性问题有着很大的帮助.

关于广义佩尔方程 $x^2 - Dy^2 = C$ 的解的问题,文献[1]已有一些结果.关于广义佩尔方程 $ax^2 - by^2 = 1$ 的解的问题,文献[2]已有一些结果,关于佩尔方程

$$x^2 - Dy^2 = -1 \quad (D > 0,且不是完全平方数)$$

$$(*)$$

的整数解的问题,文献[3-5]已有如下结果:

定理 1′[3]　当 $D \equiv 1 \pmod 4$ 时,方程(*)有整数解.

定理 2′[4]　当 $\dfrac{D}{2} \equiv 5 \pmod 8$ 且 $\dfrac{D}{2}$ 为素数时,方程(*)有正整数解.

定理 3′[5]　当 $D \equiv 3 \pmod 4$ 或 D 含有 $4m+3$ 型素因子时,方程(*)无整数解.

定理 4′[5]　当 $D \equiv 0 \pmod 4$ 时,方程(*)无整数解.

定理 5′[5]　当 $\dfrac{D}{2} \equiv 1 \pmod 8$ 且 $\dfrac{D}{2}$ 为素数时,若 $D = r^2 + s^2$(其中 r,s 为奇数),如果 $r \equiv \pm 3 \pmod 8$,$s \equiv \pm 3 \pmod 8$,则方程(*)无整数解.

对于 $D \equiv 2 \pmod 4$ 的情形,即佩尔方程(*)变为

$$x^2 - (4n+2)y^2 = -1 \qquad (**)$$

则比较复杂,红河学院的杜先存和赵金娥两位教授在 2012 年就佩尔方程(**)的解进行讨论.

1. 预备知识

引理 1[6]　当 $n \in \mathbf{Z}^*$ 时,一切大于 2 的质数,不是

215

形如 $4n+1$ 的数就是形如 $4n-1$ 的数.

引理 2[6]　当 $n\in \mathbf{Z}^*$ 时,任意多个形如 $4n+1$ 的数的积仍是形如 $4n+1$ 的数.

2. 相关定理及证明

(1)n 为奇数的情形.

定理 1　当 n 为奇数且 $2n+1$ 为素数时,方程(＊＊)无整数解.

证明　当 n 为奇数时,令 $n=2k+1(k\in \mathbf{N})$,则方程(＊＊)为 $x^2-(8k+6)y^2=-1$,即

$$x^2-2(4k+3)y^2=-1 \tag{1}$$

因为 $2n+1$ 为素数,所以 $4k+3$ 为素数.由定理 $3'$ 得,式(1)无整数解,故方程(＊＊)无整数解.

定理 2　当 n 为奇数且 $2n+1$ 为合数时,方程(＊＊)无整数解.

证明　当 n 为奇数时,令 $n=2k+1(k\in \mathbf{N})$,则方程(＊＊)为 $x^2-(8k+6)y^2=-1$,即

$$x^2-2(4k+3)y^2=-1$$

因为 $2n+1$ 为合数,所以 $4k+3$ 为合数.

设 $4k+3=\prod_{i=1}^{s}p_i(p_i$ 为质数,$i=1,2,\cdots,s)$,则由引理 1,得 $p_i(i=1,2,\cdots,s)$ 不是形如 $4n+1$ 就是形如 $4n-1$ 的数.若 $p_i(i=1,2,\cdots,s)$ 全为 $4n+1$ 型,则由引理 2,得 $\prod_{i=1}^{s}p_i$ 仍是 $4n+1$ 型的数,这与"$4k+3(=4(k+1)-1)$ 是 $4n-1$ 型的数"矛盾,故 $p_i(i=1,2,\cdots,s)$ 中至少有一个是 $4n-1(=4(n-1)+3)$ 型的数,即 $4k+3$ 中至少有一个是 $4m+3$ 型的素因子.因此,由定理 $3'$,得式(1)无整数解,故方程(＊＊)无整数解.

(2)n 为偶数的情形.

定理 3　当 n 为偶数且 $3\mid(2n+1)$ 时,方程（＊＊）无整数解.

证明　当 n 为偶数时,令 $n=2k(k\in\mathbf{N})$,则方程（＊＊）为 $x^2-(8k+2)y^2=-1$,即

$$x^2-2(4k+1)y^2=-1 \qquad (2)$$

由 $3\mid(2n+1)$,得 $3\mid(4k+1)$,则 $k=3k'+2$,故 $4k+1=4(3k'+2)+1=12k'+9=3(4k'+3)$. 因此,由定理 $3'$,得式(2)无整数解,故方程（＊＊）无整数解.

定理 4　当 n 为偶数且 $2n+1$ 中含有 $4m+3$ 型素因子时,方程（＊＊）无整数解.

证明　当 n 为偶数时,令 $n=2k(k\in\mathbf{N})$,则方程（＊＊）为 $x^2-(8k+2)y^2=-1$,即

$$x^2-2(4k+1)y^2=-1$$

由于 $2n+1$ 中含有 $4m+3$ 型素因子,则 $8k+2$ 中含有 $4m+3$ 型素因子. 因此,由定理 $3'$,得式(2)无整数解,故方程（＊＊）无整数解.

定理 5　当 $4\mid n$ 且 $2n+1$ 为素数时,若存在奇数 a,b 满足 $4n+2=a^2+b^2$,且 $a\equiv\pm 3(\bmod 8)$,$b\equiv\pm 3(\bmod 8)$,则方程（＊＊）无整数解.

证明　因为 $4\mid n$,令 $n=4k(k\in\mathbf{N})$,则 $2n+1=8k+1$,故 $2n+1\equiv 1(\bmod 8)$. 又因为 $2n+1$ 为素数,且存在奇数 a,b 满足 $4n+2=a^2+b^2$,且 $a\equiv\pm 3(\bmod 8)$,$b\equiv\pm 3(\bmod 8)$,因此,由定理 $5'$,得方程（＊＊）无整数解.

定理 6　当 $2\parallel n$ 且 $2n+1$ 为素数时,方程（＊＊）有正整数解.

证明　因为 $2\parallel n$,令 $n=2k(k$ 是单数),则方程

（＊＊）为 $x^2-(8k+2)y^2=-1$，即

$$x^2-2(4k+1)y^2=-1$$

因为 k 为单数，设 $k=2k'+1(k'\in\mathbf{N})$，则 $2n+1=4k+1=8k'+5$，所以 $8k'+5\equiv5(\bmod 8)$，即 $2n+1\equiv5(\bmod 8)$．又因为 $2n+1$ 为素数，故由定理 $2'$，得式（2）有正整数解，所以方程（＊＊）有正整数解．

3. 实例

例 判断下列方程是否有解：

①$x^2-22y^2=-1$；②$x^2-30y^2=-1$；

③$x^2-42y^2=-1$；④$x^2-18y^2=-1$；

⑤$x^2-34y^2=-1$；⑥$x^2-26y^2=-1$

解 ① 因为 $22=2\cdot11=2\cdot(2\cdot5+1)$，5 为奇数，故由定理 1，得 $x^2-22y^2=-1$ 无整数解．

② 因为 $30=2\cdot15=2\cdot(2\cdot7+1)$，7 为奇数且 $15=3\cdot5$，故 15 中含素因数 3 和 5，故由定理 2，得 $x^2-30y^2=-1$ 无整数解．

③ 因为 $42=2\cdot21=2\cdot(2\cdot10+1)$，10 为偶数且 $3\mid21$，故由定理 3，得 $x^2-42y^2=-1$ 无整数解．

④ 因为 $18=2\cdot9=2\cdot(2\cdot4+1)$，4 为偶数且 9 中含素因数 3，故由定理 4，得 $x^2-18y^2=-1$ 无整数解．

⑤ 因为 $34=2\cdot17=2\cdot(2\cdot8+1)$，8 为偶数且 $34=3^2+5^2$，$3\equiv3(\bmod 8)$，$5\equiv-3(\bmod 8)$，故由定理 5，得 $x^2-34y^2=-1$ 无整数解．

⑥ 因为 $26=2\cdot13=2\cdot(2\cdot6+1)$，$2\parallel6$，又 13 为质数，故由定理 6，得 $x^2-26y^2=-1$ 有正整数解．

参考文献

［1］赵丕卿，赵刚堂．Pell方程$x^2-(a^2-1)y^2=k$的解集［J］．沈阳大学学报，2009，21（5）：107-110．

［2］杜先存,万飞,赵金娥.Pell 方程 $ax^2 - by^2 = 1$ 的最小解［J］.湖北民族学院学报,2012,30(1):35-38.

［3］柯召,孙琦.谈谈不定方程［M］.哈尔滨:哈尔滨工业大学出版社,2011:22-23.

［4］曹珍富.不定方程及其应用［M］.上海:上海交通大学出版社,2007:2-4.

［5］曹珍富.丢番图方程引论［M］.哈尔滨:哈尔滨工业大学出版社,1989:160-161.

［6］王进明.初等数论［M］.北京:人民教育出版社,2002:27.

关于佩尔方程 $qx^2 - (qn \pm 3)y^2 = \pm 1(q \equiv \pm 1(\mod 6)$ 是素数)[①]

第二十四章

通常的佩尔方程指形如 $x^2 - Dy^2 = \pm 1, \pm 4(x, y \in \mathbf{Z}, D$ 是一个非完全平方的正整数) 的不定方程,广义的佩尔方程是上述形式的推广,它具有以下两种基本形式:

$x^2 - Dy^2 = C(x, y, C \in \mathbf{Z}, D$ 是一个非完全平方的正整数);

$ax^2 - by^2 = \pm 1, \pm 2, \pm 4(x, y \in \mathbf{Z}, a, b \in \mathbf{Z}^*, ab$ 是非完全平方的正整数).

佩尔方程经过无数人的研究,不仅在理论上已日臻成熟,而且它的应用价值也在不断被挖掘,在现实生活中关于佩尔方程的应用也非常广泛,在其他一些领域诸如计算机科学、电子学、信号的数字处理等方面也应用到佩尔方程的相关知识.佩尔方程的理论成果在丢番图

---

① 选自《文山学院学报》,2012 年第 25 卷第 6 期.

逼近理论及代数数论中起着十分重要的作用并且对于解决一类丢番图方程解的存在性问题,有着很大的帮助.

关于佩尔方程 $ax^2 - by^2 = \pm 1$ 的整数解问题,文献[1-6]已有一些结果,红河学院教师教育学院的万飞和杜先存两位教授在 2012 年研究了 $qx^2 - (qn \pm 3)y^2 = \pm 1(q \equiv \pm 1(\bmod 6))$ 型佩尔方程的解的情况.

1. 主要结论

定理 1 佩尔方程 $qx^2 - (qn - 3)y^2 = 1(q \equiv 5,7(\bmod 12)$ 是素数)无正整数解.

定理 2 佩尔方程 $qx^2 - (qn + 3)y^2 = -1(q \equiv 5,7(\bmod 12)$ 是素数)无正整数解.

定理 3 佩尔方程 $qx^2 - (qn - 3)y^2 = -1(q \equiv -1(\bmod 6)$ 是素数)无正整数解.

定理 4 佩尔方程 $qx^2 - (qn + 3)y^2 = 1(q \equiv -1(\bmod 6)$ 是素数)无正整数解.

2. 定理证明

(1)定理 1 的证明.

证明 对佩尔方程

$$qx^2 - (qn - 3)y^2 = 1 \quad (q \equiv 5,7(\bmod 12) \text{ 是素数})$$
$$(1)$$

两边取模 q 得,$3y^2 \equiv 1(\bmod q)$,则有模 q 的勒让德符号 $\left(\dfrac{3}{q}\right) = 1$.

因 $q \equiv 5,7(\bmod 12)$,而 $\left(\dfrac{3}{q}\right) = (-1)^{\frac{3-1}{2} \cdot \frac{q-1}{2}}\left(\dfrac{q}{3}\right)$,则:

221

当 $q \equiv 5(\bmod\ 12)$ 时，有 $\left(\dfrac{3}{q}\right) = \left(\dfrac{3}{12k+5}\right) =$

$(-1)^{\frac{3-1}{2}\cdots\frac{12k+5-1}{2}} \cdot \left(\dfrac{12k+5}{3}\right) = \left(-\dfrac{1}{3}\right) = -1;$

当 $q \equiv 7(\bmod\ 12)$ 时，有 $\left(\dfrac{3}{q}\right) = \left(\dfrac{3}{12k+7}\right) =$

$(-1)^{\frac{3-1}{2}\cdots\frac{12k+7-1}{2}} \cdot \left(\dfrac{12k+7}{3}\right) = -\left(\dfrac{1}{3}\right) = -1.$

故当 $q \equiv 5,7(\bmod\ 12)$ 时，有 $\left(\dfrac{3}{q}\right) = -1$，矛盾. 所以方程（1）无正整数解.

（2）定理 2 的证明.

证明 对佩尔方程

$$qx^2 - (qn-3)y^2 = -1 \quad (q \equiv 5,7(\bmod\ 12) 是素数)$$
$$(2)$$

两边取模 q 得，$-3y^2 \equiv -1(\bmod\ q)$，即 $3y^2 \equiv 1(\bmod\ q)$，则有模 q 的勒让德符号 $\left(\dfrac{3}{q}\right) = 1.$

又 $q \equiv 5,7(\bmod\ 12)$，故 $\left(\dfrac{3}{q}\right) = -1$，矛盾.

所以方程（2）无正整数解.

（3）定理 3 的证明.

证明 对佩尔方程

$$qx^2 - (qn-3)y^2 = -1 \quad (q \equiv -1(\bmod\ 6) 是素数)$$
$$(3)$$

两边取模 q 得，$3y^2 \equiv -1(\bmod\ q)$，则有模 q 的勒让德符号 $\left(\dfrac{-3}{q}\right) = 1.$

因 $q \equiv 5,11(\bmod\ 12)$，而 $\left(\dfrac{-3}{q}\right) = \left(\dfrac{-1}{q}\right)\left(\dfrac{3}{q}\right)$，则：

当 $q \equiv 5(\bmod\ 12)$ 时，有 $\left(\dfrac{-1}{q}\right) = (-1)^{\frac{q-1}{2}} =$

$(-1)^{6k+2} = 1,\left(\dfrac{3}{q}\right) = -1$；

当 $q \equiv 11(\bmod\ 12)$ 时，有 $\left(\dfrac{-1}{q}\right) = (-1)^{\frac{q-1}{2}} =$

$(-1)^{6k+5} = -1,\left(\dfrac{3}{q}\right) = (-1)^{\frac{3-1}{2}\cdots\frac{12k+11-1}{2}} \cdot \left(\dfrac{12k+11}{3}\right) =$

$-\left(-\dfrac{1}{3}\right) = 1.$

故当 $q \equiv 5,11(\bmod\ 12)$ 时，有 $\left(\dfrac{-3}{q}\right) = -1$，矛盾.

所以方程（3）无正整数解.

（4）定理 4 的证明.

证明　对佩尔方程

$$qx^2 - (qn + 3)y^2 = 1 \quad (q \equiv -1(\bmod\ 6)\ \text{是素数}) \tag{4}$$

两边取模 q 得，$-3y^2 \equiv 1(\bmod\ q)$，即 $3y^2 \equiv -1(\bmod\ q)$.

则有模 q 的勒让德符号 $\left(\dfrac{-3}{q}\right) = 1.$

又当 $q \equiv 5,11(\bmod\ 12)$ 时，有 $\left(\dfrac{-3}{q}\right) = -1$，矛盾.

所以方程（4）无正整数解.

以上运用勒让德符号和同余的性质给出了形如 $qx^2 - (qn \pm 3)y^2 = \pm 1 (q \equiv \pm 1(\bmod\ 6)\ \text{是素数})$ 型广义佩尔方程无正整数解的四个结论. 这些结论对我们研究狭义佩尔方程 $x^2 - dy^2 = \pm 1 (D\ \text{是非平方的正整数})$ 的解的情况起了重要作用. 关于其他形如 $ax^2 - by^2 = \pm 1 (x,y \in \mathbf{Z}, a,b \in \mathbf{Z}^*,ab\ \text{是非完全平方的正整数})$ 型广义佩尔方程的解的情况有待进一步研究.

参考文献

[1] 杜先存,黄梅,赵金娥.关于 Pell 方程 $px^2 - (pn \pm 2)y^2 = -1(p \equiv -1, \pm 3(\bmod 8)$ 是素数)[J].重庆工商大学学报(自然科学版),2012(9):5-7.

[2] 杜先存,万飞,赵金娥.Pell 方程 $ax^2 - by^2 = 1$ 的最小解[J].湖北民族学院学报(自然科学版),2012(1):35-38.

[3] 杜先存.关于 Pell 方程 $Ax^2 - (A \pm 1)y^2 = 1(A \in \mathbf{Z}^*, A \geqslant 2)$[J].保山学院学报,2012(2):57-59.

[4] 杜先存,赵金娥.关于 Pell 方程 $ax^2 - mqy^2 = \pm 1(m \in \mathbf{Z}^*, a$ 为奇数,q 为素数)[J].沈阳大学学报,2012(3):32-34.

[5] 杜先存,万飞,赵金娥.关于 Pell 方程 $qx^2 - (qn \pm 6)y^2 = \pm 1(q$ 是素数)[J].周口师范学院学报,2012(5):1-2.

[6] 杜先存,万飞,赵金娥.关于 Pell 方程 $ax^2 - mqy^2 = \pm 1(m \in \mathbf{Z}^*, 2 \mid a, q \equiv \pm 1(\bmod 4)$ 是素数)[J].重庆工商大学学报(自然科学版),2012(10):11-15.

关于佩尔方程 $x^2 - p(pn \pm 2)y^2 = -1(q \equiv -3 \pmod 8)$[①]

关于佩尔方程 $x^2 - aby^2 = -1(ab$ 是非完全平方的正整数)的整数解问题，文[1-7]已有一些结果，主要结果如下：

定理 1'[1]   设 $p > 3$ 是一个费马素数，则佩尔方程 $x^2 - 5py^2 = -1$ 有正整数解.

定理 2'[2]   佩尔方程 $x^2 - 2py^2 = -1(p \equiv 1 \pmod 8$ 是素数）有正整数解.

定理 3'[3]   设 $p \equiv 1 \pmod 8$ 是一个素数，$2p = r^2 + s^2$，如果 $r = a^2, s = b^2$，$r \equiv 3 \pmod 8$，且奇数 a, b 满足 $a \equiv \pm 3 \pmod 8, b \equiv \pm 3 \pmod 8$，则方程 $x^2 - 2py^2 = -1$ 无正整数解.

红河学院教师教育学院的杜先存，

曲靖师范学院教师教育学院的钱立凯及红河学院数学系的赵金娥三位教授在 2013 年探讨了形如 $x^2 - p(pn \pm 2)y^2 = -1$ ($n \equiv -1 \pmod 4$, $p \equiv -3 \pmod 8$ 为素数、$pn \pm 2$ 为素数) 型佩尔方程的解的情况.

1. 主要结论

定理 佩尔方程
$$x^2 - p(pn \pm 2)y^2 = -1$$
($n \equiv -1 \pmod 4$, $p \equiv -3 \pmod 8$ 为素数,

$pn \pm 2$ 为素数) （ * ）

有正整数解.

2. 定理的证明

证明 设 (x_0, y_0) 是
$$x^2 - p(pn \pm 2)y^2 = 1$$
$$(n \equiv -1 \pmod 4,$$
$$p \equiv -3 \pmod 8 \text{ 为素数},$$
$$pn \pm 2 \text{ 为素数}) \qquad (* *)$$

的基本解.

因为 $p \equiv -3 \pmod 8$, 故 $p \equiv 1 \pmod 4$.

又 $n \equiv -1 \pmod 4$, 则 $pn \equiv -1 \pmod 4$, $pn \pm 2 \equiv 1 \pmod 4$.

所以 $p(pn \pm 2) \equiv 1 \pmod 4$, 所以 $-p(pn \pm 2) \equiv -1 \pmod 4$.

若 y_0 为偶数, 则 $y_0^2 \equiv 0 \pmod 4$, 此时 $-p(pn \pm 2)y_0^2 \equiv 0 \pmod 4$;

若 y_0 为奇数, 则 $y_0^2 \equiv 1 \pmod 4$, 此时 $-p(pn \pm 2)y_0^2 \equiv -1 \pmod 4$.

若 x_0 为偶数, 则 $x_0^2 \equiv 0 \pmod 4$, 此时方程

（∗∗）左边为 $x^2 - p(pn \pm 2)y^2 \equiv -1, 0 (\bmod 4)$，而方程（∗∗）右边为 $1 \equiv 1 (\bmod 4)$，显然矛盾，故 x_0 只有为奇数，则 $x_0 \equiv 1 (\bmod 2)$。

所以 $2 \mid (x_0 - 1), 2 \mid (x_0 + 1), x_0^2 - 1 \equiv 0 (\bmod 4)$，故 $\dfrac{x_0 - 1}{2} \in \mathbf{N}, \dfrac{x_0 + 1}{2} \in \mathbf{Z}^*$。

又 $x_0^2 - 1 = p(pn \pm 2)y_0^2$，而 $p(pn \pm 2) \equiv 1 (\bmod 4)$，故 $p(pn \pm 2)$ 为奇数，而 $x_0^2 - 1$ 为偶数，故 y_0^2 为偶数，得 y_0 为偶数，故 $\dfrac{y_0}{2} \in \mathbf{Z}^*$。

由 $x_0^2 - 1 = p(pn \pm 2)y_0^2$，得 $(x_0 - 1)(x_0 + 1) = p(pn \pm 2)y_0^2$，所以有

$$\frac{x_0 - 1}{2} \cdot \frac{x_0 + 1}{2} = \frac{x_0^2 - 1}{4} = p(pn \pm 2)\left(\frac{y_0}{2}\right)^2$$

故得出

$$\frac{x_0 + 1}{2} = D_1 u^2, \frac{x_0 - 1}{2} = D_2 v^2, y_0 = 2uv \quad (u, v \in \mathbf{Z}^*) \tag{1}$$

这里 $D_1 D_2 = p(pn \pm 2)$。

由式（1）的前两式推出

$$D_1 u^2 - D_2 v^2 = 1 \qquad (\ast \ast \ast)$$

若 $D_1 = 1$，则 $u + v\sqrt{D}$ 是方程（∗∗∗）的一组解，即为方程（∗∗）的一组解，又 $y_0 = 2uv(u, v \in \mathbf{Z}^*)$，则 $0 < u, v < y_0$，故 $0 < v < y_0$，这与假设"(x_0, y_0) 是方程（∗∗）的基本解"矛盾. 故 $D_1 = 1$ 不成立，所以 $D_1 > 1$。

若 $D_2 = 1$，则 (u, v) 为方程（∗∗∗）的一组解，故 (v, u) 为方程（∗）的一组解，故方程（∗）有解.

现证 $D_1 > 1, D_2 > 1$ 时，方程（∗∗∗）不成立.

由于 $D_1 > 1, D_2 > 1$，而 $p, pn \pm 2$ 为素数，故 D_1, D_2 为素数.

当 $D_1 = p, D_2 = pn \pm 2$ 时，方程（＊＊＊）为

$$pu^2 - (pn \pm 2)v^2 = 1 \qquad (2)$$

对式（2）两边取模 p，得 $-(pn \pm 2)v^2 \equiv 1(\bmod\ p)$，则

$\left(\dfrac{-pn \mp 2}{p}\right) = 1.$ 但

$$\left(\frac{-pn \mp 2}{p}\right) = \left(\frac{\mp 2}{p}\right) = \left(\frac{\mp 1}{p}\right)\left(\frac{2}{p}\right) \qquad (3)$$

又 $p \equiv -3(\bmod\ 8)$，则 $\left(\dfrac{-1}{p}\right) = (-1)^{\frac{p-1}{2}} = 1$,

$\left(\dfrac{2}{p}\right) = (-1)^{\frac{p^2-1}{8}} = -1$，而 $\left(\dfrac{1}{p}\right) = 1$，故 $\left(\dfrac{\mp 1}{p}\right) = 1$，所以

式（3）为 $\left(\dfrac{-pn \mp 2}{p}\right) = \left(\dfrac{\mp 1}{p}\right)\left(\dfrac{2}{p}\right) = -1$，矛盾.

故 $D_1 = p, D_2 = pn \pm 2$ 时，方程（＊＊＊）无解.

当 $D_2 = p, D_1 = pn \pm 2$ 时，方程（＊＊＊）为

$$(pn \pm 2)u^2 - pv^2 = 1 \qquad (4)$$

对方程（4）两边取模 p，得 $(pn \pm 2)v^2 \equiv 1(\bmod\ p)$，则

$\left(\dfrac{pn \pm 2}{p}\right) = 1.$

但 $\left(\dfrac{pn \pm 2}{p}\right) = \left(\dfrac{\pm 2}{p}\right) = \left(\dfrac{\pm 1}{p}\right)\left(\dfrac{2}{p}\right) = 1 \times (-1) = $

-1，矛盾.

故 $D_2 = p, D_1 = pn \pm 2$ 时，方程（＊＊＊）无解.

所以 $D_1u^2 - D_2v^2 = 1$ 方程（＊＊＊）当且仅当 $D_2 = 1$ 时，即 $p(pn \pm 2)u^2 - v^2 = 1$ 有解，(u,v) 为 $p(pn \pm 2)u^2 - v^2 = 1$ 的一组解，此时 (v,u) 为方程（＊） 的一组解，故方程（＊）有正整数解.

参考文献

[1] 管训贵. 关于 Pell 方程 $x^2-5py^2=-1$[J]. 西安文理学院学报,2010(3):32-33.

[2] 陈克瀛. Pell 方程 $x^2-2py^2=-1(p\equiv1(\mathrm{mod}\ 8)$ 是素数)[J]. 温州师范学院学报,1998(3):1-4.

[3] 陈克瀛. 关于 Pell 方程 $x^2-2py^2=-1$[J]. 温州师范学院学报,1996(6):17-19.

[4] 郑惠,杨仕春. 关于 Pell 方程 $x^2-Dy^2=-1$ 可解性的一个判别条件[J]. 西南民族大学学报(自然科学版),2011,37(4):48-50.

[5] 柳杨. 关于不定方程 $x^2-Dy^2=-1$ 的解的确定[J]. 云南民族大学学报,2006,15(2):91-92,95.

[6] 刘清,陈秉龙. 关于 Pell 方程 $x^2-Dy^2=\pm1$ 的一个判别条件解法[J]. 农垦师专学报,1997(4):53-56.

[7] 邓波. 关于 Pell方程 $x^2-dy^2=-1$ 的几个结果[J]. 贵州科学,1994,12(4):64-66.

关于佩尔方程 $x^2 - 5py^2 = -1$ [①]

第二十六章

文[1]给出了佩尔方程 $x^2 - py^2 = -1$ 在 $p \equiv 1 \pmod 4$ 是素数时有正整数解；并给出了佩尔方程 $x^2 - 2py^2 = -1$ 在 p 是素数，且 $2p = r^2 + s^2$，$r \equiv \pm 3 \pmod 8$，$s \equiv \pm 3 \pmod 8$ 时无正整数解.

泰州师范高等专科学校数理系的管训贵教授在 2010 年给出如下定理.

定理 设 $p > 3$ 是一个费马素数，则佩尔方程

$$x^2 - 5py^2 = -1 \qquad (1)$$

有正整数解.

1. 关键性引理

引理[2] 若 a, b, c, d 均为非负整数，且 $\alpha = a + b\sqrt{N}$，$\beta = c + d\sqrt{N}$ 都是 $x^2 - Ny^2 = 1$ 的解，则 $\alpha < \beta$ 当且仅当 $b < d$.

---

① 选自《西安文理学院学报（自然科学版）》，2010 年第 13 卷第 3 期.

证明　易知 $b^2 = \dfrac{a^2-1}{N}, d^2 = \dfrac{c^2-1}{N}$. 假设 $\alpha < \beta$,

若有 $b \geqslant d$, 则 $a \geqslant c$, 故 $\alpha \geqslant \beta$ 与 $\alpha < \beta$ 矛盾. 反之, 若

$b < d$, 则 $a < c$, 于是 $\alpha < \beta$.

2. 定理的证明

设 $x_0 + y_0\sqrt{5p}$ 是方程 $x^2 - 5py^2 = 1$ 的基本解.

显然 $x_0 \equiv 1(\bmod\ 2)$, 否则 $x_0^2 - 5py_0^2 \equiv -1$ 或

$0(\bmod\ 4)$, 得到矛盾结果. 因此 $x_0 \equiv 1(\bmod\ 2), y_0 \equiv$

$0(\bmod\ 2)$.

由于 $\dfrac{x_0+1}{2} \cdot \dfrac{x_0-1}{2} = \dfrac{x_0^2-1}{4} = \dfrac{5py_0^2}{4} = 5p\left(\dfrac{y_0}{2}\right)^2$

且 $\left(\dfrac{x_0+1}{2}, \dfrac{x_0-1}{2}\right) = 1$, 故

$$\frac{x_0+1}{2} = 5y_1^2, \frac{x_0-1}{2} = py_2^2, y_0 = 2y_1y_2 \qquad (2)$$

或

$$\frac{x_0+1}{2} = py_1^2, \frac{x_0-1}{2} = 5y_2^2, y_0 = 2y_1y_2 \qquad (3)$$

或

$$\frac{x_0+1}{2} = y_1^2, \frac{x_0-1}{2} = 5py_2^2, y_0 = 2y_1y_2 \qquad (4)$$

或

$$\frac{x_0+1}{2} = 5py_1^2, \frac{x_0-1}{2} = y_2^2, y_0 = 2y_1y_2 \qquad (5)$$

这里 y_1, y_2 均为正整数, 且 $(y_1, y_2) = 1$.

由式(2)知

$$5y_1^2 - py_2^2 = 1 \qquad (6)$$

推得 $-py_2^2 \equiv 1(\bmod\ 5)$, 即勒让德符号值 $\left(\dfrac{-p}{5}\right) = 1$.

但 $\left(\dfrac{-p}{5}\right)=\left(\dfrac{-1}{5}\right)\left(\dfrac{p}{5}\right)=(-1)^{\frac{5-1}{2}}\cdot\left(\dfrac{2}{5}\right)=\left(\dfrac{2}{5}\right)=$

$(-1)^{\frac{5^2-1}{8}}=-1$，矛盾．故式（6）无正整数解．由式（3）知

$$py_1^2-5y_2^2=1 \qquad (7)$$

推得 $py_1^2\equiv 1(\bmod 5)$，即勒让德符号值 $\left(\dfrac{p}{5}\right)=1$．

但 $\left(\dfrac{p}{5}\right)=\left(\dfrac{2}{5}\right)=-1$，矛盾．故方程（7）无正整

数解．

由式（4）知

$$y_1^2-5py_2^2=1 \qquad (8)$$

因为 $y_2=\dfrac{y_0}{2y_1}<y_0$，式（8）表明 $y_1+y_2\sqrt{5p}$ 也是

$x^2-5py^2=1$ 的一个正整数解且 $y_2<y_0$，但由引理知

$y_1+y_2\sqrt{5p}<x_0+y_0\sqrt{5p}$，这与 $x_0+y_0\sqrt{5p}$ 是佩尔

方程 $x^2-5py^2=1$ 的基本解矛盾．于是式（8）无正整

数解．

综上，式（2），（3），（4）都不成立，余下的只有式

（5）成立．这时

$$y_2^2-5py_1^2=-1$$

因此式（1）有正整数解 $x=y_2,y=y_1$．定理得证．

参考文献

[1] 柯召,孙琦. 谈谈不定方程[M]. 上海：上海教育出版社，
1980：26-28.

[2] DUDLEY U. Elementary number theory[M]. New York：
W. H. Freeman and Co. ,1969：171.

关于佩尔方程与埃文斯问题的四类新解①

第二十七章

1. 引言

定义某个高与底边之比为整数的整数边三角形为埃文斯(Evans)三角形,称其底边为埃文斯边,此比值为埃文斯比,并称三边互素的埃文斯三角形为本原埃文斯三角形. 以下约定 a,b,c 表示 $\triangle ABC$ 的三边长,r_c 表示边 c 上的高 h_c 与边 c 长之比.

埃文斯三角形是数论中一个没有完全解决的问题[1,2],十几年来引起国内众多学者的关注与探究,并得到了埃文斯问题的若干解,给出埃文斯三角形的一些类型,其埃文斯比分别是

$$r_c = n^2 - 1 \quad [3] \qquad (1)$$
$$r_c = 2n(n^2 - 2) \quad [4] \qquad (2)$$

① 选自《高等数学研究》,2019 年第 22 卷第 4 期.

$$r_c = 2(n^2-1)(2n^2-1)^{[5,6]} \tag{3}$$

$$r_c = 2n(n^2-1)(n^2-2)(n^2-3)^{[7]} \tag{4}$$

$$r_c = 4n(n^2-2)(2n^4-4n^2+1)^{[8]} \tag{5}$$

$$r_c = 4(n^2-1)(2n^2-1)(8n^4-8n^2+1)^{[9,10]} \tag{6}$$

最近,文[11]和文[12]分别给出了四簇新的埃文斯三角形,其埃文斯比分别是

$$r_c = 2^m(n^2-1)\prod_{i=1}^{m}f_i(n) \tag{7}$$

$$r_c = 2^{m+1}n(n^2-2)\prod_{i=1}^{m}f_i(p_n) \tag{8}$$

$$r_c = 2^{m+1}(n^2-1)(2n^2-1)\prod_{i=1}^{m}f_i(q_n) \tag{9}$$

$$r_c = 2^{m+1}n(n^2-1)(n^2-2)(n^2-3)\prod_{i=1}^{m}f_i(k_n) \tag{10}$$

这里,m,n 均为正整数,且 $n>1$,函数 $f(t)=2t^2-1$,$f_0(t)=t$,$f_i(t)=f(f_{i-1}(t))(i=1,2,\cdots,m)$,$p_n=n^2-1$,$q_n=2n^2-1$,$k_n=n^4-3n^2+1$. 显然,(5),(6) 两式分别是(8),(9) 两式当 $m=1$ 时的特殊情形.

受其启发,河南质量工程职业学院的李永利在 2019 年利用佩尔方程 $u^2-2v^2=\pm1$ 的正整数解给出埃文斯问题的四类新解,得到四类新的本原埃文斯三角形,其埃文斯边 $c=3$,埃文斯比分别是

$$r_c = \frac{4}{3}u_{2n}v_{2n} \tag{11}$$

$$r_c = \frac{8}{3}u_{2n-1}v_{2n-1}(4v_{2n-1}^2-1) \tag{12}$$

$$r_c = \frac{4}{3}u_{2n}v_{2n}\left(2^m\prod_{i=1}^{m}f_i(u_{2n})\right) \tag{13}$$

234

$$r_c = \frac{8}{3} u_{2n-1} v_{2n-1} (4v_{2n-1}^2 - 1) \left(2^m \prod_{i=1}^{m} f_i(s_n) \right) \quad (14)$$

其中，(u_{2n}, v_{2n}) 是佩尔方程 $u^2 - 2v^2 = 1$ 的正整数解，(u_{2n-1}, v_{2n-1}) 是佩尔方程 $u^2 - 2v^2 = -1$ 的正整数解，m, n 均为正整数，$s_n = 4v_{2n-1}^2 - 1$，$f(t)$ 和 $f_i(t)$ 的意义同上. 在此基础上，对结论作进一步推广.

2. 几个引理

引理 1[10]　设 x, y, z 为正整数，满足

$$x^2 - yz = 1 \quad (15)$$

$$(y + z) \mid 2xyz \quad (16)$$

且

$$\begin{cases} a = y(x^2 + z^2) \\ b = z(x^2 + y^2) \\ c = y + z \end{cases} \quad (17)$$

则以 a, b, c 为三边长的三角形是埃文斯三角形，且埃文斯比为

$$r_c = \frac{2xyz}{y + z} \quad (18)$$

引理 2[13]　设

$$\begin{cases} u_n = \dfrac{1}{2} (\rho^n + \bar{\rho}^{-n}) \\ v_n = \dfrac{1}{2\sqrt{2}} (\rho^n - \bar{\rho}^{-n}) \end{cases} \quad (19)$$

其中，n 为正整数，$\rho = 1 + \sqrt{2}$，$\bar{\rho} = 1 - \sqrt{2}$，则佩尔方程 $u^2 - 2v^2 = 1$ 与佩尔方程 $u^2 - 2v^2 = -1$ 的正整数解分别为 (u_{2n}, v_{2n}) 和 (u_{2n-1}, v_{2n-1}).

引理 3[11]　设 m 为正整数，函数 $f(t) = 2t^2 - 1$，定义 $f_i(t) = f(f_{i-1}(t))$，其中 $i = 1, 2, \cdots, m$，并记 $f_0(t) =$

t ,则

$$f_m^2(t) - 1 = (t^2 - 1)\left(2^m \prod_{i=0}^{m-1} f_i(t)\right)^2 \qquad (20)$$

3. 定理及证明

定理 1　设 (u_{2n}, v_{2n}) 是佩尔方程 $u^2 - 2v^2 = 1$ 的正整数解,令

$$\begin{cases} x = u_{2n} \\ y = 2v_{2n} \\ z = v_{2n} \end{cases} \qquad (21)$$

$$\begin{cases} a = 2(x^2 + z^2) \\ b = x^2 + y^2 \\ c = 3 \end{cases} \qquad (22)$$

则以 a, b, c 为三边长的三角形是本原埃文斯三角形,且埃文斯比为

$$r_c = \frac{4}{3} u_{2n} v_{2n} \qquad (23)$$

其中 (u_{2n}, v_{2n}) 由式(19)确定,即

$$\begin{cases} u_{2n} = \dfrac{1}{2}(\rho^{2n} + \rho^{-2n}) \\ v_{2n} = \dfrac{1}{2\sqrt{2}}(\rho^{2n} - \rho^{-2n}) \end{cases} \qquad (24)$$

这里, n 为正整数, $\rho = 1 + \sqrt{2}$, $\bar{\rho} = 1 - \sqrt{2}$.

证明　由题设条件及引理 2 可知,由式(21)确定的 x, y, z 均为正整数,且 $u_{2n}^2 - 2v_{2n}^2 = 1$.

因

$$x^2 - 1 = u_{2n}^2 - 1 = 2v_{2n}^2 = yz$$

故此时式(15)成立.下面证明式(16)也成立.又因

$$y + z = 3v_{2n}, \quad xyz = 2u_{2n}v_{2n}^2$$

故

$$\frac{2xyz}{y+z} = \frac{4u_{2n}v_{2n}^2}{3v_{2n}} = \frac{4}{3}u_{2n}v_{2n}$$

下面分两种情形证明式(16)成立.

情形 1　若 $3 \mid v_{2n}$,则由上式显然有 $(y+z) \mid 2xyz$.

情形 2　若 3 不整除 v_{2n},则 $v_{2n} \equiv 1(\bmod 3)$ 或 $v_{2n} \equiv 2(\bmod 3)$.于是 $u_{2n}^2 = 1 + 2v_{2n}^2 \equiv 0(\bmod 3)$,从而 $3 \mid u_{2n}^2$,由此可知 $3 \mid u_{2n}$,故此时仍有 $(y+z) \mid 2xyz$.

综合以上两种情形可知式(16)成立,从而由引理 1 可知,由式(17)确定的 a,b,c 为三边长的三角形是埃文斯三角形,其各边长同除以公因子 $d = v_{2n}$,得到与其相似的埃文斯三角形,其三边长仍记为 a,b,c,即得式(22).其埃文斯比 r_c 由式(23)确定.由引理 2 可知,u_{2n},v_{2n} 满足式(24).

下面证明此三角形为本原埃文斯三角形.因

$$a - b = 2(x^2 + z^2) - (x^2 + y^2) =$$
$$x^2 + 2z^2 - y^2 =$$
$$u_{2n}^2 + 2v_{2n}^2 - 4v_{2n}^2 =$$
$$u_{2n}^2 - 2v_{2n}^2 = 1$$

故 $(a,b) = 1$,进而 $(a,b,c) = 1$,因此该三角形为本原埃文斯三角形.定理 1 得证.

定理 2　设 (u_{2n-1},v_{2n-1}) 是佩尔方程 $u^2 - 2v^2 = -1$ 的正整数解,令

$$\begin{cases} x = 2u_{2n-1}^2 + 1 \\ y = 4u_{2n-1}v_{2n-1} \\ z = 2u_{2n-1}v_{2n-1} \end{cases} \qquad (25)$$

若 a,b,c 由式(22)确定,则以 a,b,c 为三边长的三角形是本原埃文斯三角形,且埃文斯比为

$$r_c = \frac{8}{3} u_{2n-1} v_{2n-1} (2u_{2n-1}^2 + 1) \tag{26}$$

其中 (u_{2n-1}, v_{2n-1}) 由式(19)确定,即

$$\begin{cases} u_{2n-1} = \dfrac{1}{2}(\rho^{2n-1} + \bar{\rho}^{-2n-1}) \\ v_{2n-1} = \dfrac{1}{2\sqrt{2}}(\rho^{2n-1} - \bar{\rho}^{-2n-1}) \end{cases} \tag{27}$$

这里,n 为正整数,$\rho = 1 + \sqrt{2}$,$\bar{\rho} = 1 - \sqrt{2}$.

定理 2 仿上可证. 其中,$3 \mid u_{2n-1}$ 或 $3 \mid (2u_{2n-1}^2 + 1)$,从而可知 r_c 为正整数.

定理 3 设 m, n 为正整数,函数 $f(t) = 2t^2 - 1$,定义 $f_i(t) = f(f_{i-1}(t))$,其中 $i = 1, 2, \cdots, m$,并记 $f_0(t) = t$;(u_{2n}, v_{2n}) 是佩尔方程 $u^2 - 2v^2 = 1$ 的正整数解,$T_n = 2^m \prod\limits_{i=0}^{m-1} f_i(u_{2n})$,令

$$\begin{cases} x = f_m(u_{2n}) \\ y = 2v_{2n} T_n \\ z = v_{2n} T_n \end{cases} \tag{28}$$

若 a, b, c 由式(22)确定,则以 a, b, c 为三边长的三角形是本原埃文斯三角形,且埃文斯比为

$$r_c = \frac{4}{3} u_{2n} v_{2n} \left(2^m \prod_{i=1}^{m} f_i(u_{2n})\right) \tag{29}$$

其中,(u_{2n}, v_{2n}) 由式(24)确定.

证明 由题设条件及式(28)可知 x, y, z 均为正整数,且由式(28)和引理 3 及 $u_{2n}^2 - 1 = 2v_{2n}^2$ 可知

$$x^2 - 1 = f_m^2(u_{2n}) - 1 = (u_{2n}^2 - 1)\left(2^m \prod_{i=0}^{m-1} f_i(u_{2n})\right)^2 =$$

$$2v_{2n}^2 T_n^2 = yz$$

故 x,y,z 满足 $x^2-yz=1$，且 $y+z=3v_{2n}T_n$，于是

$$r_c=\frac{2xyz}{y+z}=\frac{2f_m(u_{2n})\cdot 2v_{2n}^2T_n^2}{3v_{2n}T_n}=\frac{4v_{2n}f_m(u_{2n})T_n}{3}=$$

$$\frac{4v_{2n}f_m(u_{2n})\left(2^m\prod_{i=0}^{m-1}f_i(u_{2n})\right)}{3}=$$

$$\frac{4v_{2n}f_0(u_{2n})\left(2^m\prod_{i=1}^{m}f_i(u_{2n})\right)}{3}=$$

$$\frac{4}{3}u_{2n}v_{2n}\left(2^m\prod_{i=1}^{m}f_i(u_{2n})\right)$$

由定理 1 可知 $\frac{4}{3}u_{2n}v_{2n}$ 为正整数，而 $2^m\prod_{i=1}^{m}f_i(u_{2n})$ 显然为正整数，因此 r_c 为正整数．从而由引理 1 可知，以式(17)确定的 a,b,c 为三边长的三角形是埃文斯三角形，其各边长同除以公因子 $d=v_{2n}T_n$，得到与其相似的埃文斯三角形，其三边长仍记为 a,b,c，即得式(22)．

下面证明此三角形为本原埃文斯三角形．因

$$a-b=2(x^2+z^2)-(x^2+y^2)=$$
$$x^2+2z^2-y^2=$$
$$x^2+2(v_{2n}T_n)^2-(2v_{2n}T_n)^2=$$
$$x^2-2v_{2n}^2T_n^2=$$
$$x^2-yz=1$$

故 $(a,b)=1$，进而 $(a,b,c)=1$，因此此三角形为本原埃文斯三角形．定理 3 得证．

在定理 3 中，取 $m=1$，则可得如下结论：

推论 1　设 (u_{2n},v_{2n}) 是佩尔方程 $u^2-2v^2=1$ 的正整数解，令

$$\begin{cases} x = 2u_{2n}^2 - 1 \\ y = 4u_{2n}v_{2n} \\ z = 2u_{2n}v_{2n} \end{cases} \quad (30)$$

$$\begin{cases} a = 2(x^2 + z^2) \\ b = x^2 + y^2 \\ c = 3 \end{cases} \quad (31)$$

则以 a,b,c 为三边长的三角形是本原埃文斯三角形,且埃文斯比为

$$r_c = \frac{8}{3} u_{2n} v_{2n}(2u_{2n}^2 - 1) \quad (32)$$

其中 n 为正整数,(u_{2n}, v_{2n}) 由式(24)确定.

定理 4 设 m,n 为正整数,函数 $f(t) = 2t^2 - 1$,定义 $f_i(t) = f(f_{i-1}(t))$,其中 $i = 1, 2, \cdots, m$,并记 $f_0(t) = t$;(u_{2n-1}, v_{2n-1}) 是佩尔方程 $u^2 - 2v^2 = -1$ 的正整数解,$s_n = 2u_{2n-1}^2 + 1$,$W_n = 2^m \prod\limits_{i=0}^{m-1} f_i(s_n)$,令

$$\begin{cases} x = f_m(s_n) \\ y = 4u_{2n-1}v_{2n-1}W_n \\ z = 2u_{2n-1}v_{2n-1}W_n \end{cases} \quad (33)$$

若 a,b,c 由式(22)确定,则以 a,b,c 为三边长的三角形是本原埃文斯三角形,且埃文斯比为

$$r_c = \frac{8}{3} u_{2n-1} v_{2n-1}(2u_{2n-1}^2 + 1)\left(2^m \prod\limits_{i=1}^{m} f_i(s_n)\right) \quad (34)$$

其中,(u_{2n-1}, v_{2n-1}) 由式(27)确定.

定理 4 可仿定理 3 给出证明,这里从略.

4. 若干特例

由定理 1 至定理 4 可得以下本原埃文斯三角形.

特例 1 在定理 1 中,取 $n = 1$,则

$$\begin{cases} u_2 = 3 \\ v_2 = 2 \end{cases}, \begin{cases} x = 3 \\ y = 4 \\ z = 2 \end{cases}, \begin{cases} a = 26 \\ b = 25, r_c = 8 \\ c = 3 \end{cases}$$

特例 2　在定理 1 中,取 $n = 2$,则

$$\begin{cases} u_4 = 17 \\ v_4 = 12 \end{cases}, \begin{cases} x = 17 \\ y = 24 \\ z = 12 \end{cases}, \begin{cases} a = 866 \\ b = 865, r_c = 272 \\ c = 3 \end{cases}$$

特例 3　在定理 2 中,取 $n = 2$,则

$$\begin{cases} u_3 = 7 \\ v_3 = 5 \end{cases}, \begin{cases} x = 99 \\ y = 140, \\ z = 70 \end{cases} \begin{cases} a = 29\ 402 \\ b = 29\ 401, r_c = 9\ 240 \\ c = 3 \end{cases}$$

特例 4　在定理 3 中,取 $m = 2$,则

$$T_n = 2(2(2u_{2n}^2 - 1)^2 - 1)$$

$$\begin{cases} x = 2(2u_{2n}^2 - 1)^2 - 1 \\ y = 8u_{2n}v_{2n}(2(2u_{2n}^2 - 1)^2 - 1) \\ z = 4u_{2n}v_{2n}(2(2u_{2n}^2 - 1)^2 - 1) \end{cases}$$

$$\begin{cases} a = (2(2u_{2n}^2 - 1)^2 - 1)^2(1 + (4u_{2n}v_{2n})^2) \\ b = (2(2u_{2n}^2 - 1)^2 - 1)^2(1 + (8u_{2n}v_{2n})^2) \\ c = 3 \end{cases}$$

$$r_c = \frac{16}{3}u_{2n}v_{2n}(2u_{2n}^2 - 1)(2(2u_{2n}^2 - 1)^2 - 1)$$

其中 (u_{2n}, v_{2n}) 由式 (24) 确定.

特例 5　在定理 4 中,取 $m = 1$,则

$$W_n = 2(2s_n^2 - 1) = 2(2(2u_{2n-1}^2 + 1)^2 - 1)$$

$$\begin{cases} x = f(s_n) = 2(2u_{2n-1}^2 + 1)^2 - 1 \\ y = 8u_{2n-1}v_{2n-1}(2(2u_{2n-1}^2 + 1)^2 - 1) \\ z = 4u_{2n-1}v_{2n-1}(2(2u_{2n-1}^2 + 1)^2 - 1) \end{cases}$$

$$\begin{cases} a = (2(2u_{2n-1}^2 + 1)^2 - 1)^2 (1 + (4u_{2n-1}v_{2n-1})^2) \\ b = (2(2u_{2n-1}^2 + 1)^2 - 1)^2 (1 + (8u_{2n-1}v_{2n-1})^2) \\ c = 3 \end{cases}$$

$$r_c = \frac{16}{3} u_{2n-1} v_{2n-1} (2u_{2n-1}^2 + 1)(2(2u_{2n-1}^2 + 1)^2 - 1)$$

其中 u_{2n-1}, v_{2n-1} 由式(27)确定.

由埃文斯三角形的性质可知,埃文斯边是埃文斯三角形边长最短的边. 由上述结论可知,存在无穷多个埃文斯边(即最短边)等于 3 的本原埃文斯三角形.

5. 进一步推广

为将定理 1 至定理 4 的结论进行推广,先介绍两个引理:

引理 4[13]   设(k, l)是佩尔方程 $u^2 - Dv^2 = 1$ 的基本解(最小正整数解),(u_n, v_n)是其一般解(任意正整数解),则

$$\begin{cases} u_n = \frac{1}{2}(\rho^n + \bar{\rho}^n) \\ v_n = \frac{1}{2\sqrt{D}}(\rho^n - \bar{\rho}^n) \end{cases} \tag{35}$$

其中,n 为正整数,$\rho = k + l\sqrt{D}$, $\bar{\rho} = k - l\sqrt{D}$.

引理 5[13]   若佩尔方程 $u^2 - Dv^2 = -1$ 有正整数解,(k, l)是其基本解(最小正整数解),(u_n, v_n)是其一般解(任意正整数解),则

$$\begin{cases} u_n = \frac{1}{2}(\rho^{2n-1} + \bar{\rho}^{2n-1}) \\ v_n = \frac{1}{2\sqrt{D}}(\rho^{2n-1} - \bar{\rho}^{2n-1}) \end{cases} \tag{36}$$

其中,n 为正整数,$\rho = k + l\sqrt{D}$, $\bar{\rho} = k - l\sqrt{D}$. 利用引理

4 和引理 5,我们可将以上定理进一步推广如下:

推广 1 设 $(k,l),(u_n,v_n)$ 分别是佩尔方程 $u^2 - Dv^2 = 1$ 的最小正整数解和任意正整数解,其中 $D = D_1 D_2$ 为非平方数,D_1,D_2 均为正整数,且满足 $(D_1 + D_2) \mid 2Du_n v_n$,令

$$\begin{cases} x = u_n \\ y = D_1 v_n \\ z = D_2 v_n \end{cases} \tag{37}$$

$$\begin{cases} a = D_1(x^2 + z^2) \\ b = D_2(x^2 + y^2) \\ c = D_1 + D_2 \end{cases} \tag{38}$$

则以 a,b,c 为三边长的三角形是埃文斯三角形,且埃文斯比为

$$r_c = \frac{2Du_n v_n}{D_1 + D_2} \tag{39}$$

其中 (u_n,v_n) 由式(35)确定.

推广 2 若佩尔方程 $u^2 - Dv^2 = -1$ 有正整数解,$(k,l),(u_n,v_n)$ 分别是其最小正整数解和任意正整数解,其中 $D = D_1 D_2$ 为非平方数,D_1,D_2 均为正整数,且满足 $(D_1 + D_2) \mid 2Du_n v_n$,令

$$\begin{cases} x = 2u_n^2 + 1 \\ y = 2D_1 u_n v_n \\ z = 2D_2 u_n v_n \end{cases} \tag{40}$$

若 a,b,c 由式(38)确定,则以 a,b,c 为三边长的三角形是埃文斯三角形,且埃文斯比为

$$r_c = \frac{4Du_n v_n(2u_n^2 + 1)}{D_1 + D_2} \tag{41}$$

其中 (u_n,v_n) 由式(36)确定.

推广 3 设 m,n 为正整数,函数 $f(t)=2t^2-1$,定义 $f_i(t)=f(f_{i-1}(t))$,其中 $i=1,2,\cdots,m$,并记 $f_0(t)=t$;$(k,l),(u_n,v_n)$ 分别是佩尔方程 $u^2-Dv^2=1$ 的最小正整数解和任意正整数解,其中 $D=D_1D_2$ 为非平方数,D_1,D_2 均为正整数,且满足 $(D_1+D_2)\mid 2Du_nv_n$,$T_n=2^m\prod\limits_{i=0}^{m-1}f_i(u_n)$,令

$$\begin{cases} x=f_m(u_n) \\ y=D_1v_nT_n \\ z=D_2v_nT_n \end{cases} \quad (42)$$

若 a,b,c 由式(38)确定,则以 a,b,c 为三边长的三角形是埃文斯三角形,且埃文斯比为

$$r_c=\frac{2Du_nv_n}{D_1+D_2}\cdot\left(2^m\prod_{i=1}^{m}f_i(u_n)\right) \quad (43)$$

其中,(u_n,v_n) 由式(35)确定.

推广 4 设 m,n 为正整数,函数 $f(t)=2t^2-1$,定义 $f_i(t)=f(f_{i-1}(t))$,其中 $i=1,2,\cdots,m$,并记 $f_0(t)=t$;若佩尔方程 $u^2-Dv^2=-1$ 有正整数解,$(k,l),(u_n,v_n)$ 分别是其最小正整数解和任意正整数解,其中 $D=D_1D_2$ 为非平方数,D_1,D_2 均为正整数,且满足 $(D_1+D_2)\mid 2Du_nv_n$,$s_n=2u_n^2+1$,$W_n=2^m\prod\limits_{i=0}^{m-1}f_i(s_n)$,令

$$\begin{cases} x=f_m(s_n) \\ y=2D_1u_nv_nW_n \\ z=2D_2u_nv_nW_n \end{cases} \quad (44)$$

若 a,b,c 由式(38)确定,则以 a,b,c 为三边长的三角形是埃文斯三角形,且埃文斯比为

$$r_c=\frac{4Du_nv_n(2u_n^2+1)}{D_1+D_2}\cdot\left(2^m\prod_{i=1}^{m}f_i(s_n)\right) \quad (45)$$

其中,(u_n,v_n)由式(36)确定.

推广 1 至推广 4 仿上可证,这里从略.

参考文献

[1] RONALD J. Evans Problem E2685[J]. Amer. Math. Monthly,1977(84):820.

[2] RICHARD K. GUY. Unsolved Problems in Number Theory[M]. New York:Spring-Verlag,1991:104.

[3] 李永利,王艳红. 关于一类 Evans 三角形[J]. 数学通讯, 2008(17):34-35.

[4] 边欣. 关于一类本原 Evans 三角形[J]. 高等数学研究, 2007,10(1):52,54.

[5] 边欣. Evans 三角形的充要条件及其应用[J]. 数学教学, 2010(4):16-17,28.

[6] 李永利. 关于一类 Evans 三角形的若干结论[J]. 高等数学研究,2012,15(4):27-29,33.

[7] 李永利. 对一类本原 Evans 三角形的探究[J]. 高等数学研究,2010,13(1):31-32.

[8] 边欣,李忠民. Evans 问题的一类新解[J]. 北京联合大学学报(自然科学版),2011,25(2):68-69.

[9] 李佳蓬. Evans 问题与一类整边三角形[D]. 天津:天津市实验中学,2014,8.

[10] 李永利. 关于 Evans 三角形的一个结论[J]. 高等数学研究,2015,18(4):17-20.

[11] 李永利. 关于三簇新的 Evans 三角形[J]. 数学通报,2017, 56(4):62-63,封底.

[12] 李永利. Evans 三角形一个新的充要条件及其应用[J]. 高等数学研究,2018,21(1):28-30,34.

[13] 管训贵. 关于 Pell 方程 $x^2-2y^2=1$ 与 $y^2-Dz^2=4$ 的公解[J]. 华中师范大学学报(自然科学版),2012,46(3):267.

关于佩尔方程 $x^2 - 3y^2 = 1$ 与 $y^2 - 2^n z^2 = 16$ 的公解[①]

第二十八章

佩尔方程

$$\begin{cases} x^2 - D_1 y^2 = m & (D_1 \in \mathbf{Z}^*, m \in \mathbf{Z}) \\ y^2 - D_2 z^2 = n & (D_2 \in \mathbf{Z}^*, n \in \mathbf{Z}) \end{cases}$$

(1)

的公解问题一直受到人们的关注. 目前结果大多集中在 D_2 为正偶数上, D_2 为正奇数的结论目前尚不多见. $m = n = 1$, D_2 为正偶数时方程(1)的公解的情况主要见文献[1-3]; $m = 1, n = 4$, D_2 为正偶数时方程(1)的公解的情况主要见文献[4-11]. 当 $k = 1, m = 16$ 时方程(1)成为

$$\begin{cases} x^2 - D_1 y^2 = 1 \\ y^2 - D_2 z^2 = 16 \end{cases}$$

(2)

① 选自《湖北民族学院学报(自然科学版)》,2016 年第 34 卷第 2 期.

关于佩尔方程(2)的公解的情况,目前无相关结果.2016 年,丽江师范高等专科学校数学与计算机科学系的赵建红和红河学院教师教育学院的万飞两位教授讨论了 $D_1 = 8, D_2$ 为正偶数时方程(2)的公解的情况.

定理 1　设 $n \in \mathbf{Z}^*, 2 \mid n$,则佩尔方程

$$\begin{cases} x^2 - 3y^2 = 1 \\ y^2 - 2^n z^2 = 16 \end{cases} \tag{3}$$

有且仅有一组平凡解 $(x, y, z) = (\pm 7, \pm 4, 0)$.

证明　因为佩尔方程 $x^2 - 3y^2 = 1$ 的基本解为 $(7, 4)$,则佩尔方程 $x_n^2 - 3y_n^2 = 1$ 的全部正整数解为 $(x_n + y_n\sqrt{3}) = (7 + 4\sqrt{3})^n, n \in \mathbf{Z}^*$.

容易验证以下性质成立:

(Ⅰ) $y_n^2 - 16 = y_{n-1} y_{n+1}$;

(Ⅱ) $y_{2n} = 2x_n y_n$;

(Ⅲ) $y_{2n+1} \equiv 4 \pmod 8$;

(Ⅳ) $x_n \equiv 1 \pmod 2$;

(Ⅴ) $\gcd(x_n, y_n) = 1, \gcd(x_n, x_{n+1}) = 1$;

(Ⅵ) $\gcd(y_n, y_{n+1}) = 4$;

(Ⅶ) $\gcd(x_{2n}, y_{2n+1}) = \gcd(x_{2n+2}, y_{2n+1}) = 1$;

(Ⅷ) $\gcd(x_{2n+1}, y_{2n}) = \gcd(x_{2n+1}, y_{2n+2}) = 7$;

(Ⅸ) x_n 为平方数,当且仅当 $n = 0$.

设 $(x, y, z) = (x_m, y_m, z), m \in \mathbf{Z}^*$ 为佩尔方程组(3)的正整数解,则由 $y_m^2 - 16 = y_{m-1} y_{m+1}$ 得

$$2^n z^2 = y_m^2 - 16 = y_{m-1} y_{m+1} \tag{4}$$

若 n 为正偶数,设 $n = 2k, k \in \mathbf{Z}^*$,则由方程组(3)可得 $y^2 - 2^{2k} z^2 = 16$,即得

$$(y + 2^k z)(y - 2^k z) = 16 \tag{5}$$

因为 $x,y,z \in \mathbf{Z}^*$,所以式(5)可分解为以下两种情形

$$\begin{cases} y + 2^k z = 8 \\ y - 2^k z = 2 \end{cases} \qquad (6)$$

或

$$\begin{cases} y + 2^k z = 4 \\ y - 2^k z = 4 \end{cases} \qquad (7)$$

解式(6)得 $y=5, 2^k z=3$,显然方程组无解;解式(7)得 $y=4, 2^k z=0$,即 $z=0$. 由此可得,若 n 为正偶数,方程组(3)有且仅有一组平凡解 $(x,y,z) = (\pm 7, \pm 4, 0)$,无非平凡解,故 n 只能为正奇数,令 $n = 2l-1, l \in \mathbf{Z}^*$,则由(Ⅰ)知方程组(3)成为

$$2^{2l-1} z^2 = y_m^2 - 16 = y_{m-1} y_{m+1} \qquad (8)$$

情形 1 若 m 为正偶数时,令 $m = 2k, k \in \mathbf{Z}^*$,此时式(8)成为

$$2^{2l-1} z^2 = y_{2k-1} y_{2k+1} \qquad (9)$$

由(Ⅲ)知,$y_{2k-1} \equiv y_{2k+1} \equiv 4 \pmod 8$,$4 \parallel y_{2k+1}$,$4 \parallel y_{2k-1}$,则式(9)右边的 2 的次数为 4 次,而式(9)左边的 2 的次数为 $2l-1$ 次,由此可知式(9)左右两端的 2 的次数不相同,即矛盾. 由此可见,当 m 为偶数时,式(9)无正整数解,所以方程组(3)无正整数解.

情形 2 当 m 为正奇数时,令 $m = 2k-1, k \in \mathbf{Z}^*$,此时方程(8)成为

$$2^{2l-1} z^2 = y_m^2 - 16 = y_{2k} y_{2(k-1)} \qquad (10)$$

又由(Ⅱ)得 $y_{2k} = 2 x_k y_k$,$y_{2(k-1)} = 2 x_{k-1} y_{k-1}$,则式(10)成为

$$2^{2l-1} z^2 = 4 x_{k-1} y_{k-1} x_k y_k \qquad (11)$$

情形 2.1 当 k 为正奇数时,由(Ⅴ)知 $\gcd(x_{k-1}, y_{k-1}) = \gcd(x_k, y_k) = 1$,$\gcd(x_{k-1}, x_k) = 1$;由(Ⅵ)知

$\gcd(y_{k-1},y_k)=4$，则 $\gcd\left(\dfrac{y_{k-1}}{4},\dfrac{y_k}{4}\right)=1$；由（Ⅶ）知 $\gcd(x_{k-1},y_k)=1$；由（Ⅷ）知 $\gcd(x_k,y_{k-1})=7$，则有 $\gcd\left(\dfrac{x_k}{7},\dfrac{y_{k-1}}{7}\right)=1$，故 $x_{k-1},\dfrac{y_{k-1}}{28},\dfrac{x_k}{7},\dfrac{y_k}{4}$ 两两互素且均不为 1.

又 $k=1$ 时，$x_{k-1}=x_0=1$；$k=2$ 时，$\dfrac{x_{k-1}}{7}=\dfrac{x_1}{7}=1$；而对于 $\forall k\in \mathbf{Z},\dfrac{y_{k-1}}{4}\neq 1$，故 $k\neq 1$ 时，$x_{k-1},\dfrac{y_{k-1}}{28},\dfrac{x_k}{7},\dfrac{y_k}{4}$ 两两互素且均不为 1.

由（Ⅸ）知，x_{k-1} 为平方数当且仅当 $k=1$，故 $k\neq 1$ 时，x_{k-1} 不为平方数. 由（Ⅳ）知，$x_{k-1}\equiv 1\pmod 2$. 又 $k\neq 1$ 时，$x_{k-1},\dfrac{y_{k-1}}{28},\dfrac{x_k}{7},\dfrac{y_k}{4}$ 两两互素且均不为 1，故 $k\neq 1$ 时 $x_{k-1}\cdot \dfrac{y_{k-1}}{28}\cdot \dfrac{x_k}{7}\cdot \dfrac{y_k}{4}$ 不为平方数的 2 倍. 所以 $4x_{k-1}y_{k-1}x_ky_k=56^2\cdot x_k\cdot \dfrac{y_k}{28}\cdot \dfrac{x_k}{7}\cdot \dfrac{x_k}{4}$ 不为平方数的 2 倍，所以此时式（11）无正整数解，则方程组（3）无正整数解.

当 $k=1$ 时，式（11）为 $2^{2l-1}z^2=4x_0y_0x_1y_1=0$，则 $z=0$，故此时方程组（3）只有平凡解 $(x,y,z)=(\pm 7,\pm 4,0)$.

情形 2.2　当 k 为正偶数时，由（Ⅴ）知，$\gcd(x_k,y_k)=1,\gcd(x_{k-1},y_{k-1})=1,\gcd(x_{k-1},x_k)=1$；由（Ⅵ）知 $\gcd(y_{k-1},y_k)=4$，则 $\gcd\left(\dfrac{y_{k-1}}{4},\dfrac{y_k}{4}\right)=1$；由（Ⅶ）知 $\gcd(x_k,y_{k-1})=1$；由（Ⅷ）知 $\gcd(x_{k-1},y_k)=7$，则 $\gcd\left(\dfrac{x_{k-1}}{7},\dfrac{y_k}{7}\right)=1$，故 $x_k,\dfrac{y_k}{28},\dfrac{x_{k-1}}{7},\dfrac{y_{k-1}}{4}$ 两两互素.

又 $k=0$ 时，$x_k = x_0 = 1$；$k=2$ 时，$\dfrac{x_{k-1}}{7} = \dfrac{x_1}{7} = 1$；而

对于 $\forall k \in \mathbf{Z}$，$\dfrac{y_k}{28} \neq 1$，故 $k \neq 0, 2$ 为正偶数时，x_k，$\dfrac{y_k}{28}$，

$\dfrac{x_{k-1}}{7}$，$\dfrac{y_{k-1}}{4}$ 两两互素且均不为 1.

由（Ⅸ）知，x_k 为平方数当且仅当 $k=0$，故 $k \neq 0$ 时，x_k 不为平方数. 由（Ⅳ）知，$x_{k-1} \equiv 1 (\bmod 2)$. 又 $k \neq 0, 2$ 为正偶数时 x_k，$\dfrac{y_k}{28}$，$\dfrac{x_{k-1}}{7}$，$\dfrac{y_{k-1}}{4}$ 两两互素且均不为 1. 故 $k \neq 0, 2$ 时，$x_k \cdot \dfrac{y_k}{28} \cdot \dfrac{x_{k-1}}{7} \cdot \dfrac{y_{k-1}}{4}$ 不为平方数的 2 倍，所以 $4 x_{k-1} y_{k-1} x_k y_k = 56^2 \cdot x_k \cdot \dfrac{y_k}{28} \cdot \dfrac{x_{k-1}}{7} \cdot \dfrac{y_{k-1}}{4}$ 不为平方数的 2 倍，所以此时式（11）无正整数解，则方程组（3）无正整数解.

当 $k=0$ 时，式（11）为 $2^{2l-1} z^2 = 4 x_{-1} y_{-1} x_0 y_0 = 0$，则 $z=0$，故此时方程组（3）只有平凡解 $(x, y, z) = (\pm 7, \pm 4, 0)$.

当 $k=2$ 时，式（11）为 $2^{2l-1} z^2 = 4 x_1 y_1 x_2 y_2 = 4 \cdot 7 \cdot 4 \cdot 97 \cdot 56 = 2^7 \cdot 7^2 \cdot 97$，则 $z=56$，$D = 2 \cdot 97 \neq 2^{2l-1}$，故此时方程组（3）只有平凡解 $(x, y, z) = (\pm 7, \pm 4, 0)$.

综上所述，定理 1 得证.

参考文献

[1] LJUNGGREN W. Litt om Simultane Pellske Ligninger [J]. Norsk Mat Tidsskr, 1941, 23:132-138.

[2] PAN JIAYU, ZHANG YUPING, ZOU RONG. The Pell Equations $x^2 - ay^2 = 1$ and $y^2 - Dz^2 = 1$[J]. Chinese Quarterly Journal of Mathematics, 1999, 14(1):73-77.

[3] 乐茂华. 关于联立 Pell 方程方程组 $x^2 - 4D_1 y^2 = 1$ 和 $y^2 -$

$D_2 z^2 = 1$[J].佛山科学技术学院学报(自然科学版),2004,22(2):1-3.

[4] 胡永忠,韩清.也谈不定方程组 $x^2 - 2y^2 = 1$ 与 $y^2 - Dz^2 = 4$[J].华中师范大学学报(自然科学版),2002,36(1):17-19.

[5] 管训贵.关于 Pell 方程 $x^2 - 2y^2 = 1$ 与 $y^2 - Dz^2 = 4$ 的公解[J].华中师范大学学报(自然科学版),2012,46(3):267-269.

[6] 王冠闽,李炳荣.关于 Pell 方程 $x^2 - 6y^2 = 1$ 与 $y^2 - Dz^2 = 4$ 的公解[J].漳州师范学院学报(自然科学版),2002,15(4):9-14.

[7] 贺腊荣,张淑静,袁进.关于不定方程组 $x^2 - 6y^2 = 1$,$y^2 - Dz^2 = 4$[J].云南民族大学学报(自然科学版),2012,21(1):57-58.

[8] 杜先存,管训贵,杨慧章.关于不定方程组 $x^2 - 6y^2 = 1$ 与 $y^2 - Dz^2 = 4$ 的公解[J].华中师范大学学报(自然科学版),2014,48(3):5-8.

[9] 杜先存,李玉龙.关于 Pell 方程 $x^2 - 6y^2 = 1$ 与 $y^2 - Dz^2 = 4$ 的公解[J].安徽大学学报(自然科学版),2015,39(6):19-22.

[10] 冉延平.不定方程组 $x^2 - 10y^2 = 1$,$y^2 - Dz^2 = 4$[J].延安大学学报(自然科学版),2012,31(1):8-10.

[11] 过静,杜先存.关于 Pell 方程 $x^2 - 30y^2 = 1$ 与 $y^2 - Dz^2 = 4$ 的公解[J].数学的实践与认识,2015,45(1):309-314.

关于佩尔方程 $qx^2 - (qn \pm 5)y^2 = \pm 1 (q \equiv \pm 1, \pm 3 (\mathrm{mod}\ 10)$ 是素数)[①]

第二十九章

2016 年,延安大学数学与计算机科学学院的李国蓉,高丽两位教授运用勒让德符号和同余的性质给出了形如 $qx^2 - (qn \pm 5)y^2 = \pm 1 (q \equiv \pm 1, \pm 3$ (mod 10) 是素数型佩尔方程无正整数解的 4 个结论. 这些结论对研究狭义佩尔方程 $ax^2 - Dy^2 = \pm 1 (D$ 是非平方数的正整数) 具有重要作用.

1. 引言及结论

形如 $x^2 - Dy^2 = \pm 1, \pm 4 (x, y \in \mathbf{Z})$,其中 D 是一个非完全平方的正整数,这样的不定方程称为通常的佩尔方程,广义的佩尔方程是上述形式的推广,它的基本形式如下

---

① 选自《江西科学》,2016 年第 34 卷第 4 期.

$x^2 - Dy^2 = C(x, y, C \in \mathbf{Z}, D$ 是一个非完全平方的正整数）；

$ax^2 - by^2 = \pm 1, \pm 2, \pm 4 (x, y \in \mathbf{Z}, a, b \in \mathbf{Z}^*, ab$ 是非完全平方的正整数）.

随着时间的推移，佩尔方程不仅在理论上日益完善，而且它的应用价值也在不断的被挖掘，对生活起着重要的作用. 对于广义佩尔方程 $ax^2 - by^2 = \pm 1$ 的整数解问题，文献[1]给出了形如 $Ax^2 - (A \pm 1)y^2 = 1$ 型佩尔方程的整数解的解集；文献[2,3]讨论了方程 $ax^2 - by^2 = 1$ 的最小解及整数解；文献[4,5]讨论了方程 $4x^2 - py^2 = 1$ 的整数解的情况；文献[6-8]讨论了当 D 不同时，形如方程 $x^2 - Dy^2 = 1$ 的整数解的情况；文献[9-12]讨论了 a 是素数，b 为形如 $qn \pm 2, qn \pm 3$, $qn \pm 6, qn \pm 2^l 3^k$（其中 q 为素数）的正整数解的情况；文献[13-15]分别讨论了 a 为奇数，$2 \mid a, 3 \mid a, b$ 为形如 mq（其中 q 为素数）的正整数解的情况.

本章主要研究形如 $qx^2 - (qn \pm 5)y^2 = \pm 1(q \equiv \pm 1, \pm 3 \pmod{10}$ 是素数）型佩尔方程的解的情况. 得到如下相关结论.

定理 1　佩尔方程 $qx^2 - (qn - 5)y^2 = 1(q \equiv \pm 3, \pm 7 \pmod{20}$ 是素数）无正整数解.

定理 2　佩尔方程 $qx^2 - (qn + 5)y^2 = -1(q \equiv \pm 3, \pm 7 \pmod{20}$ 是素数）无正整数解.

定理 3　佩尔方程 $qx^2 - (qn + 5)y^2 = -1(q \equiv -1, -3, -7, -9 \pmod{20}$ 是素数）无正整数解.

定理 4　佩尔方程 $qx^2 - (qn + 5)y^2 = 1(q \equiv -1, -3, -7, -9 \pmod{20}$ 是素数）无正整数解.

2. 定理证明

定理 1 的证明 利用同余的性质,对佩尔方程

$$qx^2 - (qn-5)y^2 = 1$$

$$(q \equiv \pm 3, \pm 7 \pmod{20} \text{ 是素数}) \qquad (1)$$

两边同时取模 q 得,$5y^2 \equiv 1 \pmod{q}$,则有 q 模的勒让德符号 $\left(\dfrac{5}{q}\right) = 1$.

而运用勒让德符号,当 $q \equiv \pm 3, \pm 7 \pmod{20}$ 时,有 $\left(\dfrac{5}{q}\right) = (-1)^{\frac{5-1}{2} \cdot \frac{q-1}{2}} \left(\dfrac{q}{5}\right) = \left(\dfrac{q}{5}\right)$,所以当 $q \equiv \pm 3 \pmod{20}$ 时,有 $\left(\dfrac{5}{q}\right) = \left(\dfrac{q}{5}\right) = \left(\dfrac{20k \pm 3}{5}\right) = \left(\dfrac{\pm 3}{5}\right) = -1$,当 $q \equiv \pm 7 \pmod{20}$ 时,$\left(\dfrac{5}{q}\right) = \left(\dfrac{q}{5}\right) = \left(\dfrac{20k \pm 7}{5}\right) = \left(\dfrac{\pm 7}{5}\right) = -1$. 因此当 $q \equiv \pm 3, \pm 7 \pmod{20}$ 时,模 q 的勒让德符号 $\left(\dfrac{5}{q}\right) = -1$,与 $\left(\dfrac{5}{q}\right) = 1$ 矛盾. 所以式(1)无正整数解.

定理 2 的证明 利用同余的性质,对佩尔方程

$$qx^2 - (qn-5)y^2 = -1$$

$$(q \equiv \pm 1, \pm 3 \pmod{20} \text{ 是素数}) \qquad (2)$$

两边同时取模 q 得,$-5y^2 \equiv -1 \pmod{q}$,即 $5y^2 \equiv 1 \pmod{q}$,则有模 q 的勒让德符号 $\left(\dfrac{5}{q}\right) = 1$. 又因为当 $q \equiv \pm 3, \pm 7 \pmod{20}$ 时,模 q 的勒让德符号 $\left(\dfrac{5}{q}\right) = -1$,与 $\left(\dfrac{5}{q}\right) = 1$ 矛盾. 所以式(2)无正整数解.

定理 3 的证明 利用同余的性质对佩尔方程

$$qx^2 - (qn-5)y^2 = -1$$

$(q \equiv -1, -3, -7, -9 \pmod{20}$ 是素数) （3）

两边同时取模 q 得,$5y^2 \equiv -1 \pmod{q}$,则有模 q 的勒让德符号 $\left(\dfrac{-5}{q}\right) = 1$.

用勒让德符号,当 $q \equiv -1, -3, -7, -9 \pmod{20}$,有 $\left(\dfrac{-5}{q}\right) = \left(\dfrac{-1}{q}\right)\left(\dfrac{5}{q}\right)$,所以当 $q \equiv -1 \pmod{20}$ 时,$\left(\dfrac{-1}{q}\right) = (-1)^{\frac{q-1}{2}} = (-1)^{10k-1} = -1$,

$\left(\dfrac{5}{q}\right) = \left(\dfrac{q}{5}\right) = \left(\dfrac{20k-1}{5}\right) = \left(\dfrac{-1}{5}\right) = 1$; 当 $q \equiv -3 \pmod{20}$ 时,$\left(\dfrac{-1}{q}\right) = (-1)^{\frac{q-1}{2}} = (-1)^{10k-2} = 1$,

$\left(\dfrac{5}{q}\right) = -1$; 当 $q \equiv -7 \pmod{20}$ 时,$\left(\dfrac{-1}{q}\right) = (-1)^{\frac{q-1}{2}} = (-1)^{10k-4} = 1$, $\left(\dfrac{5}{q}\right) = -1$; 当 $q \equiv -9 \pmod{20}$ 时,

$\left(\dfrac{-1}{q}\right) = (-1)^{\frac{q-1}{2}} = (-1)^{10k-5} = -1$, $\left(\dfrac{5}{q}\right) = \left(\dfrac{q}{5}\right) = \left(\dfrac{20k-9}{5}\right) = \left(\dfrac{-4}{5}\right) = 1$. 因而当 $q \equiv -1, -3, -7, -9 \pmod{20}$ 时,有 $\left(\dfrac{-5}{q}\right) = -1$,与 $\left(\dfrac{-5}{q}\right) = 1$ 矛盾. 所以式（3）无正整数解.

定理 4 的证明 利用同余的性质对佩尔方程

$$qx^2 - (qn+5)y^2 = 1$$

$(q \equiv -1, -3, -7, -9 \pmod{20}$ 是素数) （4）

两边同时取模 q 得,$-5y^2 \equiv 1 \pmod{q}$,即 $5y^2 \equiv -1 \pmod{q}$,则有模 q 的勒让德符号 $\left(\dfrac{-5}{q}\right) = 1$. 又当

$$q \equiv -1, -3, -7, -9 \pmod{20}, \left(\frac{-5}{q}\right) = -1, 与$$

$\left(\dfrac{-5}{q}\right) = 1$ 矛盾. 所以式(4)无正整数解.

参考文献

[1] 杜先存. 关于 Pell 方程 $Ax^2 - (A \pm 1)y^2 = 1 (A \in \mathbf{Z}^*, A \geqslant 2)$[J]. 保山学院学报, 2012, 31(2):57-59.

[2] 黄金贵. 不定方程 $ax^2 - by^2 = 1$ 的整数解与一个猜想的解决[J]. 中学数学月刊, 1994(9):12-14.

[3] 杜先存, 万飞, 赵金娥. Pell 方程 $ax^2 - by^2 = 1$ 的最小解[J]. 湖北民族学院学报(自然科学版), 2012, 30(1):35-38.

[4] 管训贵. 关于不定方程 $4x^2 - py^2 = 1$[J]. 湖北民族学院学报(自然科学版), 2011, 29(1):46-48.

[5] 管训贵. 关于不定方程 $4x^2 - py^2 = 1$ 的一个注记[J]. 西安文理学院学报(自然科学版), 2011, 29(7):37-39.

[6] 杜先存, 普粉丽, 赵金娥. 几种特殊情形下 Pell 方程 $x^2 - Dy^2 = 1$ 的最小解计算公式[J]. 西安文理学院学报(自然科学版), 2012(3):29-32.

[7] 赵西卿, 赵刚堂. Pell 方程 $x^2 - (a^2 - 1)y^2 = k$ 的解集[J]. 沈阳大学学报, 2009, 21(5):107-110.

[8] 杜先存, 史家银, 赵金娥. 关于 Pell 方程 $x^2 - 5(5n \pm 2)y^2 = -1 (n \equiv -1 \pmod 4)$[J]. 湖北民族学院学报(自然科学版), 2012, (2):179-181.

[9] 杜先存, 黄梅, 赵金娥. 关于 Pell 方程 $px^2 - (pn \pm 2)y^2 = \pm 1 (q \equiv -1, \pm 3 \pmod 8$ 是素数)[J]. 重庆工商大学学报(自然科学版), 2012, 29(9):5-7.

[10] 万飞, 杜先存. 关于 Pell 方程 $qx^2 - (qn \pm 3)y^2 = \pm 1 (q \equiv \pm 1 \pmod 6$ 是素数)[J]. 文山学报, 2012, 25(6):47-48.

[11] 杜先存, 万飞, 赵金娥. 关于 Pell 方程 $qx^2 - (qn \pm 6)y^2 = \pm 1 (q$ 是素数)[J]. 周口师范学院学报, 2012, 29(5):1-2.

[12] 万飞, 杜先存. 关于 Pell 方程 $qx^2 - (qn \pm 2^k \cdot 3^l)y^2 = $

$\pm 1(k,l \in \mathbf{N}, n \in \mathbf{Z}, q$ 是素数)[J].长沙大学学报(自然科学版),2012,26(5):9-10.

[13]杜先存,赵金娥.关于 Pell 方程 $ax^2 - mqy^2 = \pm 1(m \in \mathbf{Z}^*, a$ 为奇数,q 是素数)[J].沈阳大学学报,2012(2):57-59.

[14]杜先存,万飞,赵金娥.关于 Pell 方程 $ax^2 - mqy^2 = \pm 1$ $(m \in \mathbf{Z}^*, 2 \mid a, q \equiv \pm 1(\bmod 4)$ 是素数)[J].重庆工商大学学报(自然科学版),2012,29(10):11-15.

[15]万飞,杜先存.关于 Pell 方程 $ax^2 - mqy^2 = \pm 1(m \in \mathbf{Z}^*$, $3 \mid a, q \equiv \pm 1(\bmod 6$ 是素数)[J].淮阴师范学院学报(自然科学版),2012,11(4):373-379.

关于佩尔方程 $x^2 - Dy^2 = -1$ 的一个注记[①]

第三十章

1. 引言

设 D 为整数且不含平方因子,N 为非零整数. 熟知,佩尔方程 $x^2 - Dy^2 = N$ 是一类基础且重要的丢番图方程,其正整数解与实二次域的基本单位及其他代数数论理论密切相关[2-5]. 利用方程 $x^2 - Dy^2 = 1$ 的基本解的性质,文献[1] 给出方程

$$x^2 - Dy^2 = -1 \qquad (1)$$

有整数解的一些充分条件.

熟知,当 D 的分解中含有形如 $4k+3$ 的奇质因数或者 $D \equiv 0 \pmod 4$ 时,方程(1) 没有整数解[6-8];当 D 是形如 $4k+1$ 的奇质数时,方程(1) 必有整数解[9];当 $p_i \equiv 1 \pmod 4 (1 \leqslant i \leqslant s)$ 是不同的奇质数,$D = p_1, \cdots, p_s$,且 $s = 2$ 或者 $s > 2$

① 选自《成都信息工程大学学报》,2017 年第 32 卷第 3 期.

为奇数且勒让德符号 $\left(\dfrac{p_i}{p_j}\right)=-1(1\leqslant i\neq j\leqslant s)$ 时，方程(1)必有整数解[1]．进而，文献[1]还证明了：

命题 1[1]　设 $s>2$，$p_i\equiv 5(\bmod\ 8)(1\leqslant i\leqslant s)$ 是不同的奇质数，$D=2p_1\cdots p_s$，且勒让德符号 $\left(\dfrac{p_i}{p_j}\right)=1$ $(1\leqslant i\neq j\leqslant s)$，则方程(1)必有整数解．

2017 年，四川师范大学数学与软件科学学院的廖群英，张嵩，何青云，曾杰宁四位教授利用初等的方法和技巧，完善了上述命题，给出 $s=1,2$ 时方程 $x^2-Dy^2=-1$ 的有解判别，即证明了：

定理 1　设 $s\in\{1,2\}$，$p_i\equiv 5(\bmod\ 8)(1\leqslant i\leqslant s)$ 是不同的奇质数，$D=2p_1\cdots p_s$，且勒让德符号 $\left(\dfrac{p_i}{p_j}\right)=1(1\leqslant i\neq j\leqslant s)$，则方程(1)必有整数解．

2. 主要结果的证明

设 $x_1+y_1\sqrt{D}$ 是佩尔方程 $x^2-Dy^2=1$ 的基本解，则

$$x_1^2-Dy_1^2=1 \qquad\qquad (2)$$

易知，此时必有 x_1,y_1 不同奇偶，且 $\gcd(x_1,y_1)=1$．

若 x_1 为偶数，y_1 为奇数，则由式(2)两边取模 4 可得 $D\equiv 3(\bmod\ 4)$．另外，由题设条件可知 $D\equiv 2(\bmod\ 4)$，故矛盾．

因此必有 x_1 为奇数，且 y_1 为偶数．注意到 $D\equiv 2(\bmod\ 4)$，因此方程(2)等价于

$$D\left(\frac{y_1}{2}\right)^2=\frac{Dy_1^2}{4}=\frac{x_1^2-1}{4}=\left(\frac{x_1+1}{2}\right)\cdot\left(\frac{x_1-1}{2}\right)$$

并且 $\gcd\left(\dfrac{x_1+1}{2},\dfrac{x_1-1}{2}\right)=1$．因此

$$\frac{X_1+1}{2}=D_1u^2, \frac{x_1-1}{2}=D_2v^2, y_1=2uv$$

其中 $D_1, D_2, u, v \in \mathbf{Z}^*, D=D_1D_2$ 且 $\gcd(u,v)=1$.
从而

$$D_1u^2 - D_2v^2 = 1 \qquad\qquad (3)$$

因此,欲使方程(1)有整数解,只需证明 $D_1=D, D_2=$
1. 事实上,由 $s=1$ 或 2 可知有如下两种情形:

(1) 当 $s=1$ 时,即 $D=2p$,此时由 $D_1, D_2 \in \mathbf{Z}^*$,
$D=D_1D_2$ 可知有如下几种情形:

① 若 $D_1=2, D_2=p$,此时由式(3)可知 $2u^2-$
$pv^2=1$,两边取模 p 可得 2 为模 p 的平方剩余,因此
$p \equiv \pm 1 (\bmod 8)$,此与题设条件 $p \equiv 5 (\bmod 8)$ 相
矛盾.

② 若 $D_1=p, D_2=2$,此时由式(3)可知 pu^2-
$2v^2=1$,两边取模 p 可得 -2 为模 p 的平方剩余. 但由
题设条件 $p \equiv 5 (\bmod 8)$ 可知

$$\left(\frac{-2}{p}\right)=\left(\frac{-1}{p}\right)\left(\frac{2}{p}\right)=-1$$

即 -2 为模 p 的平方非剩余,故矛盾,其中 $\left(\dfrac{-}{p}\right)$ 为模奇
质数 p 的勒让德符号.

③ 若 $D_1=1, D_2=2p$,此时由式(3)可知 u^2-
$2pv^2=1$,即 $u^2-Dv^2=1$,从而 $u+v\sqrt{D}$ 为佩尔方程
$x^2-Dy^2=1$ 的一个整数解. 注意到 $v=\dfrac{y_1}{2u}<y_1$,此与
$x_1+y_1\sqrt{D}$ 是佩尔方程 $x^2-Dy^2=1$ 的基本解的假设
相矛盾.

综上,必有 $D_1=2p=D, D_2=1$,从而方程(1)有整
数解.

260

（2）当 $s=2$ 时，即 $D=2p_1p_2$，此时由 $D_1,D_2 \in \mathbf{Z}^*$，$D=D_1D_2$ 知有如下几种情形：

① 若 $D_1=1,D_2=2p_1p_2$，此时由式（3）可知 $u^2-Dv^2=1$，从而 $u+v\sqrt{D}$ 为佩尔方程 $x^2-Dy^2=1$ 的一个整数解. 注意到 $v=\dfrac{y_1}{2u}<y_1$，此与 $x_1+y_1\sqrt{D}$ 是佩尔方程 $x^2-Dy^2=1$ 的基本解的假设相矛盾.

② 若 $D_1=2,D_2=p_1p_2$，此时由式（3）可知 $2u^2-p_1p_2v^2=1$，两边取模 p_1 可知 2 为模 p_1 的平方剩余，从而 $p_1\equiv\pm1(\bmod 8)$，与题设条件 $p_i\equiv5(\bmod 8)$ 相矛盾.

③ 若 $D_1=p_1p_2,D_2=2$，此时由式（3）可知 $p_1p_2u^2-2v^2=1$，两边取模 p_1 可知 -2 为模 p_1 的平方剩余，仍与题设条件 $p_i\equiv5(\bmod 8)$ 相矛盾.

④ 若 $D_1=2p_i,D_2=p_j(i\neq j)$，此时由式（3）可知 $2p_iu^2-p_jv^2=1$，两边取模 p_j 可知 $\left(\dfrac{2p_i}{p_j}\right)=1$. 从而由题设 $\left(\dfrac{p_i}{p_j}\right)=1(1\leqslant i\neq j\leqslant s)$，可知 $\left(\dfrac{2}{p_j}\right)=1$，故 $p_j\equiv\pm1(\bmod 8)$，此与题设 $p_i\equiv5(\bmod 8)$ 相矛盾.

⑤ 若 $D_1=p_i,D_2=2p_j(i\neq j)$，此时由式（3）可知 $p_iu^2-2p_jv^2=1$，两边取模 p_i 可知 $\left(\dfrac{-2p_j}{p_i}\right)=1$. 从而由题设 $\left(\dfrac{p_j}{p_i}\right)=1(1\leqslant i\neq j\leqslant s)$，可知 $\left(\dfrac{-2}{p_i}\right)=1$，故 $p_i\equiv1,3(\bmod 8)$，此与题设 $p_i\equiv5(\bmod 8)$ 相矛盾.

综上，必有 $D_1=D,D_2=1$，从而方程（1）有整数解.

这就完成了定理 2 的证明.

261

3. 小结

利用初等方法和技巧,完善了命题 1 的结果.

对于文献 [1] 中的另外一种情形,即当 $p_i \equiv 1 \pmod 4$ $(1 \leqslant i \leqslant s)$ 是不同的奇质数,$D = p_1 \cdots p_s$,且 $s > 2$ 为偶数时,方程(1)何时必有整数解的问题,没有给出判别条件.

事实上,如果沿用本章的思想,当 $D_1 > 1$,$D_2 > 1$ 时,对式(3)的两边取模 D_1 中的质因数,则必有 -1 是模 D_1 中的任意一个奇质因数的平方剩余,即要求任意的奇质因数 $p_i \equiv 1 \pmod 4$,此时由勒让德符号的二次反转律可知

$$\left(\frac{p_i}{p_j}\right) = \left(\frac{p_j}{p_i}\right) \quad (1 \leqslant i \neq j \leqslant s)$$

故当 $D_1 = p_i$,$D_2 = D/p_i$ 时,代入式(3),两边取模 p_j $(j \neq i)$ 可知对任意的 $j \neq i$,$\left(\frac{p_i}{p_j}\right) = 1$,此时再对式(3)的两边取模 p_i,则有 $\left(\frac{-1}{p_i}\right) = 1$,从而 $p_i \equiv 3 \pmod 4$,矛盾.所以这些情况都可以排除.

但是对于 $D_1 > 1$ 且含有偶数个 p_i 的情形,注意 $s > 2$ 为偶数,故 D_2 中也含有偶数个 p_i.此时无论 p_i 对 p_j 的勒让德符号是 1 还是 -1,D_1 对于 D_2 中的每一个奇质因数的勒让德符号均为 1,没有办法得到矛盾.

因此,当 D 是偶数($\geqslant 4$)个不同奇质数的乘积时,利用本章的方法不能给出方程(1)有整数解的充分条件,需要寻求新的方法和工具.

参考文献

[1] 曹珍富.不定方程及其应用[M].上海:上海交通大学出版社,2000.

[2] FLATH D E. Introduction to Number Theory[M]. New York:Wiley,1989.

[3] GUY R K. Unsolved Problem in Number Theory [M]. New York:SpringerVerlag,2004:4-10.

[4] EPSTEIN P. Zur auflosbarkeit der gleichung $x^2 - Dy^2 = 1$[J]. J Reine angew Math,1934,171:243−252.

[5] GRYTCZUK A,LUCA F,WOJTOWICA M. The negative Pell equation and Pythagorean triples[J]. Proc Japan Acad, 2000,76(1):91-94.

[6] 华罗庚.数论导引[M].北京:科学出版社,1979:358-361.

[7] GUY R K. Unsolved problems in number theory[M]. Beijing:Beijing Science Press,2007:71-158.

[8] 曹珍富.丢番图方程引论[M].哈尔滨:哈尔滨工业大学出版社,1986:149-164.

[9] 何国梁.初等数论[M].海口:海南出版社,1992.

关于佩尔方程 $ax^2 - by^2 = \pm 1$ 没有正整数解的证明①

第三十一章

佩尔方程属于不定二次方程的一种,它在数学领域有着广泛的应用,例如佩尔方程结合欧几里得算法,可以对某个正整数平方根的近似值进行计算. 早在古希腊时期,著名数学家阿基米德就提出了二元二次不定方程,可以看成佩尔方程的前身. 十六世纪,法国数学家费马进一步探索了该类型方程在求解方面的问题,他对佩尔方程正整数解的无穷性进行了猜测,但还未很好地证明[1]. 同时代的英国数学家沃利斯(Wallis)则解决了佩尔方程正整数解无穷性证明这一问题[2]. 广泛意义上的佩尔方程存在着两种类型:

---

① 选自《山东农业大学学报(自然科学版)》,2018 年第 49 卷第 6 期.

(1)$x^2 - Dy^2 = k(x, y, k \in \mathbf{Z})$;

(2)$ax^2 - by^2 = \pm 1, \pm 2, \pm 4(x, y, a, b \in \mathbf{Z}, ab \neq 0)$.

随着数学理论的不断发展,佩尔方程有了更完善的理论基础,而且在实际应用方面也被挖掘出更多的价值,影响到人们生产生活的方方面面.2018 年,广安职业技术学院师范学院的李勇教授对 $ax^2 - by^2 = \pm 1$ 这一佩尔方程没有正整数解的问题进行探索.

1. 佩尔方程 $ax^2 - by^2 = \pm 1$ 的相关定理

(1) 第一种解法的定理.

设 a 的模值为 q, $b = qn \pm 5$, $q \equiv \pm 1, \pm 3 \pmod{10}$, 为素数,有以下 4 个定理:

定理 1　方程 $qx^2 - (qn - 5)y^2 = 1(q \equiv \pm 3, \pm 7 \pmod{20}$ 为素数),没有整数解.

定理 2　方程 $qx^2 - (qn + 5)y^2 = -1(q \equiv \pm 3, \pm 7 \pmod{20}$ 为素数),没有整数解.

定理 3　方程 $qx^2 - (qn - 5)y^2 = -1(q \equiv -1, -3, -7, -9 \pmod{20}$ 为素数),没有整数解.

定理 4　方程 $qx^2 - (qn + 5)y^2 = 1(q \equiv -1, -3, -7, -9 \pmod{20}$ 为素数),没有整数解.

(2) 第二种解法的定理.

设 $b = mq$, $m \in \mathbf{Z}^*$, $5 \mid a$, $q \in 1, 3 \pmod{10}$ 为素数,a 为合数,有以下 6 个定理:

定理 5　方程 $5^t \prod_{i=1}^{2s+1} p_i x^2 - mqy^2 = 1(m, t \in \mathbf{Z}^*$, $q \equiv \pm 1, \pm 9 \pmod{20}$ 为素数),p_i 是素数,且 $(p_i/q) = -1(i = 1, 2, \cdots, 2s+1)$ 没有整数解.

定理 6 方程 $5^{2t+1}\prod\limits_{i=1}^{s}p_ix^2-mqy^2=1(m,t\in$ $\mathbf{Z}^*,q\equiv\pm3,\pm7(\bmod 20)$ 为素数$),p_i$ 是素数,且 $(p_i/q)=1(i=1,2,\cdots,s)$ 没有整数解.

定理 7 方程 $5^t\prod\limits_{i=1}^{2s+1}p_ix^2-mqy^2=-1(m,t\in$ $\mathbf{Z}^*,q\equiv1,9(\bmod 20)$ 为素数$),p_i$ 是素数,且 $(p_i/q)=-1(i=1,2,\cdots,2s+1)$ 没有整数解.

定理 8 方程 $5^{2t+1}\prod\limits_{i=1}^{s}p_ix^2-mqy^2=-1(m,t\in$ $\mathbf{Z}^*,q\equiv-3,-7(\bmod 20)$ 为素数$),p_i$ 是素数,且 $(p_i/q)=1(i=1,2,\cdots,s)$ 没有整数解.

定理 9 方程 $5^{2t}\prod\limits_{i=1}^{s}p_ix^2-mqy^2=-1(m,t\in$ $\mathbf{Z}^*,q\equiv3,7(\bmod 20)$ 为素数$),p_i$ 是素数,且 $(p_i/q)=1(i=1,2,\cdots,s)$ 没有整数解.

定理 10 方程 $5^t\prod\limits_{i=1}^{2s}p_ix^2-mqy^2=-1(m,t\in$ $\mathbf{Z}^*,q\equiv-1,-9(\bmod 20)$ 为素数$),p_i$ 是素数,且 $(p_i/q)=-1(i=1,2,\cdots,2s)$ 没有整数解.

2. 与佩尔方程 $ax^2-by^2=\pm1$ 相关定理的证明

(1) 第一种解法定理的证明.

定理 1 的证明 对于定理 1 中的方程,在方程的两边取模 $q,5y^2\equiv1(\bmod q),5/q=1$,因为在 $q\equiv\pm3$, $\pm7(\bmod 20)$ 的时候:$\left(\dfrac{5}{q}(-1)^{\frac{5-1}{2}\cdot\frac{q-1}{2}}\dfrac{q}{5}\right)=\left(\dfrac{q}{5}\right)$.

在 $q\equiv\pm3(\bmod 20)$ 的时候:$\left(\dfrac{5}{q}\right)=\left(\dfrac{q}{5}\right)=\left(\dfrac{20k\pm3}{5}\right)=\left(\dfrac{\pm3}{5}\right)=-1$.

在 $q \equiv \pm 7 (\mathrm{mod}\ 20)$ 的时候：$\left(\dfrac{5}{q}\right) = \left(\dfrac{q}{5}\right) =$

$\left(\dfrac{20k \pm 7}{5}\right) = \left(\dfrac{\pm 7}{5}\right) = -1.$

因此在 $q \equiv \pm 3, \pm 7 (\mathrm{mod}\ 20)$ 的时候，$\left(\dfrac{5}{q}\right) = -1$，

这与之前的设定产生矛盾，因此定理 1 没有正整数解.

定理 2 的证明　对于定理 2 中的方程，在方程的

两边取模 q，$-5y^2 \equiv -1 (\mathrm{mod}\ q)$，$\left(\dfrac{5}{q}\right) = 1$，但是前面

证明在 $q \equiv \pm 3, \pm 7 (\mathrm{mod}\ 20)$ 的时候，$\left(\dfrac{5}{q}\right) = -1$，同样

产生了矛盾，因此定理 2 没有正整数解.

定理 3 的证明　对于定理 3 中的方程，在方程的

两边取模 q，$5y^2 \equiv -1 (\mathrm{mod}\ q)$，$-\left(\dfrac{5}{q}\right) = 1$，因为在

$q \equiv -1, -3, -7, -9 (\mathrm{mod}\ 20)$ 的 时 候：

$\left(\dfrac{-5}{q}\right) = \left(\dfrac{-1}{q}\right)\left(\dfrac{5}{q}\right).$

在 $q \equiv -1 (\mathrm{mod}\ 20)$ 的时候：$\left(\dfrac{-1}{q}\right) = (-1)^{\frac{q-1}{2}} =$

$(-1)^{10k-1} = -1,\quad \left(\dfrac{5}{q}\right) = \left(\dfrac{q}{5}\right) = \left(\dfrac{20k-1}{5}\right) =$

$\left(\dfrac{-1}{5}\right) = 1.$

在 $q \equiv -3 (\mathrm{mod}\ 20)$ 的时候：$\left(\dfrac{-1}{q}\right) = (-1)^{\frac{q-1}{2}} =$

$(-1)^{10k-2} = 1, \left(\dfrac{5}{q}\right) = -1.$

在 $q \equiv -7 (\mathrm{mod}\ 20)$ 的时候：$\left(\dfrac{-1}{q}\right) = (-1)^{\frac{q-1}{2}} =$

$$(-1)^{10k-4} = 1, \left(\frac{5}{q}\right) = -1.$$

在 $q \equiv -9 \pmod{20}$ 的时候：$\left(\frac{-1}{q}\right) = (-1)^{\frac{q-1}{2}} =$

$$(-1)^{10k-5} = 1, \left(\frac{5}{q}\right) = \left(\frac{q}{5}\right) = \left(\frac{20k-9}{5}\right) = \left(\frac{-4}{5}\right) = 1.$$

因此在 $q \equiv -1, -3, -7, -9 \pmod{20}$ 的时候，$-\left(\frac{5}{q}\right) = -1$，这与之前的设定产生矛盾，因此定理 3 没有正整数解.

定理 4 的证明　对于定理 4 中的方程，在方程的两边取模 q，$-5y^2 \equiv 1 \pmod{q}$，$-\left(\frac{5}{q}\right) = 1$，但是前面证明在 $q \equiv -1, -3, -7, -9 \pmod{20}$ 的时候，$-\left(\frac{5}{q}\right) = -1$，同样产生了矛盾，因此定理 4 没有正整数解.

（2）第二种解法定理的证明.

定理 5 的证明　对于定理 5 中的方程，在方程的两边取模 q，得到以下方程：$5^t \prod_{i=1}^{2s+1} p_i x^2 \pmod{q}$.

若定理 5 有正整数解，取模后的方程同样有正整数解，因此：$\dfrac{5^t \prod_{i=1}^{2s+1} p_i}{q} = 1$.

因为在 $q \equiv \pm 1, \pm 9 \pmod{20}$ 的时候：$\left(\frac{5}{q}\right) = (-1)^{\frac{5-1}{2} \cdot \frac{q-1}{2}} \left(\frac{q}{5}\right) = \left(\frac{q}{5}\right)$.

在 $q \equiv \pm 1 \pmod{20}$ 的时候：$\left(\frac{5}{q}\right) = \left(\frac{q}{5}\right) =$

$$\left(\frac{20k \pm 1}{5}\right) = \left(\frac{\pm 1}{5}\right) = 1.$$

在 $q \equiv \pm 9 (\mathrm{mod}\ 20)$ 的时候：$\left(\frac{5}{q}\right) = \left(\frac{q}{5}\right) =$

$$\left(\frac{20k \pm 9}{5}\right) = \left(\frac{\pm 9}{5}\right) = 1.$$

又因为 $\left(\frac{p_i}{q}\right) = -1 (i = 1, 2, \cdots, 2s + 1)$，所以取模后的方程解为 -1，这与之前取模后的方程解产生矛盾，因此定理 5 没有正整数解.

定理 6 的证明 对于定理 6 中的方程，在方程的两边取模 q，得到以下方程：$5^{2t+1} \prod\limits_{i=1}^{s} p_i x^2 \equiv 1 (\mathrm{mod}\ q)$.

若定理 6 有正整数解，取模后的方程同样有正整数解，因此：$\dfrac{5^{2t+1} \prod\limits_{i=1}^{s} p_i}{q} = 1$.

因为在 $q \equiv \pm 3, \pm 7 (\mathrm{mod}\ 20)$ 的时候：$\left(\frac{5}{q}\right) =$

$$(-1)^{\frac{5-1}{2} \cdot \frac{q-1}{2}} \left(\frac{q}{5}\right) = \left(\frac{q}{5}\right).$$

在 $q \equiv \pm 3 (\mathrm{mod}\ 20)$ 的时候：$\left(\frac{5}{q}\right) = \left(\frac{q}{5}\right) =$

$$\left(\frac{20k \pm 3}{5}\right) = \left(\frac{\pm 3}{5}\right) = -1.$$

在 $q \equiv \pm 7 (\mathrm{mod}\ 20)$ 的时候：$\left(\frac{5}{q}\right) = \left(\frac{q}{5}\right) =$

$$\left(\frac{20k \pm 7}{5}\right) = \left(\frac{\pm 7}{5}\right) = -1.$$

又因为 $\left(\frac{p_i}{q}\right) = 1 (i = 1, 2, \cdots, s)$，所以取模后的方

程解为 -1,这与之前取模后的方程解产生矛盾,因此定理 6 没有正整数解.

定理 7 的证明 对于定理 7 中的方程,在方程的两边取模 q,得到以下方程:$5^t \prod\limits_{i=1}^{2s+1} p_i x^2 \equiv -1 (\bmod\ q)$.

若定理 7 有正整数解,取模后的方程同样有正整数解,因此:$\dfrac{-5^t \prod\limits_{i=1}^{2s+1} p_i}{q} = 1$.

因为在 $q \equiv 1, 9 (\bmod\ 20)$ 的时候:$\left(\dfrac{-1}{q}\right) = 1$, $\left(\dfrac{5}{q}\right) = 1$.

则:$\left(\dfrac{-5^t}{q}\right) = \left(\dfrac{-1}{q}\right)\left(\dfrac{5^t}{q}\right) = 1$.

又因为 $\left(\dfrac{p_i}{q}\right) = -1 (i = 1, 2, \cdots, 2s+1)$,所以取模后的方程解为 -1,这与之前取模后的方程解产生矛盾,因此定理 7 没有正整数解.

定理 8 的证明 对于定理 8 中的方程,在方程的两边取模 q,得到以下方程:

$$5^{2t+1} \prod\limits_{i=1}^{s} p_i x^2 \equiv -1 (\bmod\ q)$$

若定理 8 有正整数解,取模后的方程同样有正整数解,因此:$\dfrac{-5^{2t+1} \prod\limits_{i=1}^{s} p_i}{q} = 1$.

因为在 $q \equiv -1, -7 (\bmod\ 20)$ 的时候:$\left(\dfrac{-1}{q}\right) = 1$, $\left(\dfrac{5}{q}\right) = -1$.

则：$\left(\dfrac{-5^{2t+1}}{q}\right)=\left(\dfrac{-1}{q}\right)\left(\dfrac{5^{2t+1}}{q}\right)=-1.$

又因为 $\left(\dfrac{p_i}{q}\right)=1(i=1,2,\cdots,s)$，所以取模后的方程解为 -1，这与之前取模后的方程解产生矛盾，因此定理 8 没有正整数解.

定理 9 的证明　对于定理 9 中的方程，在方程的两边取模 q，得到以下方程：$5^{2t}\displaystyle\prod_{i=1}^{s}p_ix^2\equiv-1(\bmod q).$

若定理 9 有正整数解，取模后的方程同样有正整数解，因此：$\dfrac{-5^{2t}\displaystyle\prod_{i=1}^{s}p_i}{q}=1.$

因为在 $q\equiv1,7(\bmod 20)$ 的时候：$\left(\dfrac{-1}{q}\right)=-1,$ $\left(\dfrac{5}{q}\right)=-1.$

则：$\left(\dfrac{-5^{2t}}{q}\right)=\left(\dfrac{-1}{q}\right)\left(\dfrac{5^{2t}}{q}\right)=-1.$

又因为 $\left(\dfrac{p_i}{q}\right)=1(i=1,2,\cdots,s)$，所以取模后的方程解为 -1，这与之前取模后的方程解产生矛盾，因此定理 9 没有正整数解.

定理 10 的证明　对于定理 10 中的方程，在方程的两边取模 q，得到以下方程：

$$5^t\prod_{i=1}^{2s}p_ix^2\equiv-1(\bmod q)$$

若定理 10 有正整数解，取模后的方程同样有正整数解，因此：$\dfrac{-5^t\displaystyle\prod_{i=1}^{2s}p_i}{q}=1.$

因为在 $q \equiv -1, -9 \pmod{20}$ 的时候：$\left(\dfrac{-1}{q}\right) = -1, \left(\dfrac{5}{q}\right) = -1.$

则：$\left(\dfrac{-5^t}{q}\right) = \left(\dfrac{-1}{q}\right)\left(\dfrac{5^t}{q}\right) = -1.$

又因为 $\left(\dfrac{p_i}{q}\right) = -1 (i = 1, 2, \cdots, 2s)$，所以取模后的方程解为 -1，这与之前取模后的方程解产生矛盾，因此定理 10 没有正整数解.

3. 讨论

关于佩尔方程正整数解的相关研究，国内外学者进行了大量的探索. 美国数学家 Pletser 在探索佩尔方程 $ax^2 - by^2 = \pm 1$ 是否存在可解性的过程中，给出了该类型方程没有正整数解的六个结论，他认为这样的结论对于狭义佩尔方程的研究起到了重要作用[3]. 英国学者贝克通过勒让德符号以及同余性质的运用，对佩尔方程 $ax^2 - by^2 = \pm 1$ 这一类型有无正整数解进行了探索，得出该类型方程没有正整数解的四个结论[4]. 国内学者过静等人探讨了两类佩尔方程组的解，得出结论：$x^2 - 3y^2 = 1, y^2 - Dz^2 = 1$ 这两个方程组不存在正整数解，只有平凡解[5]. 本章针对佩尔方程 $ax^2 - by^2 = 1$ 是否存在正整数解，给出了两种算法的 10 个定理，这些定理都不存在正整数解，并分别对这些定理进行证明.

4. 结论

佩尔方程没有正整数解这一命题自十六世纪以来，就一直处于广泛的讨论之中. 本章以 $ax^2 - by^2 =$

± 1 这一狭义佩尔方程为例,对第一种解法假设 $(\bmod\ 20)$ 为素数,用模 q 代替 a,得出 4 个结论:当 1 $(q\equiv\pm 3,\pm 7)$、$-1(q\equiv\pm 3,\pm 7)$、$-1(q\equiv-1,-3,$ $-7,-9)$、$1(q\equiv-1,-3,-7,-9)$ 时,佩尔方程都没有正整数解;对第二种解法假设 $(\bmod\ 20)$ 为素数,p_i 是素数,在方程两边取模 q,得出 6 个结论:当 $1(m,t\in$ $\mathbf{Z}^*,q\equiv\pm 1,\pm 9)$,且 $\left(\dfrac{p_i}{q}\right)=-1(i=1,2,\cdots,2s+1)$ 时,佩尔方程没有整数解;当 $1(m,t\in\mathbf{Z}^*,q\equiv\pm 3,$ $\pm 7)$,且 $\left(\dfrac{p_i}{q}\right)=-1(i=1,2,\cdots,s)$ 时,佩尔方程没有整数解;当 $-1(m,t\in\mathbf{Z}^*,q\equiv 1,9)$,且 $\left(\dfrac{p_i}{q}\right)=-1(i=1,$ $2,\cdots,2s+1)$ 时,佩尔方程没有整数解;当 $-1(m,t\in$ $\mathbf{Z}^*,q\equiv-3,-7)$,且 $\left(\dfrac{p_i}{q}\right)=-1(i=1,2,\cdots,s)$ 时,佩尔方程没有整数解;当 $-1(m,t\in\mathbf{Z}^*,q\equiv 3,7)$,且 $\left(\dfrac{p_i}{q}\right)=-1(i=1,2,\cdots,s)$ 时,佩尔方程没有整数解;当 $-1(m,t\in\mathbf{Z}^*,q\equiv-1,-9)$,且 $\left(\dfrac{p_i}{q}\right)=-1(i=1,$ $2,\cdots,2s)$ 时,佩尔方程没有整数解.

参考文献

[1] COLMAN　W　J　A. Some　Remarks　on　the　Pell Equation[J]. Mathematical spectrum,2015(3):125-127.

[2] ELSNER　C. On　Exponential-type　Sums　Formed　by Solutions of Pell's Equation [J]. Journal of combinatorics and number theory,2014(3):163-181.

[3] PLETSER V. On continued fraction development of quadratic irrationals having all periodic terms but last equal and associated

general solutions of the Pell equation[J].Journal of Number Theory,2014(12):339-353.

［4］JZSEF B.Pell equation and randomness[J].Periodica Mathematica Hungarica:Journal of the Janos Bolyai Mathematical Society,2015(1):1-108.

［5］过静,赵建红,杜先存.关于 Pell 方程组 $x^2 - 3y^2 = 1$ 与 $y^2 - Dz^2 = 1$ 的解[J].数学的实践与认识,2017(20):265-269.

第 三 编

佩尔方程的公解

关于佩尔方程 $x^2 - 2y^2 = 1$ 和 $y^2 - Dz^2 = 4$ 的公解(一)①

　　二次不定方程组的研究已引起不少人的兴趣,如 A. Baker 和 H. Davenport[1] 及 P. Kanagasapathy 和 T. Ponnudurai[2] 分别用不同的方法证明了不定方程组

$$\begin{cases} y^2 - 3x^2 = -2 \\ z^2 - 8x^2 = -7 \end{cases}$$

仅有解 $x = y = z = 1, x = 11, y = 19, z = 31.$ Mohanty 和 Ramasamy[3] 证明了不定方程组

$$\begin{cases} x^2 - 2y^2 = 1 \\ 5y^2 - z^2 = 20 \end{cases}$$

仅有解 $z = 0.$ 曹珍富[4] 证明了当 $D = p_1 p_2 \cdots p_s \equiv 1 \pmod 4 (1 \leqslant s \leqslant 4), p_1, p_2, \cdots, p_s$ 为不同的奇素数时,佩尔方程组

$$\begin{cases} x^2 - 2y^2 = 1 \\ y^2 - Dz^2 = 4 \end{cases} \qquad (1)$$

仅有平凡解 $z=0$. 陈建华[5] 证明了当 D 为奇素数或两个奇素数之积, $D \neq 35$ 时, 佩尔方程组 (1) 仅有平凡解 $z=0$.

1994 年, 北京大学数学系的陈永高教授在假定 D 为无平方因子的正奇数情况下, 用 $\tau(D)$ 表示 D 的素因子个数, 证明了如下结论:

定理 (1) 当 $D \not\equiv -1 (\bmod 12)$, $\tau(D) \leqslant 6$ 且 D 不等于 $3 \cdot 5 \cdot 7 \cdot 11 \cdot 17 \cdot 577$ 或 $17 \cdot 19 \cdot 29 \cdot 41 \cdot 59 \cdot 577$ 时, 不定方程组 (1) 仅有平凡解 $z=0$; 当 $D = 3 \cdot 5 \cdot 7 \cdot 11 \cdot 17 \cdot 577$ 时, 方程组 (1) 有解 $z = \pm 24$; 当 $D = 17 \cdot 19 \cdot 41 \cdot 59 \cdot 577$ 时, 方程组 (1) 有解 $z = \pm 24$;

(2) 当 $D \equiv -1 (\bmod 22)$, $\tau(D) \leqslant 3$, 且 $D \neq 5 \cdot 7$, $29 \cdot 41 \cdot 239$ 时, 不定方程组 (1) 仅有平凡解 $z=0$; 当 $D = 5 \cdot 7$ 时方程组 (1) 有解 $z = \pm 2$; 当 $D = 29 \cdot 41 \cdot 239$ 时, 方程组 (1) 有解 $z = \pm 26$.

1. 预备引理

定义 $x_n = \dfrac{1}{2}(\rho^n + \bar{\rho}^n)$, $y_n = \dfrac{1}{2\sqrt{2}}(\rho^n - \bar{\rho}^n)$, 其中 $n = 0, \pm 1, \pm 2, \cdots$, $P = 1 + \sqrt{2}$, $\bar{P} = 1 - \sqrt{2}$.

引理 1 设 m, n 为正整数, 则

$$(x_n, x_m) = \begin{cases} x_{(m,n)}, & 2 \nmid \dfrac{mn}{(m,n)^2} \\ 1, & 2 \mid \dfrac{mn}{(m,n)^2} \end{cases}$$

$$(x_n, y_m) = \begin{cases} x_{(m,n)}, & 2 \mid \dfrac{m}{(m,n)^2} \\ 1, & 2 \nmid \dfrac{m}{(m,n)^2} \end{cases}$$

$$(y_n, y_m) = y_{(m,n)}$$

证明　对任给的整数 s,t 有

$$x_s = 2x_t x_{s-t} - (-1)^t x_{s-2t}$$

$$x_{s-2t} = (-1)^{s-2t} x_{2t-s}$$

由此有 $(x_s, x_t) = (x_{|s-2t|}, x_t)$，从而

$$(x_n, x_m) = (x_{|n-2m|}, x_m)$$

$$(x_n, x_m) = (x_n, x_{|m-2n|})$$

并且有 $(n,m) = (\mid n - 2m \mid, m) = (n, \mid m - 2n \mid)$，$n/(m,n)$ 与 $\mid n - 2m \mid /(m,n)$ 同奇偶，$m/(m,n)$ 与 $\mid m - 2n \mid /(m,n)$ 同奇偶，以及当 $m \neq n$ 且 $mn \neq 0$ 时有 $\mid n - 2m \mid < n$ 或 $\mid m - 2n \mid < m$. 反复进行如上运算，有限步后，必有

$$(x_n, x_m) = (x_u, x_v)$$

其中 $(n,m) = (u,v)$，$u = v$ 或 $uv = 0$，并且 $n/(m,n)$ 与 $u/(m,n)$ 同奇偶，$m/(m,n)$ 与 $v/(m,n)$ 同奇偶. 由此及 $x_0 = 1$ 知

$$(x_n, x_m) = \begin{cases} x_{(m,n)}, & 2 \nmid \dfrac{mn}{(m,n)^2} \\ 1, & 2 \mid \dfrac{mn}{(m,n)^2} \end{cases}$$

类似地，由

$$x_s = 4y_t y_{s-t} + (-1)^t x_{s-2t}$$

$$y_t = 2x_s y_{t-s} - (-1)^s y_{t-2s}$$

得到关于 (x_n, y_m) 的表达式. 由

$$y_s = 2y_t x_{s-t} + (-1)^t y_{s-2t}$$

得到关于(y_n,y_m)的表达式.

引理 1 证毕.

附注 引理1的结论虽只对$\rho=1+\sqrt{2}$证之,但对一般的佩尔方程$x^2-Dy^2=\pm1$及$x^2-Dy^2=\pm4$的解所成序列仍成立.

引理 2 若$x_{4n+2}=3a^2,a\in\mathbf{N}$,则$n\equiv0$或$3(\bmod 4)$.

证明 由$x_{4n+2}=4y_{2n+1}^2-1=2x_{2n+1}^2+1$知

$$x_{2n+1}^2-2y_{2n+1}^2=-1$$
$$2x_{2n+1}^2-3a^2=-1$$
$$4y_{2n+1}^2-3a^2=1$$

由此得,若$p\mid x_{2n+1}$,则$p\neq2,3$,且$\left(\dfrac{2}{p}\right)=1,\left(\dfrac{3}{p}\right)=1$,即$p\equiv\pm1(\bmod 24)$. 所以$x_{2n+1}\equiv\pm1(\bmod 24)$. 若$p\mid y_{2n+1}$,则$p\neq2,3$且$\left(\dfrac{-1}{p}\right)=1,\left(\dfrac{-3}{p}\right)=1$,即$p\equiv1(\bmod 12)$. 所以$y_{2n+1}\equiv1(\bmod 12)$. 直接验证知

$$x_{8k+r}=4y_{4k+r}y_{4k}+x_r$$
$$y_{8k+r}=2x_{4k+r}y_{4k}+y_r$$

由引理 1 知$y_4\mid y_{4k}$,即$12\mid y_{4k}$. 故

$$x_{8k+r}\equiv x_r(\bmod 24)$$
$$y_{8k+r}\equiv y_r(\bmod 24)$$

而当$r=1,3,5,7$时,当且仅当$r=1,7$时,同时有

$$x_r\equiv\pm1(\bmod 24),y_r\equiv1(\bmod 12)$$

由以上讨论知$n\equiv0$或$3(\bmod 4)$.

引理 2 得证.

引理 3 设$n\geqslant1$,则x_n为平方数当且仅当$n=1$,y_n为平方数当且仅当$n=1,7$.

证明　由文[6]知 $n>1$ 时, x_n 不是完全平方数. 又由 $y_{2k}=2x_ky_k$ 及 $(x_k,2y_k)=1$ 知, 若 y_{2k} 为平方数, 则 x_k 为平方数, 从而 $k=1$, 但 $y_2=2$ 不是平方数. 琼格伦[7] 证明了 $1+x^2=2y^4$ 的正解仅为 $(1,1),(239,13)$. 由 $x_{2k+1}^2-2y_{2k+1}^2=-1$ 知 y_{2k+1} 为平方数当且仅当 $y_{2k+1}=1,13^2$, 即 $k=0,3$.

引理 3 得证.

2. 定理的证明

佩尔方程 $x^2-2y^2=1$ 的全部正解为 (x_{2n},y_{2n}) $(n=1,2,\cdots)$. 设 $x=x_{2n+2},y=y_{2n+2},z=z_n(n\geqslant1)$ 为 $x^2-2y^2=1$ 及 $y^2-Dz^2=4$ 的解. 容易验证如下关系

$$y_{2k}=2x_ky_k$$

$$y_{2k+2}=2x_{k+2}y_k+2(-1)^k=2x_ky_{k+2}-2(-1)^k$$

因此

$$Dz_n^2=y_{2n+2}^2-4=$$
$$(y_{2n+2}-2(-1)^n)(y_{2n+2}+2(-1)^n)=$$
$$4x_{n+2}y_nx_ny_{n+2}$$

下面分三种情形讨论:

情形 1　$n=2^tm(t\geqslant2,2\nmid m)$. 反复用 $y_{2k}=2x_ky_k$, 有

$$Dz_n^2=4x_{2^tm+2}x_{2^tm}y_{2^tm}y_{2^tm+2}=$$
$$2^{t+3}x_{2^tm+2}x_{2^{t-1}m+1}y_{2^{t-1}m+1}x_{2^tm}x_{2^{t-1}m}\cdots x_my_m$$

由引理 1 知

$$(x_{2^tm+2},x_{2m})=x_2=3$$

及

$$x_{2^tm+2}/3,x_{2^{t-1}m+1},y_{2^{t-1}m+1},x_{2^tm},\cdots,x_{4m},x_{2m}/3$$

x_m,y_m 两两互素且均为奇数(与 $y_2=2$ 互素). 由于 D

为奇数,故 2^{t+3} 为平方数,即 t 为奇数. 由引理 3 知 $x_{2^{t-1}m+1},x_{2^tm},\cdots,x_{4m}$ 均不是平方数,它们至少为 D 提供 t 个因子.要证 $\tau(D)\geqslant 7$,只要考虑 $t=3,5$.当 $t=5$, $m\neq 1$ 时,由引理 3 知,$y_{2^{t-1}m+1},x_m$ 不为平方数,它们至少再为 D 提供 2 个因子;当 $t=5,m=1$ 时,$x_{2^tm+2}/3=$ $x_{34}/3=(2y_{17}-1)(2y_{17}+1)/3=2\ 273\ 377\cdot 757\ 793$, 而 2 273 377 与 757 793 互素且均不为平方数,此时 $x_{2^tm+2}/3$ 至少为 D 提供 2 个因子.因此,当 $t=5$ 时, $\tau(D)\geqslant 7$.下面考虑 $t=3$.当 $t=3,m\neq 1,7$ 时,由引理 2,3 知 $x_{2^tm+2}/3,y_{2^{t-1}m+1},x_m,y_m$ 均不为平方数,它们至少为 D 提供 4 个因子,这样 $\tau(D)\geqslant 7$.当 $t=3,m=7$ 时,由引理 2,3,$x_{2^tm+2}/3,y_{2^{t-1}m+1},x_m$ 均不为平方数, $x_{2m}/3=x_{14}/3=113\cdot 337$,这样 $y_{2^tm+2}/3,y_{2^{t-1}m+1},x_m,$ $x_{2m}/3$ 至少为 D 提供 5 个因子,此时 $\tau(D)\geqslant 8$.当 $t=3,$ $m=1$ 时

$$Dz_8^2=2^6\cdot 3^2(x_{10}/3)x_5y_5x_8x_4(x_2/3)x_1y_1=$$
$$2^6\cdot 3^2\cdot 17\cdot 19\cdot 29\cdot 41\cdot 59\cdot 577$$

此时

$$D=17\cdot 19\cdot 29\cdot 41\cdot 59\cdot 577,z_8=24$$

情形 2 $n=2^tm-2(t\geqslant 2,2\nmid m)$.类似于情形 1,有

$$Dz_n^2=4x_{2^tm-2}y_{2^tm-2}x_{2^tm}y_{2^tm}=$$
$$2^{t+3}x_{2^tm-2}x_{2^{t-1}m-1}y_{2^{t-1}m-1}x_{2^tm}x_{2^{t-1}m}\cdots x_{2m}x_my_m$$

并且 $x_{2^tm-2}/3,x_{2^{t-1}m-1},y_{2^{t-1}m-1},x_{2^tm},\cdots,x_{4m},x_{2m}/3,x_m,y_m$ 为两两互素的奇数,t 为奇数.由引理 3 知 $x_{2^{t-1}m-1},$ $y_{2^{t-1}m-1},x_{2^tm},\cdots,x_{4m}$ 均不是平方数,它们至少为 D 提供 $t+1$ 个因子.因此,要证 $\tau(D)\geqslant 7$.只要考虑 $t=3,5$ 当 $t=5$ 且 $m\neq 1$ 时,由引理 3 知 x_m 不是平方数,它至

少为 D 提供一个素因子. 当 $t=5$ 且 $m=1$ 时, $x_{2^t m-2}/3=$ $x_{30}/3=50\,713\,000\,833$ 不是平方数, 它至少为 D 提供一个素因子. 因此, 当 $t=5$ 时, $\tau(D)\geqslant 7$. 若 $t=3$ 且 $m\neq$ $1,7$, 则由引理 $2,3$ 知 $x_{2^t m-2}/3, x_m, y_m$ 不为平方数, 它们至少为 D 提供 3 个因子, 这样 $\tau(D)\geqslant t+1+3=7$. 若 $t=3, m=7$, 则 x_m 及 $x_{2m}/3=x_{14}/3=113\times 337$, 至少为 D 提供 3 个因子, 同样 $\tau(D)\geqslant 7$. 最后, 若 $t=3, m=1$, 则

$$Dz_6^2=2^6\cdot 3^2(x_6/3)x_3 y_3 x_8 x_4(x_2/3)x_1 y_1=$$
$$2^6\cdot 3^2\cdot 3\cdot 5\cdot 7\cdot 11\cdot 17\cdot 577$$

从而 $D=3\cdot 5\cdot 7\cdot 11\cdot 17\cdot 577, z_6=\pm 24$.

情形 3　$n=2m-1$. 此时
$$Dz_n^2=4x_{2m+1}y_{2m+1}x_{2m-1}y_{2m-1}$$

先证明此种情形必有 $D\equiv -1(\bmod 12)$. 由引理 2 的证明知

$$x_{8k+r}\equiv x_r(\bmod 12)$$
$$y_{8k+r}\equiv y_r(\bmod 12)$$

当 $r=\pm 1, \pm 3$ 时, 均有

$$x_r x_{r+2}y_r y_{r+2}\equiv -1(\bmod 12)$$

因此

$$D(z_n/2)^2\equiv -1(\bmod 12)$$

又当 $2\nmid z, 3\nmid z$ 时, 有 $z^2\equiv 1(\bmod 12)$, 故 $D\equiv$ $-1(\bmod 12)$. 由引理 1 知 $x_{2m+1}, y_{2m+1}, x_{2m-1}, y_{2m-1}$ 两两互素, 由引理 3 知, 当 $m\neq 1,3,4$ 时, x_{2m+1}, y_{2m+1}, x_{2m-1}, y_{2m-1} 均非平方数, 它们为 D 至少提供 4 个因子. 当 $m=1$ 时, 有

$$Dz_1^2=4x_3 y_3 x_1 y_1=4\cdot 7\cdot 5$$

此时, $D=5\cdot 7, z_1=2$. 当 $m=3$ 时, 有

$$Dz_5^2 = 4x_7 y_7 x_5 y_5 = 4 \cdot 239 \cdot 13^2 \cdot 41 \cdot 29$$

此时 $D = 29 \cdot 41 \cdot 239, z_5 = \pm 26.$ 当 $m = 4$ 时,有

$$Dz_7^2 = 4x_9 y_9 x_7 y_7 =$$
$$4 \cdot 1\,393 \cdot 985 \cdot 239 \cdot 13^2 =$$
$$4 \cdot 7 \cdot 199 \cdot 5 \cdot 197 \cdot 239 \cdot 13^2$$

此时 $D = 5 \cdot 7 \cdot 197 \cdot 199 \cdot 239, z_7 = \pm 26, \tau(D) = 5.$

综合以上三种情形,定理得证.

参考文献

[1] BAKER A, DAVENPORT H. The equations $3x^2 - 2 = y^2$ and $8x^2 - 7 = z^2$[J]. Quart. J. Math. Oxford ser. 1969, 20(2):129-137.

[2] KANAGASAPATHY P, PONNUDURAI T. The simultaneous Diophantine equation $5y^2 - 3x^2 = -2$ and $z^2 - 8x^2 = -7$[J]. Quart. J. Math. Oxford ser. 1975, 26(2):275-278.

[3] MOHANTY S P, RAMASAMY A M S. The simultaneous Diophantine equation $5y^2 - 20 = x^2$ and $2y^2 + 1 = z^2$[J]. Number Theory, 1984(18):356-359.

[4] 曹珍富. 关于 Pell 方程 $x^2 - 2y^2 = 1$ 和 $y^2 - Dz^2 = 4$ 的公解[J]. 科学通报, 1986(6):476

[5] 陈建华. 关于 Pell 方程 $x^2 - 2y^2 = 1$ 和 $y^2 - Dz^2 = 4$ 的公解[J]. 武汉大学学报(自然科学版), 1990(1):8-12.

[6] 潘承洞, 潘承彪. 初等数论[M]. 北京:北京大学出版社, 1992.

[7] LJUNGGREN W. Zur Theorie der Gleichung $x^2 + 1 = Dy^4$[J]. Arh. Det. Norske Vid. Akad. I oslo, 1942(5):27.

关于佩尔方程 $x^2-2y^2=1$ 和 $y^2-Dz^2=4$ 的公解(二) ①

第三十三章

1. 引言

关于佩尔方程组

$$\begin{cases} x^2-2y^2=1 \\ y^2-Dz^2=4 \end{cases} \tag{1}$$

的公解. S. P. Mohanty 和 A. M. S. Ramasamy[1] 于 1984 年证明了当 $D=5$ 时, 方程组(1)只有平凡解 $z=0$, 曹珍富[2] 于 1986 年证明了当 $D=\prod\limits_{i=1}^{s}P_i \geqslant 1\,(\bmod\,4)$, $1 \leqslant s \leqslant 4$, P_i 为互异奇素数时只有平凡解 $z=0$. 陈建华[3] 于 1990 年证明当 $D=P$ 或 pq, 其中 p,q 为互异奇素数时有唯一非平凡解 $x=17$, $y=12$, $z=2$($D=pq$ 且 $p=5$, $q=7$ 时).

1994 年, 汉江机床厂的何宗友工程师证明了如下定理.

---

① 选自《陕西工学院学报》, 1994 年第 10 卷第 1 期.

定理 当 $D=2p$ 或 $2pq$,其中 p,q 为互异奇素数时,方程组(1)有唯一的非平凡解 $x=99, y=70, z=12(D=2p$ 且 $q=17$ 时).

2. 几个引理

为了完成定理的证明,首先给出几个引理.

引理 1[3] $(x_{2s}, y_{2s+1})=1, (x_{2s+1}, y_{2s})=3$,其中 $x_m=(\varepsilon^m+\bar{\varepsilon}^m)/2, y_m=(\varepsilon^m-\bar{\varepsilon}^m)/2\sqrt{8}$,且 $\varepsilon=3+\sqrt{8}, \bar{\varepsilon}=3-\sqrt{8}$.

引理 2[4] 丢番图方程 $x^4-2py^2=1, p$ 为奇素数时有唯一的非平凡解 $x=7, y=20(p=3$ 时).

引理 3[5] 佩尔方程组 $3x^2-2y^2=1, 3x^2-4z^2=-1$ 只有平凡解 $x=1, y=1, z=1$.

引理 4 丢番图方程 $(1)x^4-2y^2=-1$ 只有平凡解 $x=1, y=1$;$(2)x^4-2y^2=1$ 只有平凡解 $x=1, y=0$;$(3)x^2-2y^4=-1$ 有唯一的非平凡解 $x=239, y=13$;$(4)x^2-2y^4=1$ 只有平凡解 $x=1, y=0$.

证明 (1),(2)可由文献[6,7]立刻得到;(3)琼格伦[7]于 1942 年已证[7];(4)给出 $x\pm1=2y_1^4, x\mp1=16y_2^4$,得 $y_1^4-2(2y_2^2)^2=\pm1$,由(1),(2)即证明(4).

3. 定理的证明

由方程组(1)的第一式可知,$2\mid y$,从而 $2\mid z$,作变换 $2y\rightarrow y, 2z\rightarrow z$,变量记为 y 和 z 得

$$\begin{cases} x^2-8y^2=1 \\ y^2-Dz^2=1 \end{cases} \quad (2)$$

因此只需讨论方程组(2).

熟知 $x^2-8y^2=1$ 的全部解为 $x_m=(\varepsilon^m+\bar{\varepsilon}^m)/2, y_m=(\varepsilon^m-\bar{\varepsilon}^m)/2\sqrt{8}$,其中 $\varepsilon=3+\sqrt{8}, \bar{\varepsilon}=3-\sqrt{8}$.

(1) 证明 y_{2m} 不是方程组(2)的解.

由于 $y_{2m} = (\varepsilon^{2m} - \bar{\varepsilon}^{2m})/2\sqrt{8} = (\varepsilon^{2m} - \bar{\varepsilon}^{2m})/\varepsilon - \bar{\varepsilon}$,因此 $y_{2m}^2 - 1 = ((\varepsilon^{4m} + \bar{\varepsilon}^{4m} - 2)/32) - 1 = (((2x_m^2 - 1)^2 - 1)/8) - 1 = ((2x_m^2 - 1)^2 - 9)/8 = (x_m^2 + 1) \cdot (x_m^2 - 2)/2.$

由于 $x_m \equiv 1 (\bmod\, 2)$ 给出 $x_m^2 - 2 \equiv 1 (\bmod\, 2)$,$(x_m^2 + 1)/2 \equiv 1 (\bmod\, 2)$.

由 $y_{2m}^2 - 1 = Dz^2$ 可得

$$(x_m^2 + 1)(x_m^2 - 2) = 2Dz^2 =$$
$$4pqz^2 = pq(2z)^2 = pqw^2, 2z = w$$

因 $(x_m^2 + 1, x_m^2 - 2) = 1$ 可得

$$x_m^2 + 1 = pw_1^2, x_m^2 - 2 = qw_2^2, w = w_1 w_2 \qquad (3)$$

或

$$x_m^2 + 1 = qw_1^2, x_m^2 - 2 = pw_2^2, w = w_1 w_2 \qquad (3)'$$

或

$$x_m^2 + 1 = pqw_1^2, x_m^2 - 2 = w_2^2, w = w_1 w_2 \qquad (4)$$

或

$$x_m^2 + 1 = w_1^2, x_m^2 - 2 = pqw_2^2, w = w_1 w_2 \qquad (4)'$$

由 $x_m^2 - 1 = 8y_m^2$ 和(3),(3)′两式得

$$x_m^4 - 1 = 2p(2w_1 y_m^2)^2 \qquad (5)$$
$$x_m^2 - 1 = 2q(2w_1 y_m^2)^2 \qquad (5)'$$

由引理 2 得方程(5) 和(5)′ 有唯一的非平凡解 $x_m = 7, 2w_1 y_m^2 = 20$. 但 $x_m = 7$,不可能.

式(4) 中第二式不可能. 由式(4)′ 中第一式得 $x_m = 1$,不可能.

(2) 证明在 y_{2m+1} 中只有 y_3 是方程组(2)的解 ($D = 2p$ 且 $p = 17$ 时).

$$y_{2m+1} - 1 = ((\varepsilon^{2m+1} - \bar{\varepsilon}^{2m+1})/(\varepsilon - \bar{\varepsilon})) - 1 =$$
$$2((\varepsilon^{m+1} + \bar{\varepsilon}^{m+1})/2)((\varepsilon^m - \bar{\varepsilon}^m)/(\varepsilon - \bar{\varepsilon})) = 2x_{m+1}y_m$$
$$\tag{6}$$

$$y_{2m+1} + 1 = ((\varepsilon^{2m+1} - \bar{\varepsilon}^{2m+1})/(\varepsilon - \bar{\varepsilon})) + 1 =$$
$$2((\varepsilon^m + \bar{\varepsilon}^m)/2)((\varepsilon^{m+1} - \bar{\varepsilon}^{m+1})/(\varepsilon - \bar{\varepsilon})) = 2x_m y_{m+1}$$
$$\tag{7}$$

由于 $y^2 - Dz^2 = 1$ 得 $y - 1 = 2D_1 z_1^2$，$y + 1 = 2D_2 z_2^2$ 且 $y_{2m+1} \equiv 1 \pmod 2$，其中，$(D_1, D_2) = 1$，$(z_1, z_2) = 1$，$D = D_1 D_2$，$z = 2z_1 z_2$. 从而

$$x_{m+1} y_m = D_1 z_1^2, \quad x_m y_{m+1} = D_2 z_2^2 \tag{8}$$

当 $m = 2s$ 时，由引理 1 及式(8) 得

$$\begin{cases} x_{2s+1} = 3k_1 a^2, y_{2s} = 3k_2 b^2, z_1 = 3ab, (k_1 a, k_2 b) = 1 \\ x_{2s} = f_1 c^2, y_{2s+1} = f_2 d^2, z_2 = cd, (f_1 c, f_2 d) = 1 \end{cases}$$
$$\text{(I)}$$

其中 $D_1 = k_1 k_2$，$D_2 = f_1 f_2$.

当 $m = 2s - 1$ 时，同理得

$$\begin{cases} x_{2s} = k_1 a^2, y_{2s-1} = k_2 b^2, z_1 = ab, (k_1 a, k_2 b) = 1 \\ x_{2s-1} = 3f_1 c^2, y_{2s} = 3f_2 d^2, z_2 = 3cd, (f_1 c, f_2 d) = 1 \end{cases}$$
$$\text{(II)}$$

其中 $D_1 = k_1 k_2$，$D_2 = f_1 f_2$.

由（I）得

$$x_{2s+1}^2 - 8y_{2s+1}^2 = 9k_1^2 a^4 - 8f_2^2 d^4 = 1 \tag{9}$$

$$x_{2s}^2 - 8y_{2s}^2 = f_1 c^4 - 72k_2 b^4 = 1 \tag{10}$$

由式（II）也可导出与(9)，(10) 两式同类型的方程. 因此只需讨论(9)，(10).

当 $D = 2p$ 或 $2pq$ 时，由 $D = D_1 D_2 = k_1 k_2 f_1 f_2$ 得 k_1, k_2, f_1, f_2 中至少有一个数是 1.

① 当 $k_1 = 1$ 时，式(9) 给出

$$9a^4 - 8(f_2 d^2)^2 = 1$$

即

$$\begin{cases} 3a^2 - 1 = 2u^2 \\ 3a^2 + 1 = 4v^2 \end{cases} \tag{11}$$

或

$$\begin{cases} 3a^2 - 1 = 4u^2 \\ 3a^2 + 1 = 2v^2 \end{cases} \tag{12}$$

其中 $(u,v) = 1, f_2 d^2 = uv$.

由引理 3 得式(11) 只有平凡解 $a = 1. f_2 d^2 = 1,$ $k_1 = 1$ 即 $x_{2s+1} = 3, k_1 a^2 = 3$ 或 $x_{2s-1} = 3 f_1 c^2 = 3.$

$x_{2s+1} = 3$ 给出 $s = 0, m = 2s = 0, x_1 = 3, y_1 = 1, z_1 = 0.$

由 $x_{2s-1} = 3$ 给出

$$\begin{aligned} & f_1 c^2 = 1, s = 1, m = 2s - 1 = 1, x_3 = 99, \\ & y_3 = 35, z_3 = 6 \end{aligned} \tag{13}$$

此时, $D = 34 = 2 \cdot 17,$ 即 $D = 2p$ 且 $p = 17.$

式(12) 取模 8 即得出矛盾.

② 当 $k_2 = 1$ 时, 式(10) 给出

$$f_1^2 c^4 - 72 b^4 = 1$$

即

$$\begin{cases} f_1 c^2 \pm 1 = 4 b_1^4 \\ f_1 c^2 \mp 1 = 18 b_2^4 \end{cases} \tag{14}$$

或

$$\begin{cases} f_1 c^2 \pm 1 = 2 b_1^4 \\ f_1 c^2 \mp 1 = 36 b_2^4 \end{cases} \tag{15}$$

其中 $(b_1, b_2) = 1, b = b_1 b_2.$

由式(14) 得 $(3 b_2^2)^2 - 2 b_1^4 = \pm 1,$ 由引理 4 中(4) 得 $3 b_2^2 = 1, b_1 = 0,$ 不可能. 由引理 4 中(3) 得 $3 b_2^2 = 1, b_1 = $

$1;3b_2^2=239,b_1=13,$不可能.

由式(15)得 $b_1^4-2(3b_2^2)^2=\pm1,$由引理 4 中(2)得 $b_1=0,3b_2^2=0$推出 $b_2=0,b=0,z=3abcd=0,y=1,x=3.$由引理 4 中(1)得 $b_1=1,3b_2^2=1,$不可能.

(3) 当 $f_1=1$ 时,式(10)给出 $c^4-2(6k_2b^2)^2=1,$由引理 4 中(2)得 $6k_2b^2=0$推出 $b=0,z=0,y=1,x=3.$

(4) 当 $f_2=1$ 时,式(9)给出

$$9(k_1a^2)^2-d^4=1$$

即

$$\begin{cases}3k_1a^2\pm1=2d_1^4\\3k_2a^2\mp1=4d_2^4\end{cases}\qquad(16)$$

其中 $(d_1,d_2)=1,d=d_1d_2.$

由式(16)得 $d_1^4-2d_2^4=\pm1.$ $d_1^4-2d_2^4=1$ 推出 $d_1=1,d_2=0$ 与 $3k_1a^2-1=2d_2^2$ 矛盾. $d_1^4-2d_2^4=-1$ 推出 $d_1=1,d_2=1,d=1,k_1=1.$ 当 $k_1=1$ 时(1)已讨论. 于是完成了定理的证明.

参考文献

[1] MOHANTY S P,RAMASAMY A M S. The simultan-eous Diophantine equation $5y^2-20=x^2$ and $2y^2+1=z^2$[J]. Number Theory. 1984(18):356-359.

[2] 曹珍富.关于 Pell 方程 $x^2-2y^2=1$ 和 $y^2-Dz^2=4$ 的公解[J].科学通报,1986,31(6):476.

[3] 陈建华.关于 Pell 方程 $x^2-2y^2=1$ 和 $y^2-Dz^2=4$ 的公解[J].武汉大学学报(自然科学版),1990(1):8-12.

[4] 柯召,孙琦.关于丢番图方程 $x^2-2Py^2=1$[J].四川大学学报(自然科学版),1979(4):5-9.

[5] 马德刚.方程 $6Y^2=X(X+1)(2X+1)$ 的解的初等证明[J].四川大学学报(自然科学版),1985(4):107-116.

［6］华罗庚.数论导引［M］.北京:科学出版社,1957:319.

［7］柯召,孙琦.谈谈不定方程［M］.上海:上海教育出版社, 1980:69-71.

关于佩尔方程 $x^2-2y^2=1$ 和 $y^2-Dz^2=4$ 的公解(三)①

第三十四章

1. 引言

近年来,寻求丢番图方程组的公解问题引起了许多数学工作者的兴趣[4],1984 年 Mohanty 和 Ramasamy 用复杂的递推数列的方法证明了丢番图方程组

$$\begin{cases} 5y^2 - 20 = x^2 \\ 2y^2 + 1 = z^2 \end{cases} \quad (1)$$

仅有 $x=0, y=\pm 2, z=\pm 3$ 的平凡解[1].

注意到方程组(1)可化为

$$\begin{cases} z^2 - 2y^2 = 1 \\ y^2 - 5x^2 = 4 \end{cases} \quad (2)$$

因此,曹珍富在 1986 年考虑了方程组(2)的一般形式

① 选自《内蒙古民族师范学报(自然科学版)》,1994 年第 9 卷第 2 期.

$$\begin{cases} x^2 - 2y^2 = 1 \\ y^2 - Dz^2 = 4 \end{cases} \qquad (3)$$

其中 $D > 1$,且无平方因子,为不相同素数之积. 在文 [2] 及 [3] 中用简单的方法证明了当 $D = p_1 p_2 \cdots p_s$, $1 \leqslant s \leqslant 4$,$D \equiv 1 (\text{mod } 4)$ 时,方程组(3) 仅有平凡解 $z = 0$,$x = \pm 3$,$y = \pm 2$. 又在 1989 年证明了当 $D = 2p_1 p_2 \cdots p_s$,$1 \leqslant s \leqslant 4$ 时,方程组(3)仅有平凡解 $z = 0$.

1990 年,陈建华[4] 证明了当 $D = p$ 或 pq(p,q 是不同奇素数)时,方程组(3) 除 $(x,y,z) = (17,12,2)$, ($D = 35$)外,无其他非平凡解.

1994 年,湖南岳阳师专的刘玉记教授考虑了方程组(3),完整地解决了当 D 至多为三个不同奇素因子之积时的情形.

定理　若 D 为奇数且最多含 3 个互不相同的素因数时,方程组(3) 仅有非平凡解 $(x,y,z) = (17,12,2)$,($D = 35$);$(x,y,z) = (19\ 601,13\ 860,26)$,($D = 29 \cdot 41 \cdot 239$).

2. 引理及定理证明

为了证明定理,我们需要下面的引理.

引理 1[5]　丢番图方程 $1 + x^2 = 2y^4$ 仅有解 $(x,y) = (1,1),(239,13)$.

引理 2[5]　丢番图方程 $1 + x^4 = 2y^2$ 仅有解 $(x,y) = (1,1)$.

引理 3[5]　佩尔方程 $x^2 - 2y^2 = 1$ 的所有非负解由下式给出

$$x_m = \frac{\varepsilon^m + \bar{\varepsilon}^m}{2}, y_m = \frac{\varepsilon^m - \bar{\varepsilon}^m}{2\sqrt{2}}$$

其中 $\varepsilon = 3 + 2\sqrt{2}$,$\bar{\varepsilon} = 3 - 2\sqrt{2}$,$m = 0,1,2,\cdots$.

证明　设 (x_m, y_m) 是佩尔方程的任一解. 由引理 3 知

$$x_m = \frac{\varepsilon^m + \bar{\varepsilon}^m}{2}, y_m = \frac{\varepsilon^m - \bar{\varepsilon}^m}{2\sqrt{2}}$$

$\varepsilon = 3 + 2\sqrt{2}, \bar{\varepsilon} = 3 - 2\sqrt{2}, m$ 是非负整数. 以下讨论中 D 均不含平方因子. 我们对 m 分奇偶两种情形讨论.

情形 1　若 $2 \mid m$ 时, 设 $m = 2n$, 则

$$2Dz^2 = x_m^2 - 9 = (x_m + 3)(x_m - 3)$$

注意到 $x_m + 3 = \frac{\varepsilon^{2m} + \bar{\varepsilon}^{2m}}{2} + 3 = 2 \cdot \left(\frac{\varepsilon^m + \bar{\varepsilon}^m}{2} \right) + 2$, 故

$$2D\left(\frac{z}{2}\right)^2 = (x_m^2 + 1)(x_m^2 - 2).$$

因 $x_m^2 - 2 \equiv 1, 2 \pmod{3}$, 故 $(x_m^2 + 1, x_m^2 - 2) = 1$, 从而

$$\begin{cases} x_m^2 - 2D_1 z_1^2 = -1 \\ x_m^2 - D_2 z_2^2 = 2, D = D_1 D_2, z = 2z_1 z_2 \\ x_m^2 - 2y_m^2 = 1 \end{cases} \quad (4)$$

由式 (4) 易知 $D_1 z_1^2 = x_m^2 - y_m^2 = (x_m + y_m)(x_m - y_m)$, 又由 $(x_m + y_m, x_m - y_m) = 1$ 知

$$\begin{cases} x_m + y_m = D_3 z_3^2 \\ D_1 = D_3 D_4, z_1 = z_3 z_4 \\ x_m - y_m = D_4 z_4^2 \end{cases} \quad (5)$$

同理由 $D_2 z_2^2 = 4y_m^2 - x_m^2 = (2y_m + x_m)(2y_m - x_m)$, 及 $(2y_m + x_m, 2y_m - x_m) = 1$ 得

$$\begin{cases} 2y_m + x_m = D_5 z_5^2 \\ D_2 = D_5 D_6, z_2 = z_5 z_6 \\ 2y_m - x_m = D_6 z_6^2 \end{cases} \quad (6)$$

因 D 不含平方因子且至多含 3 个互相不相同的素数因

子，而 $D=D_1D_2$，$D_1=D_3D_4$，$D_2=D_5D_6$，给出 $D=D_3D_4D_5D_6$，故 D_3，D_5，D_6 中至少有一个为 1.

（1）当 $D_3=1$ 或 $D_4=1$ 时，我们由式（5）得

$$\begin{cases} x_m^2 - 2y_m^2 = 1 \\ x_m \pm y_m = \omega^2 \end{cases}$$

故 $x_m^2 - 2(\omega^2 - x_m)^2 = 1$. 从而 $(x_m - 2\omega^2)^2 = 2\omega^4 - 1$，由引理 1 知 $\omega=1$ 或 $\omega=13$.

当 $\omega=1$ 时，易知此时 $D=35$ 且有解 $x=17$，$y=12$，$z=2$.

当 $\omega=13$ 时，$x_m = \pm 239 + 2 \cdot 13^2 = 577$，或 99，此时 $m=2n=8$ 或 6，又由 $Dz^2=(y_m+2)(y_m-2)$ 可得

$m=8$ 时，$D=5 \cdot 7 \cdot 199 \cdot 197 \cdot 239$ 有五个因子.

$m=6$ 时，$D=29 \cdot 41 \cdot 239$，从而得另一组非平凡解 $x=19\ 601$，$y=13\ 860$，$z=26$.

（2）当 $D_5=1$ 时，$2x_m^2 - (\omega^2 - x_m)^2 = 2$，从而有 $2\left(\dfrac{x_m + \omega^2}{2}\right)^2 = \omega^4 + 1$，由引理 2 知 $\omega=1$. 此时 $x_m=1$，方程无非平凡解.

（3）当 $D_5=1$ 时，同理可得 $x_m=3$，推出 $D=34$ 为偶数.

情形 2　若 $2 \nmid m$ 时，设 $m=2n+1$，则

$$Dz^2 = y_m^2 - 4 = \left(\frac{\varepsilon^m - \bar{\varepsilon}^m}{2\sqrt{2}} + 2\right)\left(\frac{\varepsilon^m - \bar{\varepsilon}^m}{2\sqrt{2}} - 2\right)$$

易证 $y_{2n+1} \equiv 2(\bmod 4)$. 故可得

$$\left(\frac{\varepsilon^{n-1} - \bar{\varepsilon}^{n-1}}{2}\right)\left(\frac{\varepsilon^n - \bar{\varepsilon}^n}{2\sqrt{2}}\right) =$$

$$\frac{1}{2}\left(\frac{\varepsilon^{2n+1} - \bar{\varepsilon}^{2n+1}}{2\sqrt{2}} - 2\right) = 2D_1 z_1^2 \tag{7}$$

$$\left(\frac{\varepsilon^n - \bar{\varepsilon}^n}{2}\right)\left(\frac{\varepsilon^{n+1} - \bar{\varepsilon}^{n+1}}{2\sqrt{2}}\right) =$$

$$\frac{1}{2}\left(\frac{\varepsilon^{2n+1} - \bar{\varepsilon}^{2n+1}}{2\sqrt{2}} + 2\right) = 2D_2 z_2^2 \qquad (8)$$

这里 $D = D_1 D_2$，$z = 4z_1 z_2$.

由于 $\varepsilon = 3 + 2\sqrt{2} = (1+\sqrt{2})^2 = \rho^2$，$\rho = 1+\sqrt{2}$，$\bar{\varepsilon} = 3 - 2\sqrt{2} = (1-\sqrt{2})^2 = \bar{\rho}^2$，$\bar{\rho} = 1-\sqrt{2}$，即有对任意 $K \in$ **N** 成立

$$\frac{\varepsilon^k - \bar{\varepsilon}^k}{2\sqrt{2}} = 2\left(\frac{\rho^k + \bar{\rho}^k}{2}\right)\left(\frac{\rho^k - \bar{\rho}^k}{2\sqrt{2}}\right)$$

从而由（7）及（8）两式得到此时仅有平凡解 $z = 0$.（详细论述见（2）及（3）），定理证完.

参考文献

[1] MOHANTY S P, RAMASAMY A M S. The simultaneous Diophantine equation $5y^2 - 20 = x^2$ and $2y^2 + 1 = z^2$[J]. J. Number Theory,1984(84),356-359.

[2] 曹珍富.关于 Pell 方程 $x^2 - 2y^2 = 1$ 与 $y^2 - Dz^2 = 4$ 的公解[J].科学通报,1986,31(6):476.

[3] 曹珍富,孙显奕.关于 Diophantus 方程与 $5x^2 - 4 = y^2$ 和 $10x^2 - 9 = z^2$ 的公解[J].太原机械学院学报,1986(2):48-56.

[4] 陈建华.关于 Pell 方程 $x^2 - 2y^2 = 1$ 与 $y^2 - Dz^2 = 4$ 的公解[J].武汉大学学报(自然科学版),1990(1):8-12.

[5] 曹珍富.丢番图方程引论[M].哈尔滨:哈尔滨工业大学出版社,1989.

关于佩尔方程 $x^2-6y^2=1$ 和 $y^2-Dz^2=4$ 的公解(一)①

第三十五章

1. 引言和引理

近年来,求丢番图方程组的公解问题引起了人们的兴趣. 1984 年,Mohanty 和 Ramasamy[1] 证明了:当 $D=5$ 时,佩尔方程组

$$\begin{cases} x^2-2y^2=1 \\ y^2-Dz^2=4 \end{cases} \quad (1)$$

的整数解仅有 $(x,y,z)=(\pm 3,\pm 2,0)$. 1986 年,曹珍富[1] 证明了:当 $D=P_1,\cdots,$ $P_s\equiv 1(\bmod 4)(1\leqslant s\leqslant 4,P_1,P_2,\cdots,$ P_s 是互不相同的奇素数) 时,方程组(1) 的整数解仅有 $(x,y,z)=(\pm 3,\pm 2,0)$. 1990 年,陈建华[3] 解决了当 $D=P$ 或 $PQ(P,Q$ 为奇素数,$PQ\equiv 3(\bmod 4)$ 时,

---

① 选自《漳州师范学院学报(自然科学版)》,2000 年第 13 卷第 3 期.

佩尔方程组(1)仅有非平凡解($P=5,Q=7$)$(x,y,z)=$(17,12,2).1995年,曾登高[4]证明了:当 D 为奇数,且最多含有 3 个互不相同的奇素数($P_1,P_2,P_3 \equiv 3(\mathrm{mod}\ 4)$)时,佩尔方程组(1)仅有非平凡解($D=35$)$(x,y,z)=$(17,12,2);($D=29 \cdot 41 \cdot 239$);$(x,y,z)=$(19 601,13 860,26).

2000年,漳州师院数学系96级本科班的苏小燕得到如下结果:

定理 当 D 为奇素数时,佩尔方程组

$$\begin{cases} x^2-6y^2=1 \\ y^2-Dz^2=4 \end{cases} \tag{2}$$

仅有正整数解($D=11$)$(x,y,z)=$(49,20,6).

由文献[5]有如下的引理.

引理 1[5] 设 $D=2p$,p 是一个奇素数则方程 $x^4-Dy^2=1(D>0,$且不是平方数),除了 $D=6,x=7,y=20$ 外,无其他的正整数解.

引理 2[5] 对于丢番图方程 $x^2-Dy^2=1(D>0$且不是平方数),对于每个 D,方程最多有两组正整数解.设 ε 是二次域 $Q\sqrt{D}$ 的基本单位数,若方程有两组正整数解,则它们由

$$x+y^2\sqrt{D}=\varepsilon,\varepsilon^2 \text{ 或 } x+y^2\sqrt{D}=\varepsilon,\varepsilon^4$$

之一给出,并且后一情形仅对有限个 D 出现.

2. 定理的证明

由方程组(2)的第一式 $x^2-6y^2=1$ 可知 y 为偶数,从而 z 也为偶数,作变换 $2z \to z,2y \to y$,我们得到(变量仍记为 y 和 z)

$$\begin{cases} x^2-24y^2=1 \\ y^2-Dz^2=1 \end{cases} \tag{3}$$

因此只需讨论方程组(3).

熟知 $x^2 - 24y^2 = 1$ 的全部的正整数解是

$$\begin{cases} x_m = \dfrac{\varepsilon^m + \bar{\varepsilon}^m}{2} \\[3mm] y_m = \dfrac{\varepsilon^m - \bar{\varepsilon}^m}{4\sqrt{6}} \end{cases} \qquad (4)$$

其中 $\varepsilon = 5 + 2\sqrt{6}$，$\bar{\varepsilon} = 5 - 2\sqrt{6}$，$m = 1, 2, 3 \cdots$.

我们分几步来证明定理.

命题 1　在 y_{2m} 中仅 y_2 是方程组(3)的解.

证明　设 y_{2m} 是方程组(3)的解. 由式(4)计算可得

$$y_{2m}^2 - 1 = \frac{(x_{2m} + 5)(x_{2m} - 5)}{24}$$

又 $x_{2m} = 2x_m^2 - 1$，所以

$$y_{2m}^2 - 1 = \frac{(x_m^2 - 3)(x_m^2 + 2)}{6} \qquad (5)$$

由

$$Dz^2 = y_{2m}^2 - 1$$
$$(x_m^2 - 3, x_m^2 + 2) = 1$$
$$x_m \equiv 1 (\bmod 2)$$

所以

$$6Dz^2 = (x_m^2 - 3)(x_m^2 + 2)$$

所以

$$x_m^2 - 3 = 6Dz_1^2, x_m^2 + 2 = z_2^2 \qquad (6)$$

或

$$x_m^2 - 3 = 2Dz_1^2, x_m^2 + 2 = 3z_2^2 \qquad (7)$$

或

$$x_m^2 - 3 = 2z_1^2, x_m^2 + 2 = 3Dz_2^2 \qquad (8)$$

或

$$x_m^2 - 3 = 6z_1^2, x_m^2 + 2 = Dz_2^2 \qquad (9)$$

其中 $z = z_1 z_2, z_2 \equiv 1 (\bmod 2)$.

由式(6)的第二式得到 $z_2^2 - x_m^2 = 2$,显然无解.

因为 $\qquad x_m^2 - 24y_m^2 = 1$

由式(7)的第二式得到

$$x_m^2 + 2(x_m^2 - 24y_m^2) = 3z_2^2$$

有

$$x_m^2 = (4y_m)^2 + z_2^2 \qquad (10)$$

由勾股数的计算公式,可令

$$x_m = a^2 + b^2, 4y_m = 2ab, z_2 = a^2 - b^2 \qquad (11)$$

其中 $(a,b) = 1, a > b > 0, 2 \nmid a + b$.

由式(4),(11)可得

$$(a^2 - 2b^2)^2 - 3b^4 = 1 \qquad (12)$$

由引理 2 知方程(12)仅有两组正整数解 $(a^2 - 2b^2 = 2, b = 1)$,$(a^2 - 2b^2 = 7, b = 2$ 舍去). 所以 $a = 2, b = 1$. 由式(11)可得 $z_2 = 3; x_m = 5$,则 $m = 1$.

由式(7)的第一式 $x_m^2 - 3 = 2Dz_1^2$,有 $2 \cdot 11 = 2 \cdot D \cdot z_1^2$,所以 $D = 11, z_1 = 1$.

这时方程组(3)有解 $(D = 11)(x,y,z) = (49,10,3)$,所以方程组(2)有解 $(D = 11)(x,y,z) = (49,20,6)$,由式(8)的第一式 $x_m^2 - 3 = 2z_1^2$,因为对任一整数 x,均有 $x^2 \equiv 0,1,4 (\bmod 8)$,所以 $x_m^2 - 2z_1^2 \not\equiv 3 (\bmod 8)$. 所以 $x_m^2 - 3 = 2z_1^2$ 无解.

由式(9)的第一式 $x_m^2 - 3 = 6z_1^2$,有 $24y_m^2 + 1 - 3 = 6z_1^2$,显然无解.

命题 1 证毕.

命题 2

$$(x_{2s}, y_{2s-1}) = 1 \quad (x_{2s-1}, y_{2s}) = 5 \qquad (13)$$

$$(x_{2s}, y_{2s-1}) = 1 \quad (x_{2s-1}, y_{2s}) = 5 \qquad (14)$$

证明　由于 $y_{2s-1} = 5y_{2s} + x_{2s}$ 若 P 为素数且当 $P \mid (x_{2s}, y_{2s+1})$ 时,即有 $P \mid x_{2s}, P \mid y_{2s}, P \mid (5y_{2s} + x_{2s})$,又 $(x_{2s}, y_{2s}) = 1$,则 $P = 5$.又因为 $x_{2s} = x_{2s-1} - x_{2s-2}$,所以有 $P \mid x_{2s-2}, \cdots, p \mid x_2$,但 $x_2 = 49, 5 \nmid 49$,矛盾,所以 $(x_{2s}, y_{2s+1}) = 1$.

再证　　　　　$(x_{2s+1}, y_{2s}) = 5$

由于 $x_{2s-1} = 5x_{2s} + 24y_{2s}$,故

$$(x_{2s+1}, y_{2s}) = (5x_{2s} + 24y_{2s}, y_{2s}) = (5x_{2s}, y_{2s})$$

由 $(x_{2s}, y_{2s}) = 1$,所以

$$(5x_{2s}, y_{2s}) = 1 \quad (当 5 \nmid y_{2s} 时)$$

$$(5x_{2s}, y_{2s}) = 5 \quad (当 5 \mid y_{2s} 时)$$

再证 $5 \mid y_{2s}$.

由 $y_2 = 10$,则 $5 \mid y_{2s}, y_{2s+2} = 10y_{2s-1} - y_{2s} \equiv -y_{2s} \pmod 5$,有 $5 \mid y_{2s}$,从而 $(x_{2s+1}, y_{2s}) = 5$.

同理可证 $(x_{2s}, y_{2s-1}) = 1, (x_{2s-1}, y_{2s}) = 5$.

命题 3　y_{2m-1} 不是方程组(3)的解.

证明　由式(4),设 y_{2m-1} 是方程组(3)的解,因为

$$y_{2m+1} - 1 = 2x_{m+1}y_m, y_{2m+1} + 1 = 2x_m y_{m-1}$$

由 $y_{2m-1}^2 - Dz^2 = 1$ 得到

$$y_{2m-1} - 1 = 2D_1 z_1^2, y_{2m-1} + 1 = 2D_2 z_2^2$$

其中 $(D_1, D_2) = 1, (z_1, z_2) = 1, D = D_1 D_2, z = 2z_1 z_2$.

从而

$$x_{m+1}y_m = D_1 z_1^2, x_m y_{m+1} = D_2 z_2^2 \qquad (15)$$

当 $m = 2s$ 时,由(13),(15)两式得到

$$\begin{cases} x_{2s+1} = 5k_1 a^2, y_{2s} = 5k_2 b^2, z_1 = 5ab, (k_1 a, k_2 b) = 1 \\ x_{2s} = f_1 c^2, y_{2s+1} = f_2 d^2, z_2 = cd, (f_1 c, f_2 d) = 1 \end{cases}$$

$$(16)$$

其中 $k_1k_2=D_1,f_1f_2=D_2$.

当 $m=2s-1$ 时,由(14),(15) 两式得到

$$\begin{cases} x_{2s-1}=5k_1a^2,y_{2s}=5k_2b^2,z_2=5ab,(k_1a,k_2b)=1 \\ x_{2s}=f_1c^2,y_{2s-1}=f_2d^2,z_1=cd,(f_1c,f_2d)=1 \end{cases}$$
$$(17)$$

其中 $k_1k_2=D_2,f_1f_2=D_1$

由式(16) 得到

$$x_{2s+1}^2-24y_{2s-1}^2=25k_1^2a^4-24(f_2d^2)^2=1 \quad (18)$$

$$x_{2s}^2-24y_{2s}^2=f_1^2c^4-600k_2^2b^4=1 \qquad (19)$$

由式(17) 也导出了与(18),(19) 两式同类型的方程,所以只讨论式(18),(19).

因为 D 为奇素数,$D=D_1D_2,D_1=k_1k_2,D_2=f_1f_2$,所以 k_1,k_2,f_1,f_2 中有且仅有 1 个数不为 1.

当 $k_1\ne1$ 或 $f_2\ne1$ 时,由式(19) 有

$$c^4-6(10b^2)^2=1$$

由引理 1 知仅有解 $c=7,10b^2=20$,所以 $b=\sqrt{2}$,矛盾.

当 $k_2\ne1$ 或 $f_1\ne1$ 时,$k_1=f_2=1$.

由式(18) 有

$$(5a^2)^2-24d^4=1 \qquad\qquad (20)$$

由引理 2 知方程(20) 仅有一组正整数解($5a^2=5$,$d^2=1$) 使 a,b 有解($5a^2=49,d^2=10$ 或 $5a^2=4\ 801$,$d^2=980$ 舍去). 所以 $a=d=1$.

由 $y_{2m+1}-d^2=1,y_{2m+1}^2-Dz^2=1$. 有 $Dz^2=0\geqslant z=0$. 矛盾.

所以 y_{2m+1} 不是方程组(3) 的解.

由命题 1、2、3 我们得到定理.

302

参考文献

[1] MOHANTY S P, RAMASAMY A M S. The Simultaneous Diophantine equation $5y^2 - 20 = x^2$ and $2y^2 + 1 = z^2$[J]. Number Theory, 1984(18):356-359.

[2] 曹珍富. 关于 Pell 方程 $x^2 - 2y^2 = 1$ 和 $y^2 - Dz^2 = 4$ 的公解[J]. 科学通报, 1986, 31(6):476.

[3] 陈建华. 关于 Pell 方程 $x^2 - 2y^2 = 1$ 和 $y^2 - Dz^2 = 4$ 的公解[J]. 武汉大学学报(自然科学版), 1990(1):8-12.

[4] 曾登高. 也淡 Pell 方程 $x^2 - 2y^2 = 1$ 和 $y^2 - Dz^2 = 4$ 的公解[J]. 数学的实践与认识, 1995(1):81-84.

[5] 曹珍富. 丢番图方程引论[M]. 哈尔滨:哈尔滨工业大学出版社, 1989:262,273.

[6] 潘承洞, 潘承彪. 简明数论[M]. 北京:北京大学出版社, 1998:6.

关于佩尔方程 $x^2 - 2y^2 = 1$ 和 $y^2 - Dz^2 = 4$ 的公解(四)[①]

第三十六章

关于佩尔方程 $x^2 - 2y^2 = 1$ 和 $y^2 - Dz^2 = 4$ 的公解问题,当 D 为不同奇素因子的乘积时,曹珍富[1]、陈建华[2]、曾登高[3]等都做过一些工作,当 $D = 2\prod\limits_{i=1}^{s} p_i$,$p_i$ 为互异的奇素数时,文献[1]讨论了 $1 \leqslant s \leqslant 4$ 的情形,得到仅 $D = 34$ 时有非平凡解 $z = \pm 12$. 2002 年,佛山科学技术学院的胡永忠,韩清两位教授讨论了 s 不加限制的情形,得到了如下定理.

定理 佩尔方程

$$\begin{cases} x^2 - 2y^2 = 1 \\ y^2 - Dz^2 = 4 \end{cases} \tag{1}$$

当 $D = 2\prod\limits_{i=1}^{s} p_i$,$p_i$ 为互异的奇素数,且 $p_i \equiv 5 (\bmod 8)$ 或 $p_i \equiv 7 (\bmod 8)$ 时,仅

---

① 选自《福州大学学报(自然科学版)》,2002 年第 30 卷第 1 期.

有平凡解 $z=0$.

证明　只需证明方程(1)无正的非平凡解.

熟知 $x^2-2y^2=1$ 的全部正整数解 (x_m,y_m) 可表为 $x_m=\dfrac{\varepsilon^m+\bar{\varepsilon}^m}{2}$, $y_m=\dfrac{\varepsilon^m-\bar{\varepsilon}^m}{2\sqrt{2}}$, 其中, $m\in\mathbf{N}$, $\varepsilon=3+2\sqrt{2}$, $\bar{\varepsilon}=3-2\sqrt{2}$.

引理 1　$u^4-2v^2=1$ 只有 $v=0$ 的解[4].

引理 2

$$(x_{2s},y_{2s+1})=(x_{2s},y_{2s-1})=1 \tag{2}$$

$$(x_{2s+1},y_{2s})=(x_{2s-1},y_{2s})=3 \tag{3}$$

$$x_{2s}\equiv1(\bmod\ 4),x_{2s+1}\equiv3(\bmod\ 4),y_{2s+1}\equiv2(\bmod\ 4) \tag{4}$$

证明　易知 $x_1=3$, $x_2=17$, $y_1=2$, $y_2=12$. 因 $x_{n+1}+y_{n+1}\sqrt{2}=(x_n+y_n\sqrt{2})+(3+2\sqrt{2})$, 故

$$x_{n+1}=3x_n+4y_n \tag{5}$$

$$y_{n+1}=2x_n+3y_n \tag{6}$$

同理可得

$$x_{n-2}=17x_n+24y_n=6x_{n+1}-x_n \tag{7}$$

$$y_{n+2}=12x_n+17y_n \tag{8}$$

由方程(1)知, x_n 为奇, y_n 为偶, 且 $(x_n,y_n)=1,2\mid z$. 由式(5)知 $(x_{2s+1},y_{2s})=(x_{2s+1},3x_{2s})=(x_{2s+1},3)$, 由式(7)用归纳法知 $3\mid x_{2s+1}$, 故 $(x_{2s+1},y_{2s})=3$. 同理可证 $(x_{2s-1},y_{2s})=3$ 及式(2). 由式(8)得 $y_{2s+1}\equiv y_{2s-1}\equiv y_1\equiv2(\bmod\ 4)$. 又由式(5)知 $x_{n+1}\equiv-x_n(\bmod\ 4)$, 而 $x_1=3$, 故式(4)得证.

引理 3　当 $m=2n$ 时, (x_m,y_m) 不是方程(1)的非平凡解.

证明 因为 $x_m = \dfrac{\varepsilon^{2n}+\bar{\varepsilon}^{2n}}{2} = 2\left(\dfrac{\varepsilon^n+\bar{\varepsilon}^n}{2}\right)^2 - 1 =$

$2x_n^2 - 1$，如 x_m 为方程(1)的解，由方程(1)得

$$2Dz^2 = x_m^2 - 9 = (x_m+3)(x_m-3) =$$
$$4(x_n^2+1)(x_n^2-2)$$

而 x_n 为奇，z 为偶，D 为偶，上式两边模16，矛盾.

引理 4 当 $m=2n+1$ 时，(x_m, y_m) 不是方程(1)的非平凡解.

证明 如 x_m 为方程(1)的非平凡解，因

$$Dz^2 = y_m^2 - 4 = (y_m-2)(y_m+2) \qquad (9)$$

由引理2，$y_m \equiv 2 \pmod 4$，故 $(y_m-2, y_m+2)=4$，从而 $4 \mid z$，结合式(9)，易推得

$$x_{n+1}y_n = \left(\frac{\varepsilon^{n+1}+\bar{\varepsilon}^{n+1}}{2}\right)\left(\frac{\varepsilon^n+\bar{\varepsilon}^n}{2\sqrt{2}}\right) =$$
$$\frac{1}{2}(y_m-2) = 2D_1 z_1^2 \qquad (10)$$

$$x_n y_{n+1} = \left(\frac{\varepsilon^n+\bar{\varepsilon}^n}{2}\right)\left(\frac{\varepsilon^n+\bar{\varepsilon}^n}{2\sqrt{2}}\right) =$$
$$\frac{1}{2}(y_m+2) = 2D_2 z_2^2 \qquad (11)$$

这里 $D_1 D_2 = D, 4z_1 z_2 = z$.

情况 1 $n=2s$ 时，由引理 2 及式(10)得
$$x_{2s+1} = 3d_{11}z_{11}^2, \quad y_{2s} = 3d_{12}z_{12}^2$$
$$x_{2s} = d_{21}z_{21}^2, \quad y_{2s+1} = d_{22}z_{22}^2$$

这里 $d_{11}d_{12} = 2D_1, d_{21}d_{22} = 2D_2, 3z_{11}z_{12} = z_1, z_{21}z_{22} = z_2$. 故

$$x_{2s}^2 - 2y_{2s}^2 = d_{21}^2 z_{21}^4 - 2(3d_{12}z_{12}^2)^2 = 1 \qquad (12)$$

由引理1知：$d_{21} \neq 1$，显然 d_{21} 也不能含有2，因 d_{21} 为 D 的因子，而 D 的任意奇数因子 p，都有勒让德符号

$\left(\dfrac{-2}{p}\right)=-1$，根据式（12），$d_{21}$ 也不可能含有 D 的素因子，但 $d_{21}\mid D$，矛盾.

情况 2　$n=2s-1$ 时，同理可得

$$x_{2s}=d_{11}z_{11}^2\,,y_{2s-1}=d_{12}z_{12}^2$$

$$x_{2s-1}=3d_{21}z_{21}^2\,,y_{2s}=3d_{22}z_{22}^2$$

这里 $d_{11}d_{12}=2D_1$，$d_{21}d_{22}=2D_2$，$z_{11}z_{12}=z_1$，$3z_{21}z_{22}z_2$，故 $x_{2s}^2-2y_{2s}^2=d_{11}^2z_{11}^4-2(3d_{22}z_{22}^2)^2=1$. 与情况 1 类似，也将得出矛盾，证毕.

由引理 3、引理 4，即可得定理.

参考文献

［1］曹珍富.关于 Pell 方程 $x^2-2y^2=1$ 和 $y^2-Dz^2=4$ 的公解［J］.科学通报，1986，31（6）：476.

［2］陈建华.关于 Pell 方程 $x^2-2y^2=1$ 和 $y^2-Dz^2=4$ 的公解［J］.武汉大学学报（自然科学版），1990（1）：8.

［3］曾登高.也谈 Pell 方程 $x^2-2y^2=1$ 和 $y^2-Dz^2=4$ 的公解［J］.数学的实践与认识，1995，（1）：81.

［4］柯召，孙琦.数论讲义：下［M］.北京：高等教育出版社，1986：243.

关于佩尔方程 $x^2 - 6y^2 = 1$ 和 $y^2 - Dz^2 = 4$ 的公解(二)①

第三十七章

近年来,佩尔方程组

$$\begin{cases} x^2 - 2y^2 = 1 \\ y^2 - Dz^2 = 4 \end{cases} \quad (1)$$

的求解问题一直受到人们的关注.1984 年 Mohanty 和 Ramasamy[1],1986 年曹珍富[2],1990 年陈建华[3],1995 年曾登高[4] 讨论了 D 为不同奇素数之积时,方程组(1)的各种整数解.1998 年陈志云证明了:当 $D = 2^n(n \in \mathbf{N})$ 或 $D = 6$ 时,方程组(1)仅有整数解 $(x,y,z) = (\pm 3, \pm 2, 0)$[5].2000 年,苏小燕证明了: $\begin{cases} x^2 - 6y^2 = 1 \\ y^2 - Dz^2 = 4 \end{cases}$ 在 D 为奇素数时,仅有正整数解$(D = 11)(x,y,z) = (49, 20, 6)$[6].

2002 年,漳州师范学院数学系的王冠闽和李炳荣两位教授研究了比方程组

① 选自《漳州师范学院学报(自然科学版)》,2002 年第 15 卷第 4 期.

(1) 较复杂的佩尔方程组：$x^2 - 6y^2 = 1$ 和 $y^2 - Dz^2 = 4$ 在 $D = 2^n (n \geqslant 1, n \in \mathbf{N})$ 情形的解，得到下列结果.

定理 1 若 $D = 2^{2k} (k \geqslant 1, k \in \mathbf{N})$，则方程组

$$\begin{cases} x^2 - 6y^2 = 1 \\ y^2 - Dz^2 = 4 \end{cases} \tag{2}$$

无正整数解.

证明 由方程组(2)得：$y^2 - 2^{2k}z^2 = 4$，即得

$$(y + 2^k z)(y - 2^k z) = 4$$

由于 $x, z, 2^k z \in \mathbf{N}$，故 $y + 2^k z > y - 2^k z > 0$，所以 $y + 2^k z = 4, y - 2^k z = 1$. 从而得 $2y = 5$. 可见此时方程组(2)无正整数解. 证毕.

定理 2 若 $D = 2^{2k-1}$，则当且仅当 $k = 3$ 时，方程组

$$\begin{cases} x^2 - 6y^2 = 1 \\ y^2 - Dz^2 = 4 \end{cases} \tag{3}$$

有唯一正整数解，且其解为 $(x, y, z) = (485, 198, 35)$.

为了证明定理 2，我们规定：下文的解如没有特别声明均指正整数解. 建立下面一些引理. 由文献[7]，立即可得：

引理 1[7] 佩尔方程 $x^2 - 3y^2 = -1$ 无正整数解.

当 $D = 2^{2k-1}$ 时，方程组(2)就是

$$\begin{cases} x^2 - 6y^2 = 1 \\ y^2 - 2^{2k-1}z^2 = 4 \end{cases} \tag{4}$$

由方程组(4)可得

$$x^2 - 3 \cdot 2^{2k}z^2 = 25 \tag{5}$$

熟知 $x^2 - 6y^2 = 1$ 的一切正整数解为

$$x_n = (\varepsilon^n + \bar{\varepsilon}^n)/2, y_n = (\varepsilon^n - \bar{\varepsilon}^n)/2\sqrt{6}$$

其中 $\varepsilon = 5 + 2\sqrt{6}, \bar{\varepsilon} = 5 - 2\sqrt{6}, n \geqslant 1, n \in \mathbf{N}$.

引理 2 $x_{2m-1} \equiv 0 \pmod{5}, x_{2m} \equiv \pm 1 \pmod{5}$，

$m \geqslant 1, m \in \mathbf{N}.$

证明　由

$$x_{n+1} + y_{n+1}\sqrt{6} = (5 + 2\sqrt{6})^{n+1} =$$
$$(5 + 2\sqrt{6})^n (5 + 2\sqrt{6}) =$$
$$(x_n + y_n\sqrt{6})(5 + 2\sqrt{6}) =$$
$$(5x_n + 12y_n) + (2x_n + 5y_n)\sqrt{6}$$

得:$x_{n+1} = 5x_n + 12y_n, y_{n+1} = 2x_n + 5y_n.$ 从而有

$$x_{n+2} = 5x_{n+1} + 12y_{n+1} = 5x_{n+1} + 12(2x_n + 5y_n) =$$
$$5x_{n+1} + 24x_n + 60y_n =$$
$$5x_{n+1} + 24x_n + 5(x_{n+1} - 5x_n) = 10x_{n+1} - x_n$$

又 $x_1 = 5, x_2 = 49,$ 故 $x_1 \equiv 0(\text{mod } 5), x_2 \equiv -1(\text{mod } 5).$

因此

$$x_{2m-1} \equiv 10x_{2m-2} - x_{2m-3} \equiv \Lambda \equiv \pm x_1 \equiv 0(\text{mod } 5)$$
$$x_{2m} \equiv 10x_{2m-1} - x_{2m-2} \equiv \Lambda \equiv \pm x_2 \equiv \pm 1(\text{mod } 5)$$

证毕.

由方程组(4)中的 $y^2 - 2^{2k-1}z^2 = 4$ 知 z 为奇数. 由方程(5)得

$$(x/5)^2 - 3((2^k z)/5)^2 = 1 \qquad (6)$$

和

$$(x+5)(x-5) = 3 \cdot 2^{2k}z^2 \qquad (7)$$

容易知道方程组(4)的解中 (x,z) 必是方程(6)的解, 但方程(5)的解 (x,z) 不一定是方程组(3)的解. 若方程(5)有解则必有 $5 \mid x$, 又 $(5,2) = 1$ 从而又可得 $5 \mid z$.

引理 3　x_{2m} 不是方程组(3)的正整数解.

证明　由引理2得:$x_{2m} \equiv \pm 1(\text{mod } 5),$ 若 x_{2m} 是方程组(3)的解, 则 x_{2m} 必然也是方程(5)的解, 则有

$x_{2m} \equiv 0(\bmod 5)$,这与 $x_{2m} \equiv \pm 1(\bmod 5)$ 矛盾. 引理 3 得证.

引理 4　在 x_{2m-1} 中仅 x_3 是方程组（3）的正整数解.

证明　由 $5 \mid x_{2m-1}$ 得 $5 \mid x+5, 5 \mid x-5$,从而式（6）可化为

$$(x+5)/5 \cdot (x-5)/5 = 3 \cdot 2^{2k} z_1^2 \qquad (8)$$

其中 $z = 5z_1, (x+5)/5, (x-5)/5, z_1 \in \mathbf{N}$. 由式（7）可得

$$3 \mid (x+5)/5 \text{ 或 } 3 \mid (x-5)/5$$

（1）当 $3 \mid (x+5)/5$ 时,即有 $15 \mid (x+5)$ 从而式（8）可化为

$$(x+5)/15 \cdot (x-5)/5 = 2^{2k} z_1^2 \qquad (9)$$

其中 $(x+5)/15 \in \mathbf{N}$. 因为 $((x+5)/15, (x-5)/5) = ((x+5)/5, 2)$ 由式（5）知 x 为奇数,且 $x_{2m-1} \equiv 0(\bmod 5)$,所以 $((x+5)/15, 2) = 2$,即 $((x+5)/15, (x-5)/5) = 2$,从而有 $((x+5)/30, (x-5)/10) = 1$,相应地式（9）可化为

$$(x+5)/30 \cdot (x-5)/10 = 2^{2k-2} z_1^2 \qquad (10)$$

因 $z = 5z_1$ 且 z 为奇数,所以 z_1 也为奇数,从而由式（10）得

$$(x+5)/30 = 2^{2k-2}, (x-5)/10 = z_1^2 \qquad (11)$$

或

$$(x+5)/30 = z_1^2, (x-5)/10 = 2^{2k-2} \qquad (12)$$

或

$$(x+5)/30 = 2^{2k-2} z_1^2, (x-5)/10 = 1 \qquad (13)$$

或　　$(x+5)/30 = 1, (x-5)/10 = 2^{2k-2} z_1^2 \qquad (14)$

由式(11)得：$1=3 \cdot 2^{2k-2}-z_1^2 \Rightarrow z_1^2-3 \cdot (2^{k-1})^2=-1$ 由引理 1 知上式无解. 从而方程(11)无解. 由(12)得：$1=3z_1^2-2^{2k-2} \Rightarrow (2^{k-1})^2-3z_1^2=-1$，由引理 1 知上式无解. 从而方程(12)无解. 由方程(13)中的 $(x-5)/10=1$ 得 $x=15$，代入 $(x+5)/30=2^{2k-2}z_1^2$ 得 $2/3=2^{2k-2}z_1^2$ 显然无解，故方程(13)无解. 由方程(14)中的 $(x+5)/30=1$，得 $x=25$. 代入 $(x-5)/10=2^{2k-2}z_1^2$ 得 $2=2^{2k-2}z_1^2$ 显然无解，故方程(14)无解.

综上所述得：当 $3 \mid (x+5)/5$ 时，方程(8)无解，即方程(4)无解.

(2) 当 $3 \mid (x-5)/5$ 时，即 $15 \mid (x-5)$，从而方程(8)可化为

$$(x+5)/5 \cdot (x-5)/15=2^{2k}z_1^2 \qquad (15)$$

其中 $(x-5)/15 \in \mathbf{N}$. 类似(1) 分析知 $((x+5)/5$, $(x-5)/15)=((x-5)/15,2)=2$，所以 $((x+5)/10$, $(x-5)/30)=1$. 从而方程(15)可化为

$$(x+5)/10 \cdot (x-5)/30=2^{2k-2}z_1^2 \qquad (16)$$

由方程(16)得

$$(x+5)/10=2^{2k-2},(x-5)/30=z_1^2 \qquad (17)$$

或

$$(x+5)/10=z_1^2,(x-5)/30=2^{2k-2} \qquad (18)$$

或

$$(x+5)/10=1,(x-5)/30=2^{2k-2}z_1^2 \qquad (19)$$

或

$$(x+5)/10=2^{2k-2}z_1^2,(x-5)/30=1 \qquad (20)$$

由方程组(17)得

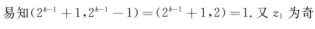

$$1=2^{2k-2}-3z_1^2 \Rightarrow 3z_1^2=(2^{k-1}+1)(2^{k-1}-1) \quad (21)$$

易知 $(2^{k-1}+1,2^{k-1}-1)=(2^{k-1}+1,2)=1$. 又 z_1 为奇

数,所以$(3,z_1)=1$或 3.

若$(3,z_1)=1$,则由方程(21)可得
$$2^{k-1}+1=3, 2^{k-1}-1=z_1^2 \qquad (22)$$
或
$$2^{k-1}+1=z_1^2, 2^{k-1}-1=3 \qquad (23)$$
或
$$2^{k-1}+1=3z_1^2, 2^{k-1}-1=1 \qquad (24)$$
或
$$2^{k-1}+1=1, 2^{k-1}-1=3z_1^2 \qquad (25)$$
由方程(22)得:$k=2, z_1=1$,把 $k=2, z_1=1$ 代入方程(7),得$(x+5)(x-5)=3 \cdot 2^4 \cdot 5^2 \Rightarrow x=35$,代入方程组(4)中$x^2-6y^2=1$,得 $6y^2=36 \cdot 24 \Rightarrow y^2=2^2 \cdot 3 \cdot 17$ 显然无解.故方程组(22)无解.由方程组(23)得:$k=3, z_1^2=5$ 显然无解,故方程组(23)无解.由方程组(24)得:$k=2, z_1=1$,由上面分析知方程组(24)无解.由方程组(25)中的$2^{k-1}+1=1$得 $2^{k-1}=0$ 不成立.故方程组(25)无解.

由上面分析知,在$(3,z_1)=1$ 情况下方程(21)无解.

若$(3,z_1)=3$,则有 $3 \mid z_1$. 令 $z_1=3^l z_2$,其中 $l \geqslant 1, l, z_2 \in \mathbf{N}, 3 \nmid z_2$,则方程(21)可化为
$$(2^{k-1}+1)(2^{k-1}-1)=3^{2l+1}z_2^2 \qquad (26)$$
由方程(26)可得
$$2^{k-1}+1=3^{2l+1}, 2^{k-1}-1=z_2^2 \qquad (27)$$
或
$$2^{k-1}+1=z_2^2, 2^{k-1}-1=3^{2l+1} \qquad (28)$$
或
$$2^{k-1}+1=3^{2l+1}z_2^2, 2^{k-1}-1=1 \qquad (29)$$

或

$$2^{k-1}+1=1, 2^{k-1}-1=3^{2l+1}z_2^2 \qquad (30)$$

由方程组(27)中的 $2^{k-1}+1=3^{2l+1}$ 得

$$2^{k-1}=(3-1)(3^{2l}+3^{2l-1}+3^{2l-2}+\cdots+3+1)\Rightarrow$$
$$2^{k-2}=3^{2l}+3^{2l-1}+\cdots+3+1$$

$$(31)$$

若 $k \geqslant 3$,则式(31)左边为偶数,右边为奇数.故式(31)不成立;若 $k=2$,则 $l=0$.这与 $l \geqslant 1$ 矛盾.故式(31)不成立.因此方程组(27)无解.由方程组(28)中的 $2^{k-1}-1=3^{2l+1}$ 得

$$2^{k-1}=(3+1)(3^{2l}-3^{2l-1}+3^{2l-2}-\cdots-3+1)\Rightarrow$$
$$2^{k-3}=3^{2l}-3^{2l-1}+3^{2l-2}-\cdots-3+1 \qquad (32)$$

若 $k \geqslant 4$,式(32)左边为偶数,右边为奇数.故式(32)不成立;若 $k=3$,则 $l=0$.这与 $l \geqslant 1$ 矛盾.故式(32)不成立.因此方程组(28)无解.

由方程组(29)中的 $2^{k-1}-1=1$ 得 $k=2$,代入 $2^{k-1}+1=3^{2l+1}z_2^2$,得 $3=3^{2l+1}z_2^2 \Rightarrow l=0$,这与 $l \geqslant 1$ 矛盾.

故方程组(29)无解.类似方程组(25)的分析知方程组(30)无解.

由上面的分析知,在 $(3,z_1)=3$ 情况下方程(26)无解.即方程(21)无解.

综合上述知方程组(17)无解.

由方程组(18)得

$$1=z_1^2-3 \cdot 2^{2k-2} \Rightarrow (z_1+1)(z_1-1)=3 \cdot 2^{2k-2}$$

$$(33)$$

因 z_1 为奇数,所以 $((z_1+1)/2,(z_1-1)/2)=((z_1+1)/2,1)=1$,故由方程(33)得

$$(z_1+1)/2=3, (z_1-1)/2=2^{2k-4} \qquad (34)$$

或
$$(z_1 + 1)/2 = 2^{2k-4}, (z_1 - 1)/2 = 3 \qquad (35)$$
或
$$(z_1 + 1)/2 = 3 \cdot 2^{2k-4}, (z_1 - 1)/2 = 1 \qquad (36)$$
或
$$(z_1 + 1)/2 = 1, (z_1 - 1)/2 = 3 \cdot 2^{2k-4} \qquad (37)$$

由方程组(34)得 $z_1 = 5, k = 2.5$(不是整数)故方程组(34)无解.

由方程组(35)得 $z_1 = 7, k = 3$. 把 $z_1 = 7, k = 3$ 代入方程(7)得:$(x+5)(x-5) = 3 \cdot 2^6 \cdot 5^2 \cdot 7^2 \Rightarrow x = 485$,代入方程(4)中 $x^2 - 6y^2 = 1$ 得:$6y^2 = (485+1)(485-1) \Rightarrow y = 198$. 故$(485, 198, 35)$是方程(4)的解,其中 $485 = x_3, y_3 = 198$. 由方程组(36)中的$(z_1-1)/2 = 1$,得 $z_1 = 3$,代入$(z_1+1)/2 = 3 \cdot 2^{2k-4}$ 得:$3 \cdot 2^{2k-4} = 2$ 显然无解,故方程组(36)无解. 由方程组(37)中的$(z_1+1)/2 = 1$,得 $z_1 = 1$,代入$(z_1-1)/2 = 3 \cdot 2^{2k-4}$ 得:$3 \cdot 2^{2k-4} = 0$ 显然无解,故方程组(37)无解.

综合上述,知方程组(18)有唯一解 $x = 485, z_1 = 7, k = 3$.

由方程组(19)中的$(x+5)/10 = 1$,得 $x = 5$,代入$(x-5)/30 = 2^{2k-2} z_1^2$,得 $z^{2k-2} z_1^2 = 0$,故方程组(19)无解.

由方程组(20)中的$(x-5)/30 = 1$,得 $x = 35$,代入$(x+5)/10 = 2^{2k-2} z_1^2$,得 $2^{2k-2} z_1^2 = 4 \Rightarrow k = 2, z_1 = 1$,由上面分析知式方程组(20)无解.

综上所述得:当 $3 \mid (x-5)/5$ 时,方程组(4)有唯一解$(x, y, z) = (485, 198, 35)$

由(1),(2)知引理4得证.由引理3、引理4即得定

315

理 2.

参考文献

[1] MOHANTY S P,RAMASAMY A M S. The simultaneous Diophantine equation $5y^2 - 20 = x^2$ and $2y^2 + 1 = z^2$[J]. Number Theory, 1984(18):356-359.

[2] 曹珍富. 关于 Pell 方程 $x^2 - 2y^2 = 1$ 和 $y^2 - Dz^2 = 4$ 的公解 [J]. 科学通报,1986(6):476.

[3] 陈建华. 关于 Pell 方程 $x^2 - 2y^2 = 1$ 和 $y^2 - Dz^2 = 4$ 的公解 [J]. 武汉大学学报(自然科学版),1990(1):8-12.

[4] 曾登高. 也谈 Pell 方程 $x^2 - 2y^2 = 1$ 和 $y^2 - Dz^2 = 4$ 的公解 [J]. 数学的实践与认识,1995(1):81-84.

[5] 陈志云. 关于不定方程组 $x^2 - 2y^2 = 1$ 和 $y^2 - Dz^2 = 4$[J]. 华中师范大学学报(自然科学版),1998(2):137-140.

[6] 苏小燕. 关于 Pell 方程 $x^2 - 6y^2 = 1$ 和 $y^2 - Dz^2 = 4$ 的公解 [J]. 漳州师范学院学报(自然科学版),2000(3):35-38.

[7] 潘承洞,潘承彪. 简明数论[M]. 北京:北京大学出版社, 1998:64.

[8] 曹珍富. 丢番图方程引论[M]. 哈尔滨:哈尔滨工业大学出版社,1989:172.

关于佩尔方程 $x^2 - 2y^2 = 1$ 和 $y^2 - Dz^2 = 4$ 的公解(五)①

① 选自《绍兴文理学院学报》,2003 年第 23 卷第 9 期.

第三十八章

1. 引言及定理

求佩尔方程组 $x^2 - 2y^2 = 1$ 与 $y^2 - Dz^2 = 4$ 的公解问题,曹珍富[1]、陈建华[2]、曾登高[3] 等就 D 最多为 4 个不同奇素因子的乘积的情况做过一些工作. 陈志云[4,5] 考虑了 D 为偶数的情况,证明了 $D = 6$ 和 $D = 150$ 时此问题仅有平凡解. 胡永忠[6] 证明了 $D = 2\prod_{i=1}^{k} p_i \prod_{j=1}^{l} q_j$,其中 $p_i \equiv 5,7 \pmod 8$,$q_j \equiv 3 \pmod 8$,$l \leqslant 3$ 时此问题只有平凡解. 2003 年,绍兴文理学院数学系的顾黎诚教授证明了如下定理.

定理 设 $D = 2\prod_{i=1}^{k} p_i$,其中 p_i 是互素的奇素数,且 $p_i \not\equiv 1 \pmod 8$,$i = 1, 2, \cdots, k$,则不定方程

$$\begin{cases} x^2 - 2y^2 = 1 \\ y^2 - Dz^2 = 4 \end{cases} \tag{1}$$

仅有平凡解 $(x,y,z) = (\pm 3, \pm 2, 0)$.

而当 D 有素因子 $p \equiv 1 (\bmod 8)$ 时,方程组可能有非平凡解.

如 $\begin{cases} x^2 - 2y^2 = 1 \\ y^2 - 34z^2 = 4 \end{cases}$ 有正整数解 $(x,y,z) = (99,70,12)$.

2. 引理

我们知道[7],对 $D > 0, D$ 无平方因子

$$y^2 - Dz^2 = 4 \tag{2}$$

设 α,β 为方程(2)的解中使 $\alpha + \beta\sqrt{D}$ $(\alpha > 0, \beta > 0)$ 为最小者,则方程(2)的所有解 y,z 可由

$$\frac{y + z\sqrt{D}}{2} = \pm \left(\frac{\alpha + \beta\sqrt{D}}{2} \right)^n, n \text{ 为整数}$$

得出.

对佩尔方程 $x^2 - 2y^2 = 1$ 的非负解可表为

$$x_m = \frac{\varepsilon^m + \bar\varepsilon^m}{2}, y_m = \frac{\varepsilon^m - \bar\varepsilon^m}{2\sqrt{2}}$$

其中 $m \in \mathbf{N}, \varepsilon = 3 + 2\sqrt{2}, \bar\varepsilon = 3 - 2\sqrt{2}$.

经验算可得 $x_0 = 1, y_0 = 0, x_1 = 3, y_1 = 2$,且

$$x_{m+1} = 3x_m + 4y_m \tag{3}$$

$$y_{m+1} = 2x_m + 3y_m \tag{4}$$

引理 1 对佩尔方程 $x^2 - 2y^2 = 1$ 的非负解有如下性质:设 $n \in \mathbf{N}$,则有

(1)$x_{2n} \equiv 1(\bmod 8), x_{2n+1} \equiv 3(\bmod 8), y_{2n} \equiv 0(\bmod 4), y_{2n} \equiv 1(\bmod 4)$.

(2)$\gcd(x_n, y_n) = 1, \gcd(x_{2n}, y_{2n+1}) = \gcd(x_{2n+2},$

$y_{2n+1}) = 1, \gcd(x_{2n+1}, y_{2n}) = \gcd(x_{2n+1}, y_{2n+2}) = 3$, $\gcd(y_n, y_{n+1}) = 2, \gcd(x_n, x_{n+1}) = 1$.

（3）$x_{2n+1} = 2x_n x_{n+1} - 3 = 4y_n y_{n+1} + 3, x_{2n} = 4y_n^2 + 1, y_{2n+1} = 2x_n y_n + 2 = 2x_n y_{n+1} - 2, y_{2n} = 2x_n y_n$.

证明　（1）由式（4）知 $y_{m+1} \equiv y_m \pmod 2, y_0 = 0$ 故 $2 / y_m$.

由式（3）知

$$x_{m+1} \equiv 3x_m \equiv x_{m-1} \pmod 8, x_0 = 1, x_1 = 3$$

故 $x_{2n} \equiv 1 \pmod 8, x_{2n+1} \equiv 3 \pmod 8$. 而 $y_{m+1} = 12x_{m-1} + 17y_{m-1}$, 即

$$y_{m+1} \equiv y_{m-1} \pmod 4, y_0 = 0, y_1 = 2$$

故 $y_{2n} \equiv 0 \pmod 4, y_{2n+1} \equiv \pmod 4$.

（2）显然 $\gcd(x_n, y_n) = 1$.

由式（3）、（4）得 $\gcd(x_{m+1}, y_m) \mid 3x_m$, 故 $\gcd(x_{m+1}, y_m) \mid 3$, 同理 $\gcd(x_m, y_{m+1}) \mid 3$. $x_{m+1} \equiv y_m \equiv -x_{m-1} \pmod 3, y_{m+1} \equiv -x_m \equiv -y_{m-1} \pmod 3$, 递归得 $x_{2n} \not\equiv 0 \pmod 3, x_{2n+1} \equiv 0 \pmod 3, y_{2n} \equiv 0 \pmod 3, y_{2n+1} \not\equiv 0 \pmod 3$, 故 $\gcd(x_{2n}, y_{2n+1}) = \gcd(x_{2n+2}, y_{2n+1}) = 1, \gcd(x_{2n+1}, y_{2n}) = \gcd(x_{2n+1}, y_{2n+2}) = 3$, 由 $\gcd(x_m, x_{m+1}) \mid 4y_m$, 得 $\gcd(x_m, x_{m+1}) = 1$. $\gcd(x_{m+1}, y_m) \mid 2y_m$, 得 $\gcd(y_m, y_{m+1}) = 2$.

（3）由

$$x_n x_{n+1} = \frac{\varepsilon^n + \bar\varepsilon^n}{2} \cdot \frac{\varepsilon^{n+1} + \bar\varepsilon^{n+1}}{2} =$$

$$\frac{\varepsilon^{2n+1} n + \bar\varepsilon^{2n+1} + \varepsilon + \bar\varepsilon}{4} =$$

$$\frac{x_{2n+1} + 3}{2} \cdot y_n y_{n+1} =$$

$$\frac{\varepsilon^n - \bar{\varepsilon}^n}{2\sqrt{2}} \cdot \frac{\varepsilon^{n+1} - \bar{\varepsilon}^{n+1}}{2\sqrt{2}} =$$

$$\frac{\varepsilon^{2n+1} + \bar{\varepsilon}^{2n+1} - (\varepsilon + \bar{\varepsilon})}{8} =$$

$$\frac{y_{2n+1} - 3}{4}$$

故

$$x_{2n+1} = 2x_n x_{n+1} - 3 = 4y_n y_{n+1} + 3$$

$$x_{2n} = \frac{\varepsilon^{2n} + \bar{\varepsilon}^{2n}}{2} = \frac{(\varepsilon^n - \bar{\varepsilon}^n)^2 + 2}{2} = 4y_n^2 + 1$$

同理验算可得

$$y_{2n+1} = 2x_{n+1}y_n + 2 = 2x_n y_{n+1} - 2, y_{2n} = 2x_n y_n$$

引理 2[7]　设 $ab = ct^2$，这里 a,b,c,t 为正整数，$\gcd(a,b) = 1$，则存在正整数 c_1,c_2,u,v，使得 $a = c_1 u^2, b = c_2 v^2$.

这里 $c_1 c_2 = c, uv = t, \gcd(c_1, c_2) = 1, \gcd(u, v) = 1$.

引理 3[7]　不定方程 $x^4 - 2y^2 = 1$ 仅有平凡解 $(x, y) = (\pm 1, 0)$.

3. 定理的证明

我们只需考虑式(1)的非负解，假设式(1)有非负平凡解 $(x_m, y_m, z_0), z_0 > 0, m \geq 0$，由 $y_m^2 - Dz_0^2 = 4$.

$2 \| D$，故 $2 | y_m$，若 $4 | y_m$，则 $2 | z_0$，于是 $8 | 4$ 得矛盾. 故 $2 \| y_m$.

由引理 1 知 $2 \neq m$，设

$$m = 2n + 1$$

$$Dz_0^2 = y_m^2 - 4 = 4x_n x_{n+1} y_n y_{n+1}$$

显然 $4 | z_0, 3 | z_0$.

下面分两种情况讨论：

(1) 当 $2 | n$ 时

$$\frac{D}{2}\left(\frac{z}{12}\right)^2 = x_n \cdot \frac{x_{n+1}}{2} \cdot \frac{y_n}{12} \cdot \frac{y_{n+1}}{2} \tag{5}$$

由引理 1 知 $x_n, \frac{x_{n+1}}{3}, \frac{y_n}{12}, \frac{y_{n+1}}{12}$ 两两互质.

由引理 2 知,存在正整数 D_i 与 $z_i(i=1,2,3,4)$,使得

$$\begin{cases} x_n = D_1 z_1^2, x_{n+1} = 3D_2 z_2^2 \\ y_n = 12D_3 z_3^2, y_{n+1} = 2D_4 z_4^2 \end{cases} \tag{6}$$

这里 $D_1 D_2 D_3 D_4 = \frac{D}{2}, z_1 z_2 z_3 z_4 = \frac{z_0}{12}, D_1, D_2, D_3, D_4$ 两两互质.

于是有

$$1 = D_1^2 z_1^4 - 288 D_3^2 z_3^4 \tag{7}$$

显然 $3 \neq D_1$,否则与 $\gcd(x_n, x_{n+1}) = 1$ 矛盾.

若奇数 $D_1 > 1$,设 p 为 D_1 的奇数因子,则 $p \not\equiv 1 (\bmod 8)$.

记 $\left(\frac{*}{*}\right)$ 为勒让德 - 雅可比符号.

当 $p \equiv 5, 7 (\bmod 8)$ 时,由式(7)

$$1 = \left(\frac{1}{p}\right) = \left(\frac{-288 D_3^2 z_3^4}{p}\right) = \left(\frac{-2}{p}\right) = -1$$

得到矛盾.

当 $p \equiv 3 (\bmod 8)$ 时,$x_n \equiv 0 (\bmod p)$,记 $n = 2k$.

由引理 1,$x_n = 4y_k^2 + 1 \equiv 0 (\bmod p)$,而 $x_k^2 - 2y_k^2 = 1, 2x_k^2 = 4y_k^2 + 2$,于是 $2x_k^2 \equiv 1 (\bmod p)$. $1 = \left(\frac{1}{p}\right) = \left(\frac{2x_k^2}{p}\right) = \left(\frac{2}{p}\right) = -1$,得矛盾. 故 $D_1 = 1, x_n = z_1^2$ 这与引理 3 矛盾.

(2) 当 $2 \neq n$ 时

$$\frac{D}{2}\left(\frac{z_0}{12}\right)^2 = \frac{x_n}{3}x_{n+1} \cdot \frac{y_n}{2} \cdot \frac{y_{n+1}}{12} \tag{8}$$

由引理 1 知,$\frac{x_n}{3}$,x_{n+1},$\frac{y_n}{2}$,$\frac{y_{n+1}}{12}$ 两两互质.

由引理 1 知存在正整数 D_i 和 $z_i (i=1,2,3,4)$ 使得

$$\begin{cases} x_n = 3D_1 z_1^2, x_{n+1} = D_2 z_2^2 \\ y_n = 2D_3 z_3^2, y_{n+1} = 12D_4 z_4^2 \end{cases} \tag{9}$$

这里 $D_1 D_2 D_3 D_4 = \frac{D}{2}$,$z_1 z_2 z_3 z_4 = \frac{z_0}{12}$,$D_1$,$D_2$,$D_3$,$D_4$ 两两互质.

于是有

$$1 = D_2^2 z_2^4 - 288 D_4^2 z_4^4 \tag{10}$$

同上法可得 $D_2 = 1$,$x_{n+1} = z_2^2$,这与引理 3 矛盾.

定理得证.

参考文献

[1] 曹珍富. 关于 Pell 方程 $x^2 - 2y^2 = 1$ 和 $y^2 - Dz^2 = 4$ 的公解 [J]. 科学通报,1986,31(6):476.

[2] 陈建华. 关于 Pell 方程 $x^2 - 2y^2 = 1$ 和 $y^2 - Dz^2 = 4$ 的公解 [J]. 武汉大学学报(自然科学版),1990(1):8-12.

[3] 曾登高. 也说 Pell 方程 $x^2 - 2y^2 = 1$ 和 $y^2 - Dz^2 = 4$ 的公解 [J]. 数学的实践与认识,1995(1):81-84.

[4] 陈志云. 关于不定方程组 $x^2 - 2y^2 = 1$ 和 $y^2 - Dz^2 = 4$ 的公解 [J]. 华中师范大学学报,1998,32(2):137-140.

[5] 陈志云,张本金. 关于不定方程组 $x^2 - 2y^2 = 1$,$y^2 - 150z^2 = 4$ 的公解 [J]. 华中师范大学学报(自然科学版),2000,34(1):1-3.

[6] 胡永忠,韩清. 也说不定方程组 $x^2 - 2y^2 = 1$,$y^2 - Dz^2 = 4$ 的公解 [J]. 华中师范大学学报(自然科学版),2002,36(1):17-19.

[7] 柯召,孙琦. 数论定义 [M]. 北京:高等教育出版社,1986.

关于佩尔方程 $x^2 - 2y^2 = 1$ 和 $y^2 - Dz^2 = 4$ 的公解（六）[①]

第三十九章

1. 主要结论

求佩尔方程

$$x^2 - 2y^2 = 1 \quad \text{与} \quad y^2 - Dz^2 = 4 \quad (1)$$

的公解问题，曹珍富[1]、陈建华[2]、曾登高[3] 等就 D 最多为 4 个不同奇素因数乘积的情况做过一些工作. 陈志云[4] 考虑了 D 为偶数的情况，证明了 $D = 6$ 时，方程（1）仅有平凡解 $(x, y, z) = (\pm 3, \pm 2, 0)$. 曹珍富[5] 证明了 $D = 2p_1 \cdots p_s$，这里 $p_1, \cdots, p_s$ 是不同的奇素数，$1 \leqslant s \leqslant 4$ 时，方程（1）除去 $D = 34$ 仅有非平凡解 $(x, y, z) = (\pm 99, \pm 70, \pm 12)$ 外，均只有平凡解 $(x, y, z) = (\pm 3, \pm 2, 0)$. 2012 年，泰州师范高等专科学校数理系的管训贵教授证明了下面定理.

---

① 选自《华中师范大学学报（自然科学版）》，2012 年第 46 卷第 3 期.

定理　若 $p_1,\cdots,p_s$ 是不同的奇素数,则当 $D=2p_1\cdots p_s,1\leqslant s\leqslant 6$ 时,方程(1)除 $D=2\cdot 17$ 仅有非平凡解 $(x,y,z)=(\pm 99,\pm 70,\pm 12),D=2\cdot 3\cdot 5\cdot 7\cdot 11\cdot 17$ 仅有非平凡解 $(x,y,z)=(\pm 3\,363,\pm 2\,378,\pm 12)$ 与 $D=2\cdot 17\cdot 113\cdot 239\cdot 337\cdot 577\times 665\,857$ 仅有非平凡解 $(x,y,z)=(\pm 152\,139\,002\,499,\pm 107\,578\,520\,350,\pm 312)$ 外,均只有平凡解 $(x,y,z)=(\pm 3,\pm 2,0)$.

这一结果加强了曹珍富[5]的结论.

2. 引理

引理 1　设 $x_n=\dfrac{1}{2}(\rho^n+\bar\rho^n),y_n=\dfrac{1}{2\sqrt{2}}(\rho_n-\bar\rho^n)$, 这里 n 为正整数,$\bar\rho=1-\sqrt{2}$,则佩尔方程 $x^2-2y^2=-1$ 与佩尔方程 $x^2-2y^2=1$ 的全部正整数解可分别表示为 $(x,y)=(x_{2n-1},y_{2n-1})$ 与 $(x,y)=(x_{2n},y_{2n})$.

证明可参见文献[6].

引理 2　佩尔方程 $x^2-2y^2=\pm 1$ 的正整数解具有如下性质:

(1) 对任意正整数 k,有 $y_{2k}=2x_ky_k$;

(2) 对任意正整数 k,有 $y_{2k+2}^2=4x_ky_kx_{k+2}y_{k+2}+4$;

(3) 对任意正整数 m,n,令 $\gcd(m,n)=d$,则当 $2\mid\dfrac{mn}{d^2}$ 时,$\gcd(x_n,x_m)=1$,当 $2\nmid\dfrac{mn}{d^2}$ 时,$\gcd(x_n,x_m)=x_d$;当 $2\mid\dfrac{m}{d}$ 时,$\gcd(x_n,y_m)=x_d$,当 $2\nmid\dfrac{m}{d}$ 时,$\gcd(x_n,y_m)=1$;

(4) 对任意正整数 m,n,令 $\gcd(m,n)=d$,则 $\gcd(y_n,y_m)=y_d$;

（5）设 n 为正整数，则 x_n 为平方数当且仅当 $n=1$，y_n 为平方数当且仅当 $n=1$ 和 7.

证明　（1）$y_{2k} = \dfrac{1}{2\sqrt{2}}(\rho^{2k} - \bar{\rho}^{2k}) = 2 \cdot \dfrac{\rho^k + \bar{\rho}^k}{2} \cdot$

$\dfrac{\rho^k - \bar{\rho}^k}{2\sqrt{2}} = 2x_k y_k$；

（2）由

$$2x_{k+2} y_k + 2(-1)^k =$$
$$\frac{1}{2\sqrt{2}}(\rho^{k+2} + \bar{\rho}^{k+2})(\rho^k - \bar{\rho}^k) + 2(-1)^k = y_{2k+2}$$

及

$$2x_k y_{k+2} - 2(-1)^k =$$
$$\frac{1}{2\sqrt{2}}(\rho^k + \bar{\rho}^k)(\rho^{k+2} - \bar{\rho}^{k+2}) - 2(-1)^k = y_{2k+2}$$

知

$$y_{2k+2} - 2(-1)^k = 2x_{k+2} y_k$$
$$y_{2k+2} + 2(-1)^k = 2x_k y_{k+2}$$

于是

$$y_{2k+2}^2 = y_{2k+2}^2 - 4(-1)^{2k} + 4 =$$
$$(y_{2k+2} - 2(-1)^k)(y_{2k+2} + 2(-1)^k) + 4 =$$
$$4x_k y_k x_{k+2} y_{k+2} + 4$$

（3）～（5）的证明可参见文献[7].

引理 3　丢番图方程组 $x^2 + (x+1)^2 = z$ 与 $y^2 + (y+1)^2 = z^2$ 仅有正整数解

$$(x, y, z) = (1, 3, 5)$$

证明可参见文献[8].

引理 4　丢番图方程 $9x^4 - 2y^2 = 1$ 仅有正整数解 $(x, y) = (1, 2)$.

证明　先约定:以下所用的小写字母均表示正整数.设原方程有正整数解(x,y).

易知,$2 \mid y$,否则$(3x^2)^2 \equiv 3 (\bmod 8)$,矛盾.令$y = 2z$,则原方程可化为

$$(3x^2 + 1)(3x^2 - 1) = 8z^2 \qquad (2)$$

考虑到$2 \nmid x$,有$\gcd(3x^2 + 1, 3x^2 - 1) = 2$,于是式(2)成为

$$3x^2 + 1 = 2s^2, 3x^2 - 1 = 4t^2, z = st, \gcd(s,t) = 1 \qquad (3)$$

或

$$3x^2 - 1 = 2s^2, 3x^2 + 1 = 4t^2, z = st, \gcd(s,t) = 1 \qquad (4)$$

若式(3)成立,则$s^2 = 2t^2 + 1$,故$2 \mid t$,令$t = 2r$,代入式(3)的第二式得

$$3x^2 = 16r^2 + 1 \qquad (5)$$

对式(5)两边同取模8得,$3 \equiv 1 (\bmod 8)$,矛盾.故式(3)不成立.

若式(4)成立,则

$$\begin{cases} s^2 - 2t^2 = -1, 2t + 1 = u^2 \\ 2t - 1 = 3v^2, x = uv, \gcd(u,v) = 1 \end{cases} \qquad (6)$$

或

$$\begin{cases} s^2 - 2t^2 = -1, 2t - 1 = u^2 \\ 2t + 1 = 3v^2, x = uv, \gcd(u,v) = 1 \end{cases} \qquad (7)$$

由式(6)的第1式知,$2 \nmid t$.于是第2式成为$u^2 = 2t + 1 \equiv 3 (\bmod 4)$,矛盾.

式(7)显然有正整数解$s = t = u = v = 1$,从而方程(2)有正整数解$(x,y) = (1,2)$.

若方程(2)还有$x > 1$的解,则由$2 \nmid us$,可令$u =$

326

$2m+1, s=2n+1$（这里 $m, n \geqslant 1$），代入式（7）的前两式得

$$n^2 + (n+1)^2 = t^2, m^2 + (m+1)^2 = t \qquad (8)$$

由引理 3 知，方程组（8）仅有正整数解 $(m, n, t) = (1, 3, 5)$．将 $t = 5$ 代入式（7）的第三式得 $3v^2 = 11$，矛盾．故引理 4 得证．

引理 5　若 (x_{2n}, y_{2n}) 是佩尔方程 $x^2 - 2y^2 = 1$ 的正整数解，则 $x_{2n}/3$ 为平方数当且仅当 $n = 1$．

证明　若 $x_{2n}/3 = a^2$，则 $x_{2n} = 3a^2$，代入原方程得

$$9a^4 - 2y^2 = 1 \qquad (9)$$

根据引理 4，方程（9）仅有正整数解 $(a, y) = (1, 2)$，此时 $x_{2n} = 3$，从而 $n = 1$．反之，显然．故引理 5 得证．

3. 定理的证明

由引理 1 知，佩尔方程 $x^2 - 2y^2 = 1$ 的全部正整数解为 $(x, y) = (x_{2n}, y_{2n})$，这里 n 为正整数．设 $(x, y, z) = (x_{2n+2}, y_{2n+2}, z_n)$ 为方程（1）的正整数解，根据引理 2 的（2）有

$$Dz_n^2 = y_{2n+2}^2 - 4 = 4x_n y_n x_{n+2} y_{n+2} \qquad (10)$$

情形 1　$n = 2m-1$，这里 m 为正整数．此时式（10）成为

$$Dz_n^2 = 4x_{2m-1} y_{2m-1} x_{2m+1} y_{2m+1} \qquad (11)$$

由引理 2 的（3）、（5）知

$$\gcd(x_{2m-1}, x_{2m+1}) = x_{\gcd(2m-1, 2m+1)} = x_1 = 1$$
$$\gcd(y_{2m-1}, y_{2m+1}) = y_{\gcd(2m-1, 2m+1)} = y_1 = 1$$
$$\gcd(x_{2m-1}, y_{2m-1}) = \gcd(x_{2m-1}, y_{2m+1}) = 1$$
$$\gcd(x_{2m+1}, y_{2m-1}) = \gcd(x_{2m+1}, y_{2m+1}) = 1$$

即 $x_{2m-1}, y_{2m-1}, x_{2m+1}, y_{2m+1}$ 两两互素且均为奇数（与

$y_2 = 2$ 互素),故式(11) 不成立.

情形 2 $n = 2(2^t m - 1)$,这里 t 为正整数,m 为正奇数. 此时式(10) 成为

$$Dz_n^2 = 4x_{2^{t+1}m-2}\,y_{2^{t+1}m-2}\,x_{2^t m}\,y_{2^t m} \tag{12}$$

对式(12) 反复运用引理 2 的(1),有

$$Dz_n^2 = 2^{t+4} x_{2^{t+1}m-2}\,x_{2^t m-1}\,y_{2^t m-1}\,x_{2^{t+1}m}\,x_{2^t m}\cdots x_{2m}x_m y_m \tag{13}$$

由引理 2 的(3) 知,$\gcd(x_{2^{t+1}m-2}, x_{2m}) = x_2 = 3$ 及 $x_{2^{t+1}m-2}/3, x_{2^t m-1}, y_{2^t m-1}, x_{2^{t+1}m}, x_{2^t m}, \cdots, x_{2m}/3, x_m, y_m$ 两两互素且均为奇数(与 $y_2 = 2$ 互素),根据式(13),2^{t+4} 应为平方数的 2 倍,故 t 为奇数. 由引理 2 的(5) 知,x_n 为平方数当且仅当 $n = 1$,故 $x_{2^{t+1}m}, x_{2^t m}, \cdots, x_{4m}$ 均不为平方数,它们至少为 D 提供 t 个不同的奇素因数.

当 $t = 1$ 且 $m \neq 1, 7$ 时,由引理 2 的(5) 知,$y_{2^t m-1}$,$x_{2^t m-1}, x_m, y_m$ 均不为平方数,再由引理 5 知,$x_{2^{t+1}m-2}/3, x_{2m}/3$ 均不为平方数,它们至少为 D 提供 6 个不同的奇素因数,即式(13) 右边至少为 D 提供 7 个不同的奇素因数,故式(13) 不成立.

当 $t = 1$ 且 $m = 1$ 时,$n = 2$. 这时

$$Dz_2^2 = 4x_2 y_2 x_4 y_4 = 4 \cdot 3 \cdot 2 \cdot 17 \cdot 12 = 2 \cdot 17 \cdot 12^2$$

即 $D = 2 \cdot 17$,$z_2 = 12$. 故方程(1) 的正整数解为 $(x, y, z) = (99, 70, 12)$,从而全部整数解为

$(x, y, z) = (\pm 99, \pm 70, \pm 12)$ 和 $(\pm 3, \pm 2, 0)$(这里 $D = 34$,"$\pm$" 号任取)

当 $t = 1$ 且 $m = 7$ 时,由引理 2 的(5) 知,$y_{2^t m-1}$,$x_{2^t m-1}, x_m$ 均不为平方数,再由引理 5 知,$x_{2^{t+1}m-2}/3$ 也不为平方数,且 $x_{2m}/3 = x_{14}/3 = 113 \cdot 337$,它们至少为

D 提供 6 个不同的奇素因数,即式(13)右边至少为 D 提供 7 个不同的奇素因数,故式(13)不成立.

当 $t=3$ 且 $m \neq 1$ 时,由引理 2 的(5)知,$x_{2^t m-1}$,$y_{2^t m-1}$,x_m 均不为平方数,再由引理 5 知,$x_{2^{t+1} m-2}/3$,$x_{2m}/3$ 均不为平方数,它们至少为 D 提供 5 个不同的奇素因数,即式(13)右边至少为 D 提供 8 个不同的奇素因数,故式(13)不成立.

当 $t=3$ 且 $m=1$ 时,$n=14$. 这时
$$Dz_{14}^2 = 2^7 x_{14} x_7 y_7 x_{16} x_8 x_4 x_2 x_1 y_1 =$$
$$2^7 \cdot 3 \cdot 113 \cdot 337 \cdot 239 \cdot 13^2 \cdot$$
$$665\ 857 \cdot 577 \cdot 17 \cdot 3 =$$
$$2 \cdot 17 \cdot 113 \cdot 239 \cdot 337 \cdot 577 \cdot 665\ 857 \cdot 3\ 12^2$$
即 $D=2 \cdot 17 \cdot 113 \cdot 239 \cdot 337 \cdot 577 \cdot 665\ 857$,$z_{14}=312$.
故方程(1)的正整数解为
$$(x,y,z)=(152\ 139\ 002\ 499,107\ 578\ 520\ 350,312)$$
从而全部整数解为 $(x,y,z)=(\pm 152\ 139\ 002\ 499,$
$\pm 107\ 578\ 520\ 350,\pm 312)$ 和 $(\pm 3,\pm 2,0)$.

(这里 $D=118\ 889\ 074\ 218\ 188\ 734$,"$\pm$"号任取)

当 $t \geqslant 5$ 时,由引理 2 的(5)知,$x_{2^t m-1}$,$y_{2^t m-1}$ 均不为平方数,再由引理 5 知,$x_{2^{t+1} m-2}/3$ 也不为平方数,它们至少为 D 提供 3 个不同的奇素因数,即式(13)右边至少为 D 提供 8 个不同的奇素因数,故式(13)不成立.

情形 3　$n=2^{t+1} m$,这里 t 为正整数,m 为正奇数. 此时式(10)成为
$$Dz_n^2 = 4x_{2^{t+1} m} y_{2^{t+1} m} x_{2^{t+1} m+2} y_{2^{t+1} m+2} \tag{14}$$
对式(14)反复运用引理 2 的(1),有
$$Dz_n^2 = 2^{t+4} x_{2^{t+1} m+2} x_{2^t m+1} y_{2^t m+1} x_{2^{t+1} m} x_{2^t m} \cdots x_{2m} x_m y_m \tag{15}$$

由引理 2 的（3）知，$\gcd(x_{2^{t+1}m+2}, x_{2m}) = x_2 = 3$ 及 $x_{2^{t+1}m+2}/3, x_{2^t m+1}, y_{2^t m+1}, x_{2^{t+1}m}, x_{2^t m}, \cdots, x_{2m}/3, x_m, y_m$ 两两互素且均为奇数（与 $y_2 = 2$ 互素），根据式（15），2^{t+4} 应为平方数的 2 倍，故 t 为奇数. 由引理 2 的（5）知，x_n 为平方数当且仅当 $n = 1$，故 $x_{2^t m+1}, x_{2^{t+1}m}, x_{2^t m}, \cdots, x_{4m}$ 均不为平方数，它们至少为 D 提供 $t+1$ 个不同的奇素因数.

当 $t = 1$ 且 $m \neq 1, 3, 7$ 时，由引理 2 的（5）知，$y_{2^t m+1}, x_m, y_m$ 均不为平方数，再由引理 5 知，$x_{2^{t+1}m+2}/3, x_{2m}/3$ 均不为平方数，它们至少为 D 提供 5 个不同的奇素因数，即（15）右边至少为 D 提供 7 个不同的奇素因数，故式（15）不成立.

当 $t = 1$ 且 $m = 1$ 时，$n = 4$. 这时
$$Dz_4^2 = 4x_4 y_4 x_6 y_6 = 4 \cdot 17 \cdot 12 \cdot 99 \cdot 70 =$$
$$2 \cdot 3 \cdot 5 \cdot 7 \cdot 11 \cdot 17 \cdot 12^2$$
即 $D = 2 \cdot 3 \cdot 5 \cdot 7 \cdot 11 \cdot 17$，$z_4 = 12$. 故方程（1）的正整数解为 $(x, y, z) = (3\,363, 2\,378, 12)$，从而全部整数解为 $(x, y, z) = (\pm 3\,363, \pm 2\,378, \pm 12)$ 和 $(\pm 3, \pm 2, 0)$.（这里 $D = 39\,270$，"$\pm$" 号任取）

当 $t = 1$ 且 $m = 3$ 时，$x_{2^{t+1}m+2}/3 = x_{14}/3 = 113 \cdot 337$，$x_{2m}/3 = x_6/3 = 3 \cdot 11$，$x_m = x_3 = 7$，$y_m = y_3 = 5$，它们为 D 提供 6 个不同的奇素因数，即式（15）右边至少为 D 提供 8 个不同的奇素因数，故式（15）不成立.

当 $t = 1$ 且 $m = 7$ 时，由引理 2 的（5）知，$y_{2^t m+1}, x_m$ 均不为平方数，再由引理 5 知，$x_{2^{t+1}m+2}/3$ 也不为平方数，且 $x_{2m}/3 = x_{14}/3 = 113 \cdot 337$，它们至少为 D 提供 5 个不同的奇素因数，即式（15）右边至少为 D 提供 7 个不同的奇素因数，故式（15）不成立.

当 $t=3$ 且 $m\neq1$ 时,由引理 2 的(5)知,$y_{2^t m+1}$,x_m 均不为平方数,再由引理 5 知,$x_{2^{t+1}m+2}/3$,$x_{2m}/3$ 均不为平方数,它们至少为 D 提供 4 个不同的奇素因数,即式(15)右边至少为 D 提供 8 个不同的奇素因数,故式(15)不成立.

当 $t=3$ 且 $m=1$ 时,$x_{2^{t+1}m+2}/3=x_{18}/3=3^2 \cdot 11 \cdot 73 \cdot 179$,此时 $x_{2^{t+1}m+2}/3$ 为 D 提供 3 个不同的奇素因数,即式(15)右边至少为 D 提供 7 个不同的奇素因数,故式(15)不成立.

当 $t\geqslant5$ 时,由引理 2 的(5)知,$y_{2^t m+1}$ 不为平方数,再由引理 5 知,$x_{2^{t+1}m+2}/3$ 也不为平方数,它们至少为 D 提供 2 个不同的奇素因数,即式(15)右边至少为 D 提供 8 个不同的奇素因数,故式(15)不成立.

综上所述,定理得证.

参考文献

[1] 曹珍富. 关于 Pell 方程 $x^2-2y^2=1$ 与 $y^2-Dz^2=4$ 的公解[J]. 科学通报,1986,31(6):476.

[2] 陈建华. 关于 Pell 方程 $x^2-2y^2=1$ 与 $y^2-Dz^2=4$ 的公解[J]. 武汉大学学报(理学版),1990,36(1):8-12.

[3] 曾登高. 也说 Pell 方程 $x^2-2y^2=1$ 与 $y^2-Dz^2=4$ 的公解[J]. 数学的实践与认识,1995(1):81-84.

[4] 陈志云. 关于不定方程组 $x^2-2y^2=1$ 与 $y^2-Dz^2=4$ 的公解[J]. 华中师范大学学报(自然科学版),1998,32(2):137-140.

[5] 曹珍富. 丢番图方程引论[M]. 哈尔滨:哈尔滨工业大学出版社,1989.

[6] 潘承洞、潘承彪. 初等数论[M]. 北京:北京大学出版社,1997.

[7] 陈永高. Pell 方程组 $x^2-2y^2=1$ 与 $y^2-Dz^2=4$ 的公解[J]. 北京大学学报(自然科学版),1994,30(3):298-302.

[8] LJUNGGREN W. On the Diophantine equations[J]. Norsk Mat
   Tidsskr,1944,26:3 — 8.

关于佩尔方程 $x^2 - 2y^2 = -1$ 和 $y^2 - pqz^2 = 4$ 的公解[①]

第四十章

近年来,佩尔方程组

$$\begin{cases} x^2 - 2y^2 = 1 \\ y^2 - Dz^2 = 4 \end{cases} \quad (1)$$

的求解问题一直受到人们的关注.1984 年 Moanty 和 Ramasamy 证明了,当 $D=5$ 时,方程组(1)无正整数解[1].曹珍富[2]、陈建华[3]、曾登高[4]、陈志云[5]、胡永忠、韩清[6] 也对方程组进行了分析得到了相应的解的情况.1983 年,曹珍富研究了方程组 $x^2 - 2y^2 = -1$ 和 $y^2 - Dz^2 = 1$ 的公解[7].到目前为止,对于佩尔方程组 $x^2 - 2y^2 = -1$ 和 $y^2 - Dz^2 = 4$,王冠闽证明了当 D 为一个奇素数时无正整数解[8].

2012 年,宁德职业技术学院的刘碧

① 选自《宁德师范学院学报(自然科学版)》,2012 年第 24 卷第 3 期.

庄教授讨论了 $x^2 - 2y^2 = -1$ 时其解的一些性质以及方程组

$$\begin{cases} x^2 - 2y^2 = -1 \\ y^2 - pqz^2 = 4 \end{cases} \tag{2}$$

在 p,q 为 2 个不同素数时其解的情况.

熟知方程 $x^2 - 2y^2 = -1$ 的一切正整数解为

$$x_{2m-1} = \frac{\varepsilon^{2m-1} + \bar{\varepsilon}^{2m-1}}{2}$$

$$y_{2m-1} = \frac{\varepsilon^{2m-1} - \bar{\varepsilon}^{2m-1}}{2\sqrt{2}}$$

其中 $\varepsilon = 1 + \sqrt{2}$, $\bar{\varepsilon} = 1 - \sqrt{2}$, $m \geqslant 1$.

引理 1 对于方程 $x^2 - 2y^2 = -1$ 的解有

$$y_{2m-1} \equiv 1 (\bmod 4), m \geqslant 1$$

$$x_{4m+1} \equiv x_1 \equiv 1 (\bmod 4)$$

$$x_{4m+3} \equiv x_3 \equiv 3 (\bmod 4), m \geqslant 1$$

证明 文[7]中已证 $y_{2m-1} \equiv 1 (\bmod 4), m \geqslant 1$.

现证 $x_{4m+1} \equiv x_1 \equiv 1 (\bmod 4), x_{4m+3} \equiv x_3 \equiv 3 (\bmod 4), m \geqslant 1$.

因为

$$x_{2m+1} + y_{2m+1}\sqrt{2} = (1 + \sqrt{2})^{2m+1} =$$

$$(1 + \sqrt{2})^{2m-1}(1 + \sqrt{2})^2 =$$

$$(x_{2m-1} + y_{2m-1}\sqrt{2})(3 + 2\sqrt{2}) =$$

$$(3x_{2m-1} + 4y_{2m-1}) + (2x_{2m-1} + 3y_{2m-1})\sqrt{2}$$

所以

$$x_{2m+1} = 3x_{2m-1} + 4y_{2m-1}$$

$$y_{2m+1} = 2x_{2m-1} + 3y_{2m-1}$$

从而有

334

$$x_{2m+3} = 3x_{2m+1} + 4y_{2m+1} =$$
$$3x_{2m+1} + 4(2x_{2m-1} + 3y_{2m-1}) =$$
$$3x_{2m+1} + 8x_{2m-1} + 12y_{2m-1} =$$
$$3x_{2m+1} + 8x_{2m-1} + 12 \cdot \frac{1}{4}(x_{2m+1} - 3x_{2m-1}) =$$
$$3x_{2m+1} + 8x_{2m-1} + 3x_{2m+1} - 9x_{2m-1} =$$
$$6x_{2m+1} - x_{2m-1}$$

所以 $x_1 = 1, x_3 = 7$,所以 $x_1 \equiv 1(\bmod 4), x_3 \equiv 3(\bmod 4)$,
$x_{2m+3} = 6x_{2m+1} - x_{2m-1} \equiv 2x_{2m+1} - x_{2m-1}(\bmod 4)$,即

$$x_{2m+3} + x_{2m-1} \equiv 2x_{2m+1}(\bmod 4)$$

又因为 $x_{2m+1} \equiv 1(\bmod 4)$ 或 $x_{2m+1} \equiv 3(\bmod 4)$,
$m \geqslant 1, m \in \mathbf{N}$,故 $x_{2m+3} \equiv x_{2m-1}(\bmod 4)$,若不然
$x_{2m+3} \not\equiv x_{2m-1}(\bmod 4)$,不妨设 $x_{2m+3} \equiv 1(\bmod 4)$,
$x_{2m-1} \equiv 3(\bmod 4)$,则 $x_{2m+3} + x_{2m+1} \equiv 0(\bmod 4)$,由
$x_{2m+3} + x_{2m-1} = 2x_{2m+1}(\bmod 4)$ 得 $2x_{2m+1} \equiv 0(\bmod 4)$.
这与 x_{2m+1} 为奇数相矛盾.因此有 $x_{2m+3} \equiv x_{2m-1}(\bmod 4)$,
即 $x_{4m+1} \equiv \cdots \equiv x_1 \equiv 1(\bmod 4), x_{4m+3} \equiv \cdots \equiv x_3 \equiv$
$3(\bmod 4), m \geqslant 1, m \in \mathbf{N}$.

易知对任何一个平方数 $n^2 (n \in \mathbf{N}, n \geqslant 1)$ 有 $n^2 \equiv$
$1(\bmod 4)$ 或 $n^2 \equiv 0(\bmod 4)$ 约定下文的解均指正整
数解.

定理1　当 $pq \equiv 2(\bmod 4)$ 或当 $pq \equiv 3(\bmod 4)$,
p, q 为 相 异 的 两 个 素 数 时,　方 程 组
$\begin{cases} x^2 - 2y^2 = -1 \\ y^2 - pqz^2 = 4 \end{cases}$ 无解.

证明　由 $y^2 - pqz^2 = 4$ 得 $y^2 - 4 = pqz^2$,所以

$$(y+2)(y-2) = pqz^2 \tag{3}$$

由引理得 $y=y_{2m-1}\equiv 1(\bmod 4)$,从而可设 $y=4r+1,r\in \mathbf{N}$,故可知 y 为奇数,则 $(y+2,y-2)=(y+2,4)=1$,则式(3)可化为

$$(4r+3)(4r-1)=pqz^2 \qquad (4)$$

故当 $pq\equiv 2(\bmod 4)$ 时,式(4)左边为 $(4r+3)\cdot (4r-1)=1(\bmod 2)$,右边为 $pq\equiv 0(\bmod 2)$,矛盾,则式(4)无解,即方程组(2)无解.

当 $pq\equiv 3(\bmod 4)$ 时,p,q 为相异的奇素数时,此时 $y+2\equiv y-2\equiv 3(\bmod 4)$,可知式(3)左边为 $(y+2)(y-2)\equiv 1(\bmod 4)$.

当 $z^2\equiv 0(\bmod 4)$ 时,式(3)右边为 $pqz^2\equiv 0(\bmod 4)$ 矛盾,则式(3)无解,即方程组(2)无解.

当 $z^2\equiv 1(\bmod 4)$ 时,式(3)右边为 $pqz^2\equiv 3(\bmod 4)$ 矛盾,则式(3)无解,即方程组(2)无解.证毕.

当 $pq\equiv 1(\bmod 4)$,p,q 为相异的奇素数时,则可分成下面两种情况讨论:$p\equiv 1(\bmod 4)$,$q\equiv 1(\bmod 4)$ 和 $p\equiv 3(\bmod 4)$,$q\equiv 3(\bmod 4)$.即可以分成下面几种情况讨论:

①$p\equiv 1(\bmod 8)$,$q\equiv 1(\bmod 8)$;

②$p\equiv 5(\bmod 8)$,$q\equiv 5(\bmod 8)$;

③$p\equiv 1(\bmod 8)$,$q\equiv 5(\bmod 8)$;

④$p\equiv 3(\bmod 8)$,$q\equiv 3(\bmod 8)$;

⑤$p\equiv 7(\bmod 8)$,$q\equiv 7(\bmod 8)$;

⑥$p\equiv 3(\bmod 8)$,$q\equiv 7(\bmod 8)$.

定理 2 当 $pq\equiv 1(\bmod 4)$,p,q 为相异的奇素数时,且 p,q 满足条件 ①②③④⑤ 时,方程组(2)无解.

证明 由式(4)$(4r+3)(4r-1)=pqz^2$,$(4r+3,$

$4r-1) \equiv 1$,则有 $z^2 \mid (4r+3)(4r-1)$,且 $z^2 \not\equiv 0(\bmod 4)$. 不妨设 $z^2 \mid 4r+3$,则有 $4r+3=hz^2$,$z^2 \equiv 1(\bmod 4)$,故有 $h \equiv 3(\bmod 4)$,则有 $\begin{cases} pq=h(4r-1) \\ hz^2=4r+3 \end{cases}$.

又因为 p,q 为相异的奇素数,则有 $p=h,q=4r-1$,或 $p=4r-1,q=h$,故当 p,q 满足式①②③时,都有 $p \equiv q \equiv 1(\bmod 4)$,而 $h \equiv 3(\bmod 4)$ 矛盾,故式(4)无解.

又因为 $4r-3-(4r-1)=4$ 时,即 $4r+3 \not\equiv 4r-1(\bmod 8)$ 且由 $hz^2=4r+3$,可知 $h \equiv 4r+3(\bmod 8)$ 即 $h \not\equiv 4r-1(\bmod 8)$,而 $pq=h(4r-1)$. 故当 p,q 满足④⑤时,式(4)无解. 即方程组(2)无解. 证毕.

由 $x^2-2y^2=-1$ 可知 y 的一切正整数解为

$$y_{2m-1} = \frac{\varepsilon^{2m-1} - \bar{\varepsilon}^{2m-1}}{2\sqrt{2}}$$

即

$y =$

$\dfrac{(1+\sqrt{2})^{2m-1} - (1-\sqrt{2})^{2m-1}}{2\sqrt{2}} =$

$\dfrac{1 + C_{2m-1}^1 \sqrt{2} + \cdots + C_{2m-1}^{2i-1} \sqrt{2}^{2i-1} + \cdots + C_{2m-1}^{2m-1} \sqrt{2}^{2m-1}}{2\sqrt{2}} -$

$\dfrac{1 - C_{2m-1}^1 \sqrt{2} + \cdots + (-1)^{2i-1} C_{2m-1}^{2i-1} \sqrt{2}^{2i-1} + \cdots - C_{2m-1}^{2m-1} \sqrt{2}^{2m-1}}{2\sqrt{2}} =$

$C_{2m-1}^1 + C_{2m-1}^3 \sqrt{2}^{3-1} + \cdots + C_{2m-1}^{2i-1} \sqrt{2}^{2i-2} + \cdots +$

$C_{2m-1}^{2m-1} \sqrt{2}^{2m-2} =$

$C_{2m-1}^1 + C_{2m-1}^3 2 + \cdots + C_{2m-1}^{2i-1} 2^{i-1} + \cdots +$

$C_{2m-1}^{2m-1} 2^{m-1} (1 \leqslant i \leqslant m) = f(m)$

即将 y 看成 m 的函数.

定理 3 若 $z=1$,且 $y=f(m), m \in \mathbf{N}$,当 $y \pm 2$ 都为素数时,方程组(2)有解.

证明 若 $z=1$ 时,则式(4)可化为 $(4r+3)(4r-1)=pq$,此时易知当 $r=1$ 时 $pq=7 \cdot 3$,此时方程组有解为 $(x,y,z)=(7,5,1)$,故当 $y+2, y-2$ 都为素数即 $4r+3, 4r-1$ 都为素数时,此时 $pq=(4r+3)(4r-1)$ 为两个奇素数的乘积,故方程组有解,且其解可表示为

$$(x,y,z) = \left(\frac{\varepsilon^{2m-1} + \bar{\varepsilon}^{2m-1}}{2}, \frac{\varepsilon^{2m-1} - \bar{\varepsilon}^{2m-1}}{2\sqrt{2}}, 1 \right)$$

$$pq = \frac{\varepsilon^{2m-1} - \bar{\varepsilon}^{2m-1} - 4\sqrt{2}}{2\sqrt{2}} \cdot \frac{\varepsilon^{2m-1} - \bar{\varepsilon}^{2m-1} + 4\sqrt{2}}{2\sqrt{2}} =$$

$$\frac{\varepsilon^{4m-2} + \bar{\varepsilon}^{4m-2} - 34}{8}$$

证毕.

定理 4 当 $z \neq 1$ 时,$pq \equiv 5(\bmod\ 8), p \equiv 7(\bmod\ 8), q \equiv 3(\bmod\ 8)$ 或 $p \equiv 3(\bmod\ 8), q \equiv 7(\bmod\ 8)$.当 $h, 4r-1$ 都为素数,$h \equiv 3(\bmod\ 4)$ 且 $\frac{4r+3}{h}$ 为平方数或 $h, 4r+3$ 为素数,$h \equiv 3(\bmod\ 4)$ 且 $\frac{4r-1}{h}$ 为平方数时,方程组(2)有解.

证明 若 $z \neq 1$ 时,则有
$$(4r+3)(4r-1)=pqz^2$$
则
$$z^2 \mid (4r+3)(4r-1), (4r+3, 4r-1)=1$$
(a) 不妨设 $z^2 \mid 4r+3$,则 $4r+3=hz^2$,又 $z^2 \equiv 1(\bmod\ 4)$,由式(4)有

$$\begin{cases} pq = h(4r-1) \\ z^2 = \dfrac{4r+3}{h} \end{cases} \tag{5}$$

故当 $p \equiv 7(\bmod 8), q \equiv 3(\bmod 8)$ 或 $p \equiv 3(\bmod 8), q \equiv 7(\bmod 8), h, 4r-1$ 为素数.

且 $\dfrac{4r+3}{h}$ 为平方数时,方程组(5)有解,则方程组(2)有解. 此时解为

$$\left(\frac{\varepsilon^{2m-1}+\bar{\varepsilon}^{2m-1}}{2}, \frac{\varepsilon^{2m-1}-\bar{\varepsilon}^{2m-1}}{2\sqrt{2}}, \left(\frac{\varepsilon^{2m-1}-\bar{\varepsilon}^{2m-1}+4\sqrt{2}h}{2\sqrt{2}h}\right)^{\frac{1}{2}}\right)$$

$$pq = \frac{(\varepsilon^{2m-1}-\bar{\varepsilon}^{2m-1}-4\sqrt{2})h}{2\sqrt{2}}$$

(b) 若 $z^2 \mid 4r+1$,则 $4r-1=hz^2$,同理有

$$\begin{cases} pq = h(4r+1) \\ z^2 = \dfrac{4r+3}{h} \end{cases} \tag{6}$$

故当 $p \equiv 7(\bmod 8), q \equiv 3(\bmod 8)$ 或 $p \equiv 3(\bmod 8), q \equiv 7(\bmod 8), h, 4q+3$ 为素数,且 $h \equiv 3(\bmod 4), \dfrac{4r-1}{h}$ 为平方数时,方程组(6)有解,且解为

$$\left(\frac{\varepsilon^{2m-1}+\bar{\varepsilon}^{2m-1}}{2}, \frac{\varepsilon^{2m-1}-\bar{\varepsilon}^{2m-1}}{2\sqrt{2}}, \left(\frac{\varepsilon^{2m-1}-\bar{\varepsilon}^{2m-1}-4\sqrt{2}h}{2\sqrt{2}h}\right)^{\frac{1}{2}}\right)$$

$$pq = \frac{(\varepsilon^{2m-1}-\bar{\varepsilon}^{2m-1}+4\sqrt{2})h}{2\sqrt{2}}$$

证毕.

对(a),当 $pq = 19 \cdot 167 = h(y-2)$,而 $\dfrac{y+2}{h} = \dfrac{171}{19} = 9$ 为平方数时,方程组有解 $(x, y, z) = (239, 169, 3), pq = 19 \cdot 167$.

对(b),当 $pq = 3 \cdot 31 = h(y+2)$,而 $\dfrac{y-2}{h} = \dfrac{27}{3} = 9$ 为平方数时,方程组有解$(x,y,z) = (41,29,3)$,$pq = 3 \cdot 31$.

由计算机可验证对不超过 1 000 的自然数,方程组(2)只有上述 3 组解.到此为止,本章讨论了方程组的解存在的条件及解的情况.并指出该方程组的三组解.并猜测该方程组在 p,q 为两个不同素数时,该方程组只有这三组解.但是猜测是否成立.还有待于进一步的研究.

参考文献

[1] MAHANTY S P,RAMASAMY A M S. The simultaneous Diophantion epuation $5y^2 - 20 = x^2$ and $2y^2 + 1 = z^2$[J]. Number Theory,1984(18):356-359.

[2] 曹珍富.关于 Pell 方程 $x^2 - 2y^2 = 1$ 和 $y^2 - Dz^2 = 4$ 的公解[J].科学通报,1986,31(6):476.

[3] 陈建华.关于 Pell 方程 $x^2 - 2y^2 = 1$ 和 $y^2 - Dz^2 = 4$ 的公解[J].武汉大学学报(自然科学版),1990(1):8-12.

[4] 曾登高.也谈 Pell 方程 $x^2 - 2y^2 = 1$ 和 $y^2 - Dz^2 = 4$ 的公解[J].数学的实践与认识,1995(1):81-84.

[5] 陈志云.关于不定方程 $x^2 - 2y^2 = 1$ 和 $y^2 - Dz^2 = 4$[J].华中师范大学学报(自然科学版),1998(2):137-140.

[6] 胡永忠,韩清.关于不定方程 $x^2 - 2y^2 = 1$ 和 $y^2 - Dz^2 = 4$[J].福州大学学报(自然科学版),2002(1):12-13.

[7] 曹珍富.丢番图方程引论[M].哈尔滨:哈尔滨工业大学出版社,1989.

[8] 王冠闽.关于 Pell 方程 $x^2 - 2y = 1$ 和 $y^2 - Dz^2 = 4$ 的公解[J].高等教育通报,2003(2):74-75.

丢番图方程 $x^4 - Dy^2 = 1$ 的几类可解情形和求解公式[①]

1. 引言及预备知识

对于四次丢番图方程

$$x^4 - Dy^2 = 1$$

（D 为正整数且不是平方数） （1）

国内外学者进行了诸多研究. 关于其解数问题, 从 1942 年琼格伦[1] 证明了方程(1)最多只有两组正整数解, 历经 50 多年的探索, 直到 1997 年, 孙琦, 袁平之[2] 用柯召－Terjanian－Rotkiewicz 方法最终证明了方程(1)除 $D = 1\ 785, 7\ 140, 28\ 560$ 分别有两组正整数解 $(x, y) = (13, 4), (239, 1\ 352)$；$(x, y) = (13, 2), (239, 676)$；$(x, y) = (13, 1), (239, 338)$ 外, 对其余的 D 值, 至多有一组正整数解 (x_1, y_1) 满足 $x_1^2 = x_0$ 或 $2x_0^2 - 1$, 这里 $x_0 + y_0\sqrt{D}$ 是佩尔方程 $x^2 - Dy^2 = 1$ 的基本解.

[①] 选自《高师理科学刊》,2013 年第 33 卷.

至于对方程(1)的具体求解,迄今也有许多学者作了大量工作,但纵观现有成果,大多是证明当 D 满足某些条件时,方程(1)无解.而对方程(1)有解的情形研究[3,4],甚至到底只有有限个 D 值还是有无限多个 D 值使方程(1)有解都尚未见到文献讨论.上世纪 80 年代,朱卫三[5] 和曹珍富[6] 分别独立地获得了方程(1)有正整数解的充要条件.2013 年,昭通学院数学系的高显文,邓淙两位教授对应用该充要条件求方程(1)的正整数解作了初步探索,研究了使方程(1)有解的几类 D 值,对每一类可解情形都给出了求解公式.本章结果说明,使方程(1)有解的 D 值有无穷多个.

引理 1[5]　设 $x_0 + y_0 \sqrt{D}$ 是佩尔方程
$$x^2 - Dy^2 = 1 \tag{2}$$
的基本解,则方程(1)有解的充要条件是 x_0 为平方数或 $2x_0^2 - 1$ 为平方数.

引理 2[7]　设 $D = (mn)^2 \pm 2n, m, n$ 为正整数(取"$-$"号时,$(m, n) \neq (1, 1), (1, 2)$),则方程(2)的基本解为 $x_0 = m^2 n \pm 1, y_0 = m$.

引理 3[7]　设 $D = (mn)^2 \pm n, m, n$ 为正整数(取"$-$"号时,m, n 不同时为 1),则方程(2)的基本解为 $x_0 = 2m^2 n \pm 1, y_0 = 2m$.

2. 主要结果及证明

定理　设 m, n 为正整数,则
(1) 当
$$D = 4m^2((mn)^2 + n)^2 + 2(mn)^2 + 2n \tag{3}$$
时,方程(1)有正整数解 $x = 2m^2 n + 1, y = 2m$;
(2) 当
$$D = 4m^2((mn)^2 - n)^2 + 2(mn)^2 - 2n$$

342

$(m,n$ 不同时为 1$)$　　　　　　(4)

时,方程(1)有正整数解 $x=2m^2n-1,y=2m$;

(3) 当

$$D=m^2((mn)^2+2n)^2+2(mn)^2+4n \quad (5)$$

时,方程(1)有正整数解 $x=m^2n+1,y=m$;

(4) 当

$$D=m^2((mn)^2-2n)^2+2(mn)^2-4n$$

$$(当\ m=1\ 时,n\neq 1,2) \quad (6)$$

时,方程(1)有正整数解 $x=m^2n-1,y=m$;

(5) 当

$$D=m^2((mn)^2+n)^2+0.5((mn)^2+n)$$

$$((mn)^2+n\equiv 0(\bmod\ 2)) \quad (7)$$

时,方程(1)有正整数解 $x=2m^2n+1,y=4m$;

(6) 当

$$D=m^2((mn)^2-n)^2+0.5((mn)^2-n)$$

$(m,n$ 不同时为 1,且 $(mn)^2-n\equiv 0(\bmod\ 2)) \quad (8)$

时,方程(1)有正整数解 $x=2m^2n-1,y=4m$;

(7) 当

$$D=m^2(0.5(mn)^2+n)^2+0.5(mn)^2+n$$

$$(mn\equiv 0(\bmod\ 2)) \quad (9)$$

时,方程(1)有正整数解 $x=m^2n+1,y=2m$;

(8) 当

$$D=m^2(0.5(mn)^2-n)^2+0.5(mn)^2-n$$

$$(当\ m=1\ 时,n\neq 2,且\ mn\equiv 0(\bmod\ 2)) \quad (10)$$

时,方程(1)有正整数解 $x=m^2n-1,y=2m$.

　　证明　只对(1)证明定理成立,其余类似可证.

　　令 $u=2m,v=(mn)^2+n$,则 $D=(uv)^2+2v$.考虑方程

$$x^4 - ((uv)^2 + 2v)y^2 = 1 \tag{11}$$

由引理 1 可知,当佩尔方程

$$x^2 - ((uv)^2 + 2v)y^2 = 1 \tag{12}$$

的基本解中 x_0 为平方数时,方程(11)有正整数解.

由引理 2 可知,方程(12)的基本解为

$$x_0 = u^2 v + 1, y_0 = u \tag{13}$$

若 $x_0 = s^2$,由式(13)得 $s^2 - vu^2 = 1$,即

$$s^2 - ((mn)^2 + n)u^2 = 1 \tag{14}$$

由引理 3 可知,方程(14)的基本解为 $s = 2m^2 n + 1, u = 2m$,此时,方程(12)的基本解满足 $x_0 = s^2$,从而方程(11)有正整数解 $x = s, y = u$.因而方程(1)有解 $x = 2m^2 n + 1, y = 2m$.证毕.

3. 附注

除了 $D = 1\,785, 7\,140, 28\,560$ 有两组解外,方程(1)最多只有一组正整数解.通过计算可知,在本章讨论的 8 种类型中,仅在式(7)中 $m=1, n=6$,式(8)中 $m=1, n=7$,式(9)中 $m=2, n=3$ 时,$D=1\,785$;式(3)中 $m=1, n=6$,式(4)中 $m=1, n=7$,式(5)中 $m=2, n=3$,式(9)中 $m=1, n=12$,式(10)中 $m=1, n=14$ 时,$D=7\,140$;式(5)中 $m=1, n=12$,式(6)中 $m=1, n=14$ 时,$D=28\,560$.对这 10 种情形由相应公式可分别求出方程(1)满足条件 $(x,y) = (\sqrt{x_0}, y_0)$ 的一组解.除此而外,由本章公式所求得的 (x,y) 都是方程(1)唯一的正整数解.例如:取 $m=3, n=4$,由定理可知,方程 $x^4 = 788\,840 y^2 = 1$ 仅有解 $(x,y) = (73,6)$;方程 $x^4 - 705\,880 y^2 = 1$ 仅有解 $(x,y) = (71,6)$;方程 $x^4 - 208\,240 y^2 = 1$ 仅有解 $(x,y) = (37,3)$;方程 $x^4 - 166\,736 y^2 = 1$ 仅有解 $(x,y) = (35,3)$;方程 $x^4 -$

197 210y^2 =1 仅有解(x, y) = $(73, 12)$；方程 x^4 －
176 470y^2 =1 仅有解(x, y) = $(71, 12)$；方程 x^4 －
52 060y^2 =1 仅 有 解 (x, y) = $(37, 6)$；方 程 x^4 －
41 684y^2 =1 仅有解(x, y) = $(35, 6)$.

　　本章所讨论的 8 个类型并不互斥，即同一个 D 值
可以属于不同的类，但只要 D 的值相同，用不同的公
式求出的解都是一致的.

参考文献

[1] LJUNGGREN W. Uber die Gleichung $x^4 - Dy^2$ =1[J].
　　Arch Mach Naturv, 1942, 45(5): 61-70.

[2] 孙琦, 袁平之. 关于不定方程 $x^4 - Dy^2 = 1$ 的一个注记[J].
　　四川大学学报(自然科学版), 1997, 34(3): 265 － 268.

[3] 柯召, 孙琦. 谈谈不定方程[M]. 上海: 上海教育出版
　　社, 1980.

[4] 曹珍富. 丢番图方程引论[M]. 哈尔滨: 哈尔滨工业大学出
　　版社, 1989.

[5] 朱卫三. $x^4 - Dy^2 = 1$ 可解的充要条件[J]. 数学学报, 1985,
　　28(5): 681-683.

[6] 曹珍富. 一些 Diophantus 方程的研究[J]. 自然杂志, 1987,
　　10(2): 151.

[7] 高显文. 几类 Pell 方程最小解的计算公式[J]. 昭通师范高
　　等专科学校学报, 2003, 25(5): 1-4.

关于佩尔方程 $x^2 - 30y^2 = 1$ 和 $y^2 - Dz^2 = 4$ 的公解[①]

第四十二章

近年来,佩尔方程 $x^2 - D_1 y^2 = k$ 与 $y^2 - Dz^2 = m$ 的求解问题一直受到人们的关注. 当 $k = 1$, $m = 4$, D_1, D 均为偶数时,已有如下结果:(1)$D_1 = 2$,文[1,2]等对 D 的不同情况做过一些研究;(2)$D_1 = 6$,当 $D = 2^n (n \geqslant 1, n \in \mathbf{N})$ 时,文[3]得到了方程仅有正整数解 $(x, y, z) = (485, 198, 35)$;当 $D = 2 \prod_{i=1}^{k} p_i (p_i$ 是互异的奇素数) 时,文[4]已经对 p_i 受某些条件限制的情况做过一些工作;D 至多含 4 个不同的奇素数时,文[5]已经解决;(3)$D_1 = 10$,文[6]已经对 p_i 受某些条件限制的情况做过一些工作;(4)$D_1 = 30$,当 $D = 2^n (n \geqslant 1, n \in \mathbf{N})$ 时,文[7]已经解决.

2015 年,江西科技师范大学数学与计算机科学学院的过静与红河学院教师教育

---

① 选自《数学的实践与认识》,2015 年第 45 卷第 2 期.

学院的杜先存两位教授讨论了 $D_1 = 30, D$ 为偶数的情况,即证明了如下定理.

定理　　若 $p_1, \cdots, p_s (1 \leqslant s \leqslant 4)$ 是互异的奇素数,则当 $D = 2 p_1 \cdots p_s (1 \leqslant s \leqslant 4)$ 时,方程

$$x^2 - 30 y^2 = 1 \quad \text{与} \quad y^2 - D z^2 = 4 \qquad (1)$$

(1)$D = 2 \cdot 241$ 有非平凡解 $(x, y, z) = (\pm 5\ 291, \pm 966, \pm 44)$ 和平凡解 $(x, y, z) = (\pm 11, \pm 2, 0)$;

(2)$D \neq 2 \cdot 241$ 只有平凡解 $(x, y, z) = (\pm 11, \pm 2, 0)$.

1. 关键性引理

引理 1[8]　　设 $D > 0$ 是非平方数,佩尔方程 $x^2 - D y^2 = 1$ 的基本解为 (x_0, y_0),则方程 $x^4 - D y^2 = 1$ 有解的充要条件是 x_0 为平方数或 $2 x_0^2 - 1$ 为平方数.

引理 2[9]　　当 $a > 1$ 且 a 是平方数时,方程 $a x^4 - b y^2 = 1$ 至多有一组正整数解.

引理 3[10]　　若 D 是一个非平方的正整数,则方程 $x^2 - D y^4 = 1$ 至多有两组正整数解 (x, y),而且方程恰有两组正整数解的充要条件是 $D = 1\ 785$ 或 $D = 28\ 560$ 或 $2 x_0$ 和 y_0 都是平方数,这里 (x_0, y_0) 是方程 $(x^2 - D y^2) = 1$ 的基本解.

引理 4[11]　　设 (x_1, y_1) 为佩尔方程 $x^2 - D y^2 = 1$ 的基本解,则 $x^2 - D y^2 = 1$ 的全部整数解可表为 $x + y \sqrt{D} = \pm (x_1 + y_1 \sqrt{D})^n, n \in \mathbf{Z}.$

引理 5[12]　　设 a, b 是 $x^2 - D y^2 = 1$ 的基本解,则有下面递归序列成立

$$\begin{cases} x_{n+2} = 2 a x_{n+1} - x_n, y_{n+2} = 2 a y_{n+1} - y_n \\ x_0 = 1, x_1 = a; y_0 = 0, y_1 = b \end{cases}$$

引理 6 （1）丢番图方程 $x^4-30y^2=1$ 仅有平凡解 $(x,y)=(\pm 1,0)$.

（2）丢番图方程 $121x^4-30y^2=1$ 仅有整数解 $(x,y)=(\pm 1,\pm 2)$.

（3）丢番图方程 $x^2-120y^4=1$ 仅有整数解 $(x,y)=(\pm 11,\pm 1),(\pm 1,0)$.

证明 （1）因为佩尔方程 $x^2-30y^2=1$ 的基本解为 $(x_0,y_0)=(11,2)$, 故 $2x_0^2-1=241$, 而 11 和 241 都不为平方数, 所以由引理 1 知, 方程 $x^4-30y^2=1$ 无正整数解, 故方程 $x^4-30y^2=1$ 仅有平凡解 $(x,y)=(\pm 1,0)$.

（2）由引理 2 知, 方程 $121x^4-30y^2=1$ 至多只有一组正整数解, 而 $(1,2)$ 为方程 $121x^4-30y^2=1$ 的正整数解, 故方程 $121x^4-30y^2=1$ 仅有正整数解 $(x,y)=(1,2)$, 则方程 $121x^4-30y^2=1$ 仅有整数解 $(x,y)=(\pm 1,\pm 2)$.

（3）因为 $x^2-120y^2=1$ 的基本解为 $(11,1)$, 故由引理 3 知 $x^2-24y^4=1$ 至多只有一组正整数解, 而 $(11,1)$ 为 $x^2-120y^4=1$ 的正整数解, 故方程 $x^2-120y^4=1$ 仅有正整数解 $(x,y)=(11,1)$, 所以方程 $x^2-120y^4=1$ 仅有整数解 $(x,y)=(\pm 11,\pm 1),(\pm 1,0)$.

引理 7 设佩尔方程 $x^2-30y^2=1$ 的全部整数解为 (x_n,y_n), $n\in \mathbf{Z}$, 则对任意 $n\in \mathbf{Z}$, x_n,y_n 具有如下性质：

（1）$x_{n+1}=11x_n+60y_n$, $y_{n+1}=2x_n+11y_n$;

（2）$y_{n-1}=11y_n-2x_n$;

（3）$y_n^2-4=y_{n-1}y_{n+1}$;

（4）$y_{2n} = 2x_n y_n$；

（5）x_n 为平方数当且仅当 $n = 0$，$\dfrac{x_n}{11}$ 为平方数当且仅当 $n = 1$；

（6）$\dfrac{y_n}{2}$ 为平方数当且仅当 $n = 0$ 或 $n = 1$；

（7）$x_{n+2} = 22x_{n+1} - x_n$，$x_0 = 1$，$x_1 = 11$；

（8）$y_{n+2} = 22y_{n+1} - y_n$，$y_0 = 0$，$y_1 = 2$；

（9）$x_n \equiv 1 (\bmod 2)$，$x_n \equiv \pm 1 (\bmod 3)$，$x_{2n+1} \equiv 0 (\bmod 11)$，$x_{2n} \equiv \pm 1 (\bmod 11)$；

（10）$y_{2n} \equiv 0 (\bmod 4)$，$y_{2n+1} \equiv 2 (\bmod 4)$；$y_{2n+1} \equiv \pm 2 (\bmod 11)$，$y_{2n} \equiv 0 (\bmod 11)$；

（11）$\gcd(x_n, y_n) = 1$；$\gcd(x_n, x_{n+1}) = 1$，$\gcd(y_n, y_{n+1}) = 2$；

（12）$\gcd(x_{2n}, y_{2n+1}) = \gcd(x_{2n+2}, y_{2n+1}) = 1$；$\gcd(x_{2n+1}, y_{2n}) = \gcd(x_{2n+1}, y_{2n+2}) = 11$.

证明　设 (x_1, y_1) 为佩尔方程 $x^2 - 30y^2 = 1$ 的基本解，则有 $(x_1, y_1) = (11, 2)$.

（1）由引理 4，对 $\forall n \in \mathbf{Z}$，有

$$x_{n+1} + y_{n+1}\sqrt{30} = (x_1 + y_1\sqrt{30})^{n+1} =$$
$$(x_1 + y_1\sqrt{30})^n \cdot (x_1 + y_1\sqrt{30}) =$$
$$(x_n + y_n\sqrt{30})(11 + 2\sqrt{30}) =$$
$$(11x_n + 60y_n) + (2x_n + 11y_n)\sqrt{2}$$

所以 $x_{n+1} = 11x_n + 60y_n$，$y_{n+1} = 2x_n + 11y_n$.

（2）由引理，对 $\forall n \in \mathbf{Z}$，有

$$x_{n-1} + y_{n-1}\sqrt{30} = (x_1 + y_1\sqrt{30})^{n-1} =$$
$$(x_1 + y_1\sqrt{2})^n(x_1 + y_1\sqrt{2}) =$$

$$(x_n + y_n\sqrt{30})(11 - 2\sqrt{30}) =$$

$$(11x_n - 60y_n) + (11y_n - 2x_n)\sqrt{30}$$

所以 $y_{n-1} = 11y_n - 2x_n$.

（3）$\forall n \in \mathbf{Z}, y_n^2 - 4 = y_n^2 - 4(x_n^2 - 30y_n^2) = 121y_n^2 - 4x_n^2 = (11y_n + 2x_n)(11y_n - 2x_n)$，故由引理 7 的（1）（2）可得 $y_n^2 - 4 = y_n^2 - 4 = y_{n-1}y_{n+1}$.

（4）由引理 4 有，对 $\forall n \in \mathbf{Z}, x_{2n} + y_{2n}\sqrt{30} = (x_1 + y_1\sqrt{30})^{2n} = ((x_1 + y_1\sqrt{30})^n)^2 = (x_n + y_n\sqrt{30})^2 = (x_n^2 + 30y_n^2) + 2x_ny_n\sqrt{30}$，所以 $y_{2n} = 2x_ny_n$.

（5）设 $(x_n, y_n)(n \in \mathbf{Z})$ 是佩尔方程 $x^2 - 30y^2 = 1$ 的整数解，若 $x_n = a^2$，代入原方程得 $a^4 - 30y^2 = 1$. 根据引理 6 的（1）得，$a^4 - 30y^2 = 1$ 仅有平凡解 $(a, y) = (\pm 1, 0)$，此时 $x_n = 1$，从而 $n = 0$. 反之，显然.

若 $\dfrac{x_n}{11} = a^2$，则 $x_n = 11a^2$，代入原方程得 $121a^4 - 30y^2 = 1$. 根据引理 6 的（2）得，$121a^4 - 30y^2 = 1$ 仅有整数解 $(a, y) = (\pm 1, \pm 2)$，此时 $x_n = 5$，从而 $n = 1$. 反之，显然.

（6）设 $(x_n, y_n)(n \in \mathbf{Z})$ 是佩尔方程 $x^2 - 30y^2 = 1$ 的整数解，若 $\dfrac{y_n}{2} = b^2$，则 $y_n = 2b^2$，代入原方程得 $x^2 - 120b^4 = 1$. 根据引理 6 的（3）得，$x^2 - 120b^4 = 1$ 仅有整数解 $(x, b) = (\pm 1, 0), (\pm 11, \pm 1)$，此时 $y_n = 0$ 或 $y_n = 2$，从而 $n = 0$ 或 $n = 1$. 反之，显然.

由引理 5 得（7）（8）成立.

（9）对递归序列（7）取模 2，得周期为 1 的剩余类序列，且 $\forall n \in \mathbf{Z}$，均有 $x_n \equiv 1 (\mod 2)$；

对递归序列(7)取模 3,得周期为 3 的剩余类序列,且当 $n \equiv 1 (\bmod 2)$ 时有 $x_n \equiv 2 (\bmod 3)$,当 $n \equiv 0 (\bmod 2)$ 时有 $x_n \equiv 1 (\bmod 3)$,故有 $x_n \equiv \pm 1 (\bmod 3)$;

对递归序列(7)取模 11,得周期为 4 的剩余类序列,且当 $n \equiv 1 (\bmod 2)$ 时,有 $x_n \equiv 0 (\bmod 11)$,当 $n \equiv 2 (\bmod 4)$ 时,有 $x_n \equiv -1 (\bmod 11)$,当 $n \equiv 0 (\bmod 4)$ 时,有 $x_n \equiv 1 (\bmod 11)$,故有 $x_{2n+1} \equiv 0 (\bmod 11)$,$x_{2n} \equiv \pm 1 (\bmod 11)$.

(10) 对递归序列(8)取模 4,得周期为 2 的剩余类序列,且当 $n \equiv 1 (\bmod 2)$ 时,有 $y_n \equiv 2 (\bmod 4)$,当 $n \equiv 1 (\bmod 2)$ 时,有 $y_n \equiv 2 (\bmod 4)$,$y_n \equiv 0 (\bmod 4)$;

对递归序列(8)取模 11,得周期为 4 的剩余类序列,且当 $n \equiv 0 (\bmod 2)$ 时,有 $y_n \equiv 0 (\bmod 11)$,当 $n \equiv 1 (\bmod 4)$ 时,有 $x_n \equiv 2 (\bmod 11)$,当 $n \equiv 3 (\bmod 4)$ 时,有 $y_n \equiv 9 (\bmod 11)$,故有 $y_{2n+1} \equiv \pm 2 (\bmod 11)$,$y_{2n} \equiv 0 (\bmod 11)$.

(11) 由 $x_n^2 - 30 y_n^2 = 1$ 知,x_n 与 y_n 一奇一偶,故 $\gcd(x_n, y_n) = 1$;

由引理 7 的(1)知 $\gcd(x_n, x_{n+1}) = \gcd(x_n, 11x_n + 60y_n) = \gcd(x_n, 60y_n) = \gcd(x_n, y_n) = 1$;

由引理 7 的(1)知 $\gcd(y_n, y_{n+1}) = \gcd(y_n, 2x_n + 11y_n) = \gcd(y_n, 2x_n) = \gcd(y_n, 2) = 2$

由引理 7 的(1)知 $\gcd(x_{2n}, y_{2n+1}) = \gcd(x_{2n}, 2x_n + 11y_{2n}) = \gcd(x_{2n}, 11y_{2n})$. 由引理 7 的(9)知 $x_{2n} \not\equiv 0 (\bmod 11)$,$x_{2n} \equiv \pm 2 (\bmod 11)$,故 $\gcd(x_{2n}, 11y_{2n}) = \gcd(x_{2n}, y_{2n})$,故由引理 7 的(11)知 $(x_{2n}, y_{2n}) = 1$,故 $\gcd(x_{2n}, y_{2n+1}) = 1$;

由引理 7 的（1）知 $\gcd(x_{2n+2}, y_{2n+1}) = \gcd(11x_{2n+1} + 60y_{2n+1}, y_{2n+1}) = \gcd(11x_{2n+1}, y_{2n+1})$. 又由引理 7 的（10）知 $y_{2n+1} \not\equiv 0 (\bmod\ 11)$，故 $\gcd(11x_{2n+1}, y_{2n+1}) = \gcd(x_{2n+1}, y_{2n+1})$.

所以由引理 7 的（11）知 $\gcd(x_{2n+1}, y_{2n+1}) = 1$，故 $\gcd(x_{2n+2}, y_{2n+1}) = 1$.

由引理 7 的（1）知 $\gcd(x_{2n+1}, y_{2n}) = \gcd(11x_{2n} + 60y_{2n}, y_{2n}) = \gcd(11x_{2n}, y_{2n})$. 由引理 7 的（10）知 $\gcd(x_{2n}, y_{2n}) = 1$，故 $\gcd(11x_{2n}, y_{2n}) = \gcd(11, y_{2n})$，故由引理 7 的（10）知 $\gcd(11, y_{2n}) = 11$，故 $\gcd(x_{2n+1}, y_{2n}) = 11$；

由引理 7 的（1）知 $\gcd(x_{2n+1}, y_{2n+2}) = \gcd(x_{2n+1}, 2x_{n+1} + 11y_{2n+1}) = \gcd(x_{2n+1}, 11y_{2n+1})$. 又由引理 7 的（10）知 $\gcd(x_{2n+1}, y_{2n+1}) = 1$，故 $\gcd(x_{2n+1}, 11y_{2n+1}) = \gcd(x_{2n+1}, 11)$，故由引理 7 的（10）知 $\gcd(x_{2n+1}, 11) = 11$，故 $\gcd(x_{2n+1}, y_{2n+2}) = 11$.

2. 定理的证明

设 (x_1, y_1) 为佩尔方程 $x^2 - 30y^2 = 1$ 的基本解，则有 $(x_1, y_1) = (11, 2)$，故由引理 4 知佩尔方程 $x^2 - 30y^2 = 1$ 的全部正整数解为

$$(x_n + y_n\sqrt{30})^n = (x_1 + \sqrt{30}\,y_1)^n =$$
$$(11 + 2\sqrt{30})^n \quad (n \in \mathbf{Z}^*)$$

设 $(x, y, z) = (x_n, y_n, z)$ 为方程（1）的正整数解，由引理 7 的（3）有

$$Dz^2 = y_n^2 - 4 = y_{n-1}y_{n+1} \qquad (2)$$

情形 1 n 为正偶数，由引理 7 的（10）知 $y_{n-1} \equiv y_{n+1} \equiv 2(\bmod\ 4)$，则 $2 \parallel y_{n-1}, 2 \parallel y_{n+1}$，于是式（2）为

$$Dz^2 = y_{n-1}y_{n+1} = 2^2 \cdot \frac{y_{n-1}}{2} \cdot \frac{y_{n+1}}{2}, 故\ z=2, D=\frac{y_{n-1}}{2} \cdot \frac{y_{n+1}}{2}$$

为奇数，或 $z=1, D=2^2 \cdot \dfrac{y_{n-1}}{2} \cdot \dfrac{y_{n+1}}{2}$（含 2 的次数为 2

次，这与题设"D 为偶数"矛盾.

情形 2　n 为正奇数，令 $n=2m-1, m \in \mathbf{Z}^*$. 此时方程（2）成为

$$Dz^2 = y_{2m-1}^2 - 4 = y_{2(m-1)}y_{2m} \tag{3}$$

由引理 7 的（6）知，式（3）可化为

$$Dz^2 = 4x_{m-1}y_{m-1}x_m y_m \tag{4}$$

$m=1$ 时，式（4）为 $Dz^2 = 4x_0 y_0 x_1 y_1 = 0$，则 $z=0$，此时方程（1）仅有平凡解 $(x, y, z) = (\pm 11, \pm 2, 0)$.

$m=2$ 时，式（4）为 $Dz^2 = 4x_1 y_1 x_2 y_2 = 4 \cdot 11 \cdot 2 \cdot 241 \cdot 44 = 2^5 \cdot 11^2 \cdot 241 = 44^2 \cdot 2 \cdot 241$，故有 $z=44, D=2 \cdot 241$，此时方程（1）的正整数解为 $(x, y, z) = (5\ 291, 966, 44)$，则方程（1）的非平凡解为 $(x, y, z) = (\pm 5\ 291, \pm 966, \pm 44)$.

当 $m \neq 1$ 且 $m \neq 2$ 时，对 m 进行分类讨论：

情形（1）　m 为正奇数且 $m \neq 1$ 时，由引理 7 的（11）及（12）知 $\gcd(x_{m-1}, y_{m-1}) = \gcd(x_m, y_m) = 1$，$\gcd(x_{m-1}, y_m) = 1, \gcd(x_m, y_{m-1}) = 11$，则

$$\gcd\left(\frac{x_m}{11}, \frac{y_{m-1}}{11}\right) = 1$$

由引理 7 的（11）知，$\gcd(x_m, x_{m-1}) = 1, \gcd(y_m, y_{m-1}) = 2$，则 $\gcd\left(\dfrac{y_m}{2}, \dfrac{y_{m-1}}{2}\right) = 1$，则有 $x_{m-1}, \dfrac{y_{m-1}}{22}, \dfrac{x_m}{11}$，

$\dfrac{y_m}{2}$ 两两互素.

令 $m=2k-1, k \in \mathbf{Z}^*$，且 $k \geqslant 2$. 此时式（4）成为

$$Dz^2 = 4x_{2(k-1)}y_{2(k-1)}x_{2k-1}y_{2k-1} \tag{5}$$

由引理 7 的（4）知，式（5）可化为

$$Dz^2 = 8x_{2(k-1)}x_{2k-1}x_{k-1}y_{k-1}y_{2k-1} \tag{6}$$

又由引理 7 的（11）知，$\gcd(x_{k-1}, y_{k-1}) = 1$，又由引理 7 的（10）知 $2 \mid y_{k-1}$，则有当 k 为正奇数时，$x_{2(k-1)}$，$\dfrac{y_{k-1}}{22}$，x_{k-1}，$\dfrac{x_{2k-1}}{11}$，$\dfrac{y_{2k-1}}{2}$ 两两互素；当 k 为正偶数时，$x_{2(k-1)}$，$\dfrac{y_{k-1}}{2}$，$\dfrac{x_{k-1}}{11}$，$\dfrac{x_{2k-1}}{11}$，$\dfrac{y_{2k-1}}{2}$ 两两互素.

情形① k 为正奇数，且 $k \neq 1$，令 $k = 2l - 1, l \in \mathbf{Z}^*$，且 $l \geqslant 2$. 此时式（6）成为

$$Dz^2 = 8x_{4(l-1)}x_{4l-3}x_{2(l-1)}y_{2(l-1)}y_{4l-3} \tag{7}$$

由引理 7 的（6）知，式（7）可化为

$$Dz^2 = 16x_{4(l-1)}x_{4l-3}x_{2(l-1)}x_{l-1}y_{l-1}y_{4l-3} \tag{8}$$

当 $l = 2$ 时，式（8）为 $Dz^2 = 16 \cdot 116\,161 \cdot 2\,550\,251 \cdot 241 \cdot 11 \cdot 2 \cdot 465\,610 = 2^6 \cdot 11^2 \cdot 116\,161 \cdot 231\,841 \cdot 241 \cdot 5 \cdot 46\,561$，故有 $z = 88, D = 116\,161 \cdot 231\,841 \cdot 241 \cdot 5 \cdot 46\,561$，与"$D = p_1 \cdots p_s, 1 \leqslant s \leqslant 4$"矛盾，故此时方程（1）无正整数解.

当 $l \neq 2$ 时，由引理 7 的（11）知，$\gcd(x_{l-1}, y_{l-1}) = 1$，又引理 7 的（10）知 $2 \mid y_{l-1}$，则有 l 为正奇数时 $x_{4(l-1)}$，x_{l-1}，$x_{2(l-1)}$，$\dfrac{y_{l-1}}{22}$，$\dfrac{x_{4l-3}}{11}$，$\dfrac{y_{4l-3}}{2}$ 两两互素；l 为正偶数时 $x_{4(l-1)}$，$x_{2(l-1)}$，$\dfrac{x_{l-1}}{11}$，$\dfrac{y_{l-1}}{2}$，$\dfrac{x_{4l-3}}{11}$，$\dfrac{y_{4l-3}}{2}$ 两两互素.

又由引理 7 的（10）知 $y_{4l-3} \equiv 2 (\bmod 4)$，则 $2 \parallel y_{4l-3}$，故 $\dfrac{y_{4l-3}}{2}$ 为奇数；由引理 7 的（9）知 $x_{4(l-1)}$，$x_{2(l-1)}$，$\dfrac{x_{4l-3}}{11}$ 均为奇数. 故 l 为正奇数时，$x_{4(l-1)}$，x_{l-1}，

$x_{2(l-1)},\dfrac{x_{4l-3}}{11},\dfrac{y_{4l-3}}{2}$ 均为奇数；l 为正偶数时 $x_{4(l-1)}$,

$x_{2(l-1)},\dfrac{x_{l-1}}{11},\dfrac{y_{l-1}}{2},\dfrac{x_{4l-3}}{11},\dfrac{y_{4l-3}}{2}$ 均为奇数.

又由引理 7 的（10）知，x_n 为平方数当且仅当 $n=$ $0,\dfrac{x_n}{11}$ 为平方数当且仅当 $n=1$；由引理 7 的（6）知 $\dfrac{y_n}{2}$ 为平方数当且仅当 $n=0$ 或 $n=1$. 而 $l\geqslant 2,l\geqslant 3$ 为正奇数时，$x_{4(l-1)},x_{l-1},x_{2(l-1)},\dfrac{x_{4l-3}}{11},\dfrac{y_{4l-3}}{2}$ 均不为平方数；$l\geqslant 4$ 为正偶数时 $x_{4(l-1)},x_{2(l-1)},\dfrac{x_{l-1}}{11},\dfrac{y_{l-1}}{2},\dfrac{x_{4l-3}}{11},\dfrac{y_{4l-3}}{2}$ 均不为平方数. 所以它们至少为 D 提供 5 个互异的奇素因子. 故式（8）不成立，则方程（1）无正整数解.

情形② k 为正偶数，由引理 7 的（10）知 $y_{k-1}\equiv y_{2k-1}\equiv 2(\mathrm{mod}\ 4)$，则 $2\parallel y_{k-1},2\parallel y_{2k-1}$，故 $\dfrac{y_{k-1}}{2},\dfrac{y_{2k-1}}{2}$ 为奇数；又由引理 7 的（9）知 $x_{2(k-1)},\dfrac{x_{k-1}}{2},\dfrac{x_{2k-1}}{11}$ 均为奇数，故 $x_{2(k-1)},\dfrac{y_{k-1}}{2},\dfrac{x_{k-1}}{11},\dfrac{x_{2k-1}}{11},\dfrac{y_{2k-1}}{2}$ 均为奇数.

此时式（6）右端为 $2^5\cdot 11^2$ 与至少 5 个互异奇数的乘积，故 $z=44$，D 为 2 与至少 5 个互异奇数的乘积，故此时式（6）不成立，则方程（1）无正整数解.

情形（2） m 为正偶数且 $m\neq 2$ 时，由引理 7 的（11）及（12）知

$$\gcd(x_{m-1},y_{m-1})=\gcd(x_m,y_m)=1$$

则

$$\gcd(x_m,y_{m-1})=1,\gcd(x_{m-1},y_m)=11$$

$$\gcd\left(\dfrac{x_{m-1}}{11},\dfrac{y_m}{11}\right)=1$$

由引理 7 的 (11) 知，$\gcd(x_m, x_{m-1}) = 1$，$\gcd(y_m, y_{m-1}) = 2$，则 $\gcd\left(\dfrac{y_m}{2}, \dfrac{y_{m-1}}{2}\right) = 1$，则有 $x_m, \dfrac{y_m}{22}, \dfrac{x_{m-1}}{11}$，$\dfrac{y_{m-1}}{2}$ 两两互素.

同情形 (1) 的证明可得方程 (1) 无正整数解.

参考文献

[1] 胡永忠, 韩清. 也谈不定方程组 $x^2 - 2y^2 = 1$ 与 $y^2 - Dz^2 = 4$[J]. 华中师范大学学报（自然科学版）, 2002, 36(1):17-19.

[2] 管训贵. 关于 Pell 方程 $x^2 - 2y^2 = 1$ 与 $y^2 - Dz^2 = 4$ 的公解 [J]. 华中师范大学学报（自然科学版）, 2012, 46(3): 267-269, 278.

[3] 王冠闵, 李炳荣. 关于 Pell 方程 $x^2 - 6y^2 = 1$ 与 $y^2 - Dz^2 = 4$ 的公解 [J]. 漳州师范学院学报（自然科学版）, 2002, 15(4):9-14.

[4] 贺腊荣, 张淑静, 袁进. 关于不定方程组 $x^2 - 6y^2 = 1$, $y^2 - Dz^2 = 4$[J]. 云南民族大学学报（自然科学版）, 2012, 21(1):57-58.

[5] 杜先存, 管训贵, 杨慧章. 关于不定方程组 $x^2 - 6y^2 = 1$ 与 $y^2 - Dz^2 = 4$ 的公解 [J]. 华中师范大学学报, 2014, 48(3):5-8.

[6] 冉延平. 不定方程组 $x^2 - 10y^2 = 1$, $y^2 - Dz^2 = 4$[J]. 延安大学学报（自然科学版）, 2012, 3(31):8-10.

[7] 贺腊荣. 关于几类不定方程组的正整数解的研究 [D]. 西北大学, 2012.

[8] 朱卫三. $x^4 - Dy^2 = 1$ 有解的充要条件 [J]. 数学学报, 1985, 28(5):681-683.

[9] 乐茂华. 一类二元四次 Diophantine 方程 [J]. 云南师范大学学报（自然科学版）, 2010, 30(1):12-17.

[10] WALSH G. A note on a theorem of Ljunggren and the

Diophantine equations $x^2 - kxy^2 + y^4 = 1$ or 4[J]. Arch Math,1999,73(2):504-513.

[11] 柯召,孙琦. 数论讲义:下[M]. 北京:高等教育出版社,1987:137.

[12] 赵天.关于不定方程 $x^3 \pm 2^{3n} = 3Dy^2$[D].重庆师范大学,2008:9.

关于不定方程 $x^2-6y^2=1$ 和 $y^2-Dz^2=4$ 的公解[①]

第四十三章

2015 年,红河学院教师教育学院的杜先存和李玉龙二位教授利用递归序列、佩尔方程的解的性质、Maple 小程序等,证明了 $D=2^n(n\in\mathbf{Z}^*)$ 时,不定方程 $x^2-6y^2=1$ 与 $y^2-Dz^2=4$:(1)$n=1$ 时,有整数解 $(x,y,z)=(\pm485,\pm198,\pm140)$,$(\pm5,\pm2,0)$;(2)$n=3$ 时,有整数解 $(x,y,z)=(\pm485,\pm198,\pm70)$,$(\pm5,\pm2,0)$;(3)$n=5$ 时,有整数解 $(x,y,z)=(\pm485,\pm198,\pm35)$,$(\pm5,\pm2,0)$;(4)$n\neq1,3,5$ 时,只有平凡解 $(x,y,z)=(\pm5,\pm2,0)$.

近年来,不定方程 $x^2-D_1y^2=k$ 与 $y^2-Dz^2=m$ 的求解问题一直受到人们的关注.当 $k=1,m=4$ 时,已有如下一些结果:

---

① 选自《安徽大学学报(自然科学版)》,2015 年第 39 卷第 6 期.

（1）$D_1 = 2$，D 为奇数时，曹珍富[1]、曾登高[2] 等就 D 最多为 4 个不同奇素数乘积的情况做过一些研究；

（2）$D_1 = 2$，D 为偶数时，胡永忠、韩清[3]、管训贵[4] 等对 D 的不同情况做过一些研究；

（3）$D_1 = 6$，D 为奇素数时的情形，苏小燕[5] 已经解决；D 至多含 3 个不同的奇素数时，冉银霞、冉延平[6] 已经解决；

（4）$D_1 = 6$，$D = 2\displaystyle\prod_{i=1}^{k} p_i$（$p_i$ 是互异的奇素数）时，贺腊荣等[7] 已经对 p_i 受某些条件限制的情况做过一些研究；杜先存等[8] 对 $k = 4$ 的情况进行了研究；$D = 2^n$（$n \geqslant 1, n \in \mathbf{N}$）时，王冠闽、李炳荣[9] 得到了方程仅有正整数解 $(x, y, z) = (485, 198, 35)$.

通过计算发现 $D = 2^n$（$n \geqslant 1, n \in \mathbf{N}$）时，方程 $x^2 - 6y^2 = 1$ 与 $y^2 - Dz^2 = 4$ 除了正整数解 $(x, y, z) = (485, 198, 35)$ 外还有其他正整数解，文[9] 解数不全是因为由"$y^2 - 2^{2k-1}z^2 = 4$"得到"z 为奇数"（见文[9] 第 10 页倒数第 8 行），事实上，z 为偶数也成立，所以少了 z 为偶数的两组解. 本章利用与文[9] 不同的初等方法得出了 $D = 2^n$（$n \in \mathbf{Z}^*$）时方程 $x^2 - 6y^2 = 1$ 与 $y^2 - Dz^2 = 4$ 的全部正整数解.

1. 引理

引理 1[9]　　若 $D = 2^{2k}$（$k \geqslant 1, k \in \mathbf{N}$），则方程组
$$\begin{cases} x^2 - 6y^2 = 1 \\ y^2 - Dz^2 = 4 \end{cases}$$
无正整数解.

引理 2[10]　　设 $D = 2p$，p 是一个奇素数，则方程 $x^4 - Dy^2 = 1$（$D > 0$ 且不是平方数）除了 $D = 6, x = 7, y = 20$ 外，无其他正整数解.

引理 3 设佩尔方程 $x^2-6y^2=1$ 的全部整数解为 $(x_n,y_n),n\in\mathbf{Z}$,则对任意 $n\in\mathbf{Z},x_n$ 满足:x_n 为平方数当且仅当 $n=0$ 或 $n=2$.

证明 设 (x_1,y_1) 为佩尔方程 $x^2-6y^2=1$ 的基本解,则有 $(x_1,y_1)=(5,2)$. 设 $(x_n,y_n),n\in\mathbf{Z}^*$ 是佩尔方程 $x^2-6y^2=1$ 的正整数解,若 $x_n=a^2$,代入原方程得 $a^4-6y^2=1$. 由引理 2 知,$a^4-6y^2=1$ 仅有正整数解 $(a,y)=(7,20)$,此时 $x_n=49$,从而 $n=2$. 又 $(1,0)$ 是 $a^4-6y^2=1$ 的平凡解,此时 $x_n=1$,从而 $n=0$. 所以 $n=0$ 或 $n=2$. 反之,显然.

2. 主要结论

定理 若 $D=2^n(n\in\mathbf{Z}^*)$,则不定方程
$$x^2-6y^2=1 \text{ 与 } y^2-Dz^2=4 \qquad (1)$$
的整数解的情况如下:

(1)$n=1$,有非平凡解 $(x,y,z)=(\pm485,\pm198,\pm140)$ 和平凡解 $(x,y,z)=(\pm5,\pm2,0)$;

(2)$n=3$,有非平凡解 $(x,y,z)=(\pm485,\pm198,\pm70)$ 和平凡解 $(x,y,z)=(\pm5,\pm2,0)$;

(3)$n=5$,有非平凡解 $(x,y,z)=(\pm485,\pm198,\pm35)$ 和平凡解 $(x,y,z)=(\pm5,\pm2,0)$;

(4)$n\neq1,3,5$,只有平凡解 $(x,y,z)=(\pm5,\pm2,0)$.

3. 定理的证明

因为佩尔方程 $x^2-6y^2=1$ 的基本解为 $(5,2)$,故佩尔方程 $x^2-6y^2=1$ 的全部整数解可表为 $x_m+y_m\sqrt{6}=(5+2\sqrt{6})^m,m\in\mathbf{Z}.$

由文[8]知以下各式成立:

（1）$y_{2m} = 2x_m y_m$；

（2）$y_m^2 - 4 = y_{m-1} y_{m+1}$；

（3）$x_m \equiv 1 \pmod 2$，$y_{2m+1} \equiv 2 \pmod 4$；

（4）$\gcd(x_m, y_m) = \gcd(x_m, x_{m+1}) = \gcd(x_{2m+2}, y_{2m+1}) = \gcd(x_{2m}, y_{2m+1}) = 1$；

（5）$\gcd(y_m, y_{m+1}) = 2$，$\gcd(x_{2m+1}, y_{2m}) = \gcd(x_{2m+1}, y_{2m+2}) = 5$.

设 $(x, y, z) = (x_m, y_m, z)$ 为方程（1）的整数解，则由 $y^2 - Dz^2 = 4$，得 $2^n z^2 = y_m^2 - 4$. 由引理 1 知，n 为正偶数时，$2^n z^2 = y_m^2 - 4$ 无正整数解，故此时方程（1）无非平凡解. 又 $(y_m, z) = (\pm 2, 0)$ 为 $y^2 - Dz^2 = 4$ 的平凡解，故 n 为正偶数，方程（1）只有平凡解 $(x, y, z) = (\pm 5, \pm 2, 0)$.

n 为正奇数时，令 $n = 2l - 1, l \in \mathbf{Z}^*$，则由（2）得 $Dz^2 = 2^n z^2 = 2^{2l-1} z^2 = y_m^2 - 4 = y_{m-1} y_{m+1}$，即

$$2^{2l-1} z^2 = y_{m-1} y_{m+1} \tag{2}$$

情形 1　m 为偶数，则令 $m = 2k, k \in \mathbf{Z}$，此时式（2）成为

$$2^{2l-1} z^2 = y_{2k-1} y_{2k+1} \tag{3}$$

由（3）的 $y_{2m+1} \equiv 2 \pmod 4$ 知，$y_{2k-1} \equiv y_{2k+1} \equiv 2 \pmod 4$，则有 $2 \parallel y_{2k-1}, 2 \parallel y_{2k+1}$，故式（3）右边 2 的次数为 2 次，而式（3）左边 2 的次数为 $2l - 1$，矛盾，故此时式（3）无整数解，则方程（1）无整数解.

情形 2　m 为奇数，则令 $m = 2k - 1, k \in \mathbf{Z}$，此时式（3）成为

$$2^{2l-1} z^2 = y_{2(k-1)} y_{2k} \tag{4}$$

由（1）得，式（4）成为

$$2^{2l-1} z^2 = 4x_{k-1} y_{k-1} x_k y_k \tag{5}$$

由(4)及(5)得,$\gcd(x_{k-1}, y_{k-1}) = \gcd(x_k, y_k) = 1, \gcd(x_k, x_{k-1}) = 1, \gcd(y_k, y_{k-1}) = 2$,则 $\gcd(\frac{y_k}{2}, \frac{y_{k-1}}{2}) = 1$.

情形(1) k 为奇数时,由(4)及(5)得,$\gcd(x_{k-1}, y_k) = 1, \gcd(x_k, y_{k-1}) = 5$,则 $\gcd\left(\frac{x_k}{5}, \frac{y_{k-1}}{5}\right) = 1$. 所以 $x_{k-1}, \frac{y_{k-1}}{10}, \frac{x_k}{5}, \frac{y_k}{2}$ 两两互素.

又 $k=1$ 时,$x_{k-1} = x_0 = 1, \frac{x_k}{5} = \frac{x_1}{5} = 1, \frac{y_k}{2} = \frac{y_1}{2} = 1$,而对于任意 $k \in \mathbf{Z}, \frac{y_{k-1}}{10} \neq 1$. 故 $k \neq 1$ 时,$x_{k-1}, \frac{y_{k-1}}{10}, \frac{x_k}{5}, \frac{y_k}{2}$ 两两互素且均不为 1.

由引理 3 知 x_{k-1} 为平方数仅当 $k=1$ 或 $k=3$. 故 $k \neq 1, 3$ 时,x_{k-1} 不为平方数. 又 $k \neq 1$ 时 $x_{k-1}, \frac{y_{k-1}}{10}, \frac{x_k}{5}, \frac{y_k}{2}$ 两两互素且均不为 1. 又由(3)知 $x_{k-1} \equiv 1 \pmod 2$,故 $k \neq 1, 3$ 时,$x_{k-1} \cdot \frac{y_{k-1}}{10} \cdot \frac{x_k}{5} \cdot \frac{y_k}{2}$ 不为平方数的 2 倍,所以 $4x_{k-1}y_{k-1}x_k y_k = 20^2 \cdot x_{k-1} \cdot \frac{y_{k-1}}{10} \cdot \frac{x_k}{5} \cdot \frac{y_k}{2}$ 不为平方数的 2 倍,所以此时方程(5)无整数解,则方程(1)无整数解.

$k=1$ 时,方程(5)为 $2^{2l-1}z^2 = 4x_0 y_0 x_1 y_1 = 0$,则 $z=0$,故此时方程(1)只有平凡解 $(x, y, z) = (\pm 5, \pm 2, 0)$.

362

$k=3$ 时，方程（5）为 $2^{2l-1}z^2=4x_2y_2x_3y_3=4$ ・ 49 ・20 ・485 ・$198=2^5$ ・3^2 ・5^2 ・7^2 ・11 ・97，故有 $11\mid$ $D,97\mid D$，显然与"$D=2^{2l-1}$"矛盾. 故此时方程（5）无整数解，则方程（1）无整数解.

情形（2）　k 为偶数时，由（4）及（5）得，$\gcd(x_k,$ $y_{k-1})=1,\gcd(x_{k-1},y_k)=5$，则 $\gcd\left(\dfrac{x_{k-1}}{5},\dfrac{y_k}{5}\right)=1.$ 故 $x_k,\dfrac{y_k}{10},\dfrac{x_{k-1}}{5},\dfrac{y_{k-1}}{2}$ 两两互素.

又 $k=0$ 时，$x_k=x_0=1$；$k=2$ 时，$\dfrac{x_{k-1}}{5}=\dfrac{x_1}{5}=1,$ $\dfrac{y_{k-1}}{2}=\dfrac{y_1}{2}=1$；而对于任意 $k\in\mathbf{Z},\dfrac{y_k}{10}\neq1.$ 故 $k\neq0,2$ 时，$x_k,\dfrac{y_k}{10},\dfrac{x_{k-1}}{5},\dfrac{y_{k-1}}{2}$ 两两互素且均不为 1.

由引理 3 知，x_k 为平方数仅当 $k=0$ 或 $k=2$，故 $k\neq0,2$ 时，x_k 不为平方数. 又 $k\neq0,2$ 时，$x_k,\dfrac{y_k}{10},$ $\dfrac{x_{k-1}}{5},\dfrac{y_{k-1}}{2}$ 两两互素且均不为 1. 又由（3）知 $x_k\equiv$ $1(\bmod\ 2)$，故 x_k ・$\dfrac{y_k}{10}$ ・$\dfrac{x_{k-1}}{5}$ ・$\dfrac{y_{k-1}}{2}$ 不为平方数的 2 倍，故 $4x_{k-1}y_{k-1}x_ky_k=20^2$ ・x_k ・$\dfrac{y_k}{10}$ ・$\dfrac{x_{k-1}}{5}$ ・$\dfrac{y_{k-1}}{2}$ 不为平方数的 2 倍，所以此时方程（5）无整数解，则方程（1）无整数解.

$k=0$ 时，方程（5）为 $2^{2l-1}z^2=4x_{-1}y_{-1}x_0y_0=0$，则 $z=0$，故此时方程（1）只有平凡解 $(x,y,z)=(\pm5,$ $\pm2,0).$

$k=2$ 时，方程（5）为 $2^{2l-1}z^2=4x_1y_1x_2y_2=4$ ・5 ・

$2 \cdot 49 \cdot 20 = 2^5 \cdot 5^2 \cdot 7^2$，则有 $z = \pm 140, D = 2$ 或 $z = \pm 70, D = 2^3$ 或 $z = \pm 35, D = 2^5$. 故 $n = 1$ 时，方程(1)有非平凡解 $(x, y, z) = (\pm 485, \pm 198, \pm 140)$；$n = 3$ 时，方程(1)有非平凡解 $(x, y, z) = (\pm 485, \pm 198, \pm 70)$；$n = 5$ 时，方程(1)有非平凡解 $(x, y, z) = (\pm 485, \pm 198, \pm 35)$.

参考文献

[1] 曹珍富. 关于 Pell 方程 $x^2 - 2y^2 = 1$ 与 $y^2 - Dz^2 = 4$ 的公解 [J]. 科学通报, 1986, 31(6): 476.

[2] 曾登高. 也说 Pell 方程 $x^2 - 2y^2 = 1$ 与 $y^2 - Dz^2 = 4$ 的公解 [J]. 数学的实践与认识, 1995(1): 81-84.

[3] 胡永忠, 韩清. 也谈不定方程组 $x^2 - 2y^2 = 1$ 与 $y^2 - Dz^2 = 4$ [J]. 华中师范大学学报(自然科学版): 2002, 36(1): 17-19.

[4] 管训贵. 关于 Pell 方程 $x^2 - 2y^2 = 1$ 与 $y^2 - Dz^2 = 4$ 的公解 [J]. 华中师范大学学报(自然科学版): 2012, 46(3): 267-269, 278.

[5] 苏小燕. 关于 Pell 方程 $x^2 - 6y^2 = 1$ 与 $y^2 - Dz^2 = 4$ 的公解 [J]. 漳州师范学院学报(自然科学版), 2000, 13(3): 35-38.

[6] 冉银霞, 冉延平. 不定方程组 $x^2 - 6y^2 = 1, y^2 - Dz^2 = 4$ [J]. 延安大学学报(自然科学版), 2008, 27(4): 19-21.

[7] 贺腊荣, 张淑静, 袁进. 关于不定方程组 $x^2 - 6y^2 = 1, y^2 - Dz^2 = 4$ [J]. 云南民族大学学报(自然科学版), 2012, 21(1): 57-58.

[8] 杜先存, 管训贵, 杨慧章. 关于不定方程组 $x^2 - 6y^2 = 1$ 与 $y^2 - Dz^2 = 4$ 的公解 [J]. 华中师范大学学报(自然科学版), 2014, 48(3): 310-313.

[9] 王冠闽, 李炳荣. 关于 Pell 方程 $x^2 - 6y^2 = 1$ 与 $y^2 - Dz^2 = 4$ 的公解 [J]. 漳州师范学院学报(自然科学版), 2002,

15(4):9-14.

[10] 曹珍富.丢番图方程引论[M].哈尔滨:哈尔滨工业大学出版社,1989:262,273.

关于佩尔方程组 $x^2-3y^2=1$ 和 $y^2-Dz^2=1$ 的解^①

第四十四章

佩尔方程组

$$x^2-D_1y^2=1 \text{ 与 } y^2-D_2z^2=1 \quad (1)$$

的整数解一直受到人们的关注. 对于方程组（1）的解，琼格伦[1] 得出了（D_1，D_2）＝（2，3）时方程组（1）仅有正整数解 $(x,y,z)=(3,2,1)$；文[2]讨论了 $D_1=8$ 时方程组（1）的解的情况；乐茂华[3] 给出了方程组（1）有正整数解的一个充要条件. 2017 年，江西科技师范大学数学与计算机科学学院的过静，云南丽江师范高等专科学校数学与计算机科学系的赵建红和红河学院教师教育学院的杜先存三位教授讨论了 $D_1=3,D_2$ 为偶数时方程组（1）的解的情况. 本章用 $p(a)$（a 为正整数，p 为素数）表示正整数 a 中含素数 p 的最高次数.

① 选自《数学的实践与认识》，2017 年第 47 卷第 30 期.

1. 关键性引理

引理 1[4]　设 $D \in \mathbf{Z}^*$ 且不是一个完全平方数，(a,b) 为方程 $x^2 - Dy^2 = 1$ 的最小解，则 $x^2 - Dy^2 = 1$ 的任一组解可以表示为：$x + y\sqrt{D} = \pm(a + b\sqrt{D})^n, n \in \mathbf{Z}$.

引理 2[5]　设 a,b 是 $x^2 - Dy^2 = 1$ 的基本解，则有下面递归序列成立

$$\begin{cases} x_{n+2} = 2ax_{n+1} - x_n, y_{n+2} = 2ay_{n+1} - y_n \\ x_0 = 1, x_1 = a; y_0 = 0, y_1 = b \end{cases}$$

引理 3[6]　设 $d \in \mathbf{Z}^*$ 且不是一个完全平方数，(x_1, y_1) 为方程 $x^2 - dy^2 = 1$ 的最小解，则 $x^2 - dy^2 = 1$ 的全部正整数解 (x, y) 可以由下式给出

$$\begin{cases} x_n = \dfrac{1}{2}((x_1 + \sqrt{d}\,y_1)^n + (x_1 - \sqrt{d}\,y_1)^n) \\ y_n = \dfrac{1}{2\sqrt{d}}((x_1 + \sqrt{d}\,y_1)^n - (x_1 - \sqrt{d}\,y_1)^n) \end{cases} \quad (n \in \mathbf{N})$$

引理 4　设佩尔方程 $x^2 - 3y^2 = 1$ 的全部整数解为 $(x_n, y_n), n \in \mathbf{Z}$，则对任意 $n \in \mathbf{Z}$，有 $y_n^2 = y_{n-1} y_{n+1} + 1$.

证明　因为佩尔方程 $x^2 - 3y^2 = 1$ 的最小解为 $(x_1, y_1) = (2, 1)$，则 $x_1 + y_1\sqrt{3} = 2 + \sqrt{3}$，$x_1 - y_1\sqrt{3} = 2 - \sqrt{3}$，则由引理 2，得

$$y_n^2 = \left[\frac{(2 + \sqrt{3})^n - (2 - \sqrt{3})^n}{2\sqrt{3}}\right]^2 =$$

$$\frac{(2 + \sqrt{3})^{2n} + (2 - \sqrt{3})^{2n} - 2}{12}$$

$$y_{n+1}y_{n-1} = \frac{(2+\sqrt{3})^{n+1} - (2-\sqrt{3})^{n+1}}{2\sqrt{3}} \cdot$$

$$\frac{(2+\sqrt{3})^{n-1} - (2-\sqrt{3})^{n-1}}{2\sqrt{3}} =$$

$$\frac{(2+\sqrt{3})^{2n} + (2-\sqrt{3})^{2n} - 14}{12}$$

因此

$$y_{n+1}y_{n-1} + 1 = \frac{(2+\sqrt{3})^{2n} + (2-\sqrt{3})^{2n} - 14}{12} + 1 =$$

$$\frac{(2+\sqrt{3})^{2n} + (2-\sqrt{3})^{2n} - 2}{12} = y_n^2$$

命题得证.

引理 5 设佩尔方程 $x^2 - 3y^2 = 1$ 的全部整数解为 (x_n, y_n), $n \in \mathbf{Z}$, 则对任意 $n \in \mathbf{Z}$, 有 $y_{2n} = 2x_n y_n$.

证明 因为佩尔方程 $x^2 - 3y^2 = 1$ 的最小解为 $(x_1, y_1) = (3, 1)$, 则 $x_1 + y_1\sqrt{3} = 2 + \sqrt{3}$, $x_1 - y_1\sqrt{3} = 2 - \sqrt{3}$, 则由引理 2, 得

$$y_{2n} = \frac{(2+\sqrt{3})^{2n} - (2-\sqrt{3})^{2n}}{2\sqrt{3}}$$

$$x_n = \frac{(2+\sqrt{3})^{n} + (2-\sqrt{3})^{n}}{2}$$

$$y_n = \frac{(2+\sqrt{3})^{n} - (2-\sqrt{3})^{n}}{2\sqrt{3}}$$

则

368

$$2x_n y_n = \frac{(2+\sqrt{3})^n + (2-\sqrt{3})^n}{2} \cdot$$

$$\frac{(2+\sqrt{3})^n - (2-\sqrt{3})^n}{2\sqrt{3}} =$$

$$\frac{(2+\sqrt{3})^{2n} - (2-\sqrt{3})^{2n}}{2\sqrt{3}} = y_{2n}$$

命题得证.

引理 6[7]　设佩尔方程 $x^2 - 3y^2 = 1$ 的全部整数解为 (x_n, y_n)，$n \in \mathbf{Z}^*$，对任意的 $m, k \in \mathbf{Z}^*$，若 $\gcd(m, k) = d$，则有

(1) $\gcd(y_k, y_m) = y_d$；

(2) 当 $2 \mid \dfrac{m k}{d^2}$ 时，$\gcd(x_k, x_m) = 1$；当 $2 \nmid \dfrac{m n}{d^2}$ 时，$\gcd(x_k, x_m) = x_d$；

(3) 当 $2 \nmid \dfrac{m}{d}$ 时，$\gcd(x_k, y_m) = 1$；当 $2 \mid \dfrac{m}{d}$ 时，$\gcd(x_k, y_m) = x_d$.

引理 7[4]　设 p 是一个奇素数，则丢番图方程 $x^4 - p y^2 = 1$ 除 $p = 5, x = 3, y = 4$ 和 $p = 29, x = 99, y = 1\ 820$ 外，无其他的正整数解.

引理 8[8]　当 $a > 1$ 且 a 是平方数时，方程 $a x^4 - 6 y^2 = 1$ 至多有一组正整数解.

引理 9[9]　若 D 是一个非平方的正整数，则方程 $x^2 - D y^4 = 1$ 至多有两组正整数解，而且方程恰有两组正整数解的充要条件是 $D = 1\ 785$ 或 $D = 28\ 560$ 或 $2 x_0$ 和 y_0 都是平方数，这里 (x_0, y_0) 是方程 $x^2 - D y^2 = 1$ 的基本解.

引理 10[10]　设 D 是一个非平方的正整数，则方

程 $x^2 - Dy^4 = 1$ 至多有 2 组正整数解 (x, y). 若恰有两组正整数解,则当 $D = 2^{4s} \cdot 1\ 785$,其中 $s \in \{0, 1\}$ 时,$(x_1, y_1) = (169, 2^{1-s})$ 且 $(x_2, y_2) = (6\ 525\ 617\ 281, 2^{1-s} \cdot 6\ 214)$;当 $D \neq 2^{4s} \cdot 1\ 785$ 时,$(x_1, y_1) = (u_1, \sqrt{v_1})$ 且 $(x_2, y_2) = (u_2, \sqrt{v_2})$,这里 (u_n, v_n) 是佩尔方程 $u^2 - Dv^2 = 1$ 的正整数解.

引理 11 设佩尔方程 $x^2 - 3y^2 = 1$ 的全部整数解为 (x_n, y_n),$n \in \mathbf{Z}$,则对任意 $n \in \mathbf{Z}$,x_n,y_n 具有如下性质:

(1)x_n 为平方数当且仅当 $n = 0$;

(2)$\dfrac{x_n}{2}$ 为平方数当且仅当 $n = 1$ 或 $n = -1$;

(3)y_n 为平方数当且仅当 $n = 2$ 或 $n = 1$ 或 $n = 0$.

证明 设 $(x_n, y_n)(n \in \mathbf{Z})$ 是佩尔方程 $x^2 - 3y^2 = 1$ 的整数解.

(1)若 $x_n = a^2$,代入原方程得 $a^4 - 3y^2 = 1$. 由引理 7 知,方程 $a^4 - 3y^2 = 1$ 仅有平凡解 $(a, y) = (\pm 1, 0)$,从而 $x_n = a^2 = 1$,因此 $n = 0$. 反之,显然.

(2)若 $\dfrac{x_n}{2} = a^2$,代入原方程得 $4a^4 - 3y^2 = 1$. 由引理 8 得,$4a^4 - 3y^2 = 1$ 至多有一组正整数解,又 $(1, 1)$ 为 $4a^4 - 3y^2 = 1$ 的正整数解,故 $4a^4 - 3y^2 = 1$ 仅有整数解 $(a, y) = (\pm 1, \pm 1)$,此时 $x_n = 2a^2 = 2$,从而 $n = 1$ 或 $n = -1$. 反之,显然.

(3)若 $y_n = b^2$,代入原方程得 $x^2 - 3b^4 = 1$. 因为 $x^2 - 3b^4 = 1$ 的基本解为 $(x_1, b_1) = (2, 1)$,则有 $2x_1 = 4$. 由引理 9 知,$x^2 - 3b^4 = 1$ 有 2 组正整数解. 故由引理 10 知,$x^2 - 3b^4 = 1$ 有 2 组正整数解 $(x, b) = (2, 1), (7, 2)$

及平凡解 $(x,b)=(1,0)$,从而 $y_n=b^2=4,1,0$,因此 $n=2$ 或 $n=1$ 或 $n=0$.反之,显然.

2. 定理及证明

定理   若 $p_1,\cdots,p_s(1\leqslant s\leqslant 4)$ 是互异的奇素数,则当 $D=2p_1\cdots p_s,1\leqslant s\leqslant 4$ 时,佩尔方程组

$$x^2-3y^2=1 \text{ 与 } y^2-Dz^2=1 \qquad (2)$$

的整数解的情况为:

(1) $D=2\cdot3\cdot5\cdot7\cdot13$ 时方程组(2)有整数解 $(x,y,z)=(\pm362,\pm209,\pm4)$ 和平凡解 $(x,y,z)=(\pm2,\pm1,0)$;

(2) $D=2\cdot7$ 时方程组(2)有整数解 $(x,y,z)=(\pm26,\pm15,\pm4)$ 和平凡解 $(x,y,z)=(\pm2,\pm1,0)$;

(3) $D\neq2\cdot7,2\cdot3\cdot5\cdot7\cdot13$ 时方程组(2)仅有平凡解 $(x,y,z)=(\pm2,\pm1,0)$.

证明   因为佩尔方程 $x^2-3y^2=1$ 的最小解为 $(x_1,y_1)=(2,1)$,则由引理1知,佩尔方程 $x^2-3y^2=1$ 的全部整数解为 $x_n+y_n\sqrt{3}=(2+\sqrt{3})^n,n\in\mathbf{Z}$.

由引理2得以下递归序列成立

$$x_{n+2}=4x_{n+1}-x_n,x_0=1,x_1=2 \qquad (3)$$
$$y_{n+2}=4y_{n+1}-y_n,y_0=0,y_1=1 \qquad (4)$$

对递归序列(3)取模2,得周期为2的剩余类序列 $0,1,0,1,\cdots$,则当 $n\equiv1(\mathrm{mod}\ 2)$ 时,有 $x_n\equiv0(\mathrm{mod}\ 2)$;当 $n\equiv0(\mathrm{mod}\ 2)$ 时,有 $x_n\equiv1(\mathrm{mod}\ 2)$;故有 $x_{2n}\equiv1(\mathrm{mod}\ 2),x_{2n+1}\equiv0(\mathrm{mod}\ 2)$.

对递归序列(3)取模4,得周期为4的剩余类序列 $2,3,2,1,2,3,2,1,\cdots$,则有对任意的 $n\in\mathbf{Z}$,恒有 $x_n\not\equiv0(\mathrm{mod}\ 4)$.

对递归序列(4)取模4,得周期为2的剩余类序列

$1,0,1,0,\cdots,$ 则当 $n \equiv 1 \pmod 2$ 时,有 $y \equiv 1 \pmod 2$,当 $n \equiv 0 \pmod 2$ 时,有 $y_n \equiv 0 \pmod 2$;故有 $y_{2n} \equiv 0 \pmod 2$,$y_{2n+1} \equiv 1 \pmod 2$.

设 $(x,y,z)=(x_n,y_n,z),n \in \mathbf{Z}$ 为方程(2)的整数解,由引理 4 得

$$Dz_n^2 = y_n^2 - 1 = y_{n-1}y_{n+1} \tag{5}$$

显然当 $n=-1$ 或 $n=1$ 时,有 $Dz_n^2 = y_{n-1}y_{n+1}=0$,此时可以得到方程(2)有平凡解 $(x,y,z)=(\pm 5,\pm 2,0)$.

设 $(x,y,z)=(x_{n+1},y_{n+1},z),n \in \mathbf{N}^*$ 为方程(2)的正整数解,由引理 4 得

$$Dz^2 = y_{n+1}^2 - 1 = y_n y_{n+2} \tag{6}$$

由 $y_{2n+1} \equiv 1 \pmod 2$ 得,n 为正奇数时,$y_n \equiv y_{n+2} \equiv 1 \pmod 2$,故 $2(y_n y_{n+2})=0$,而 $2(D)=1$,故 $2(Dz^2)$ 为奇数,矛盾,所以 n 只能为正偶数,设 $n=2m$,$m \in \mathbf{Z}^*$,则式(6)成为 $Dz^2 = y_{2m+1}^2 - 1 = y_{2m}y_{2m+2} = 4x_m x_{m+1} y_m y_{m+1}$,即

$$Dz^2 = 4x_m x_{m+1} y_m y_{m+1} \tag{7}$$

(1)m 为正偶数时,设 $m=2^t p (t \in \mathbf{Z}^*,p$ 为正奇数),则式(7)成为

$$Dz^2 = 4x_{2^t p} x_{2^t p+1} y_{2^t p} y_{2^t p+1} \tag{8}$$

反复运用引理 5,得式(8)可化为

$$Dz^2 = 2^{2+t} x_{2^t p+1} x_{2^t p} x_{2^{t-1} p} \cdots x_{2p} x_p y_{2^t p+1} y_p \tag{9}$$

由 $x_{2n+1} \equiv 0 \pmod 2$,知式(9)可化为

$$Dz^2 = 2^{4+t} x_{2^t p} x_{2^{t-1} p} \cdots x_{2p} y_{2^t p+1} y_p \cdot \frac{x_p}{2} \cdot \frac{x_{2^t p+1}}{2} \tag{10}$$

由引理 6 的(1)知 $y_{2^t p+1},y_p$ 互素;由引理 6 的(2) $\frac{x_{2^t p+1}}{2},x_{2^t p},x_{2^{t-1} p},\cdots,x_{2p},\frac{x_p}{2}$ 两两互素;由引理 6 的

（3）知 $\dfrac{x_{2^t p+1}}{2}, x_{2^t p}, x_{2^{t-1} p}, \cdots, x_{2p}, \dfrac{x_p}{2}$ 分别与 $y_{2^t p+1}, y_p$

互素. 因此有 $\dfrac{x_{2^t p+1}}{2}, x_{2^t p}, x_{2^{t-1} p}, \cdots, x_{2p}, \dfrac{x_p}{2}, y_{2^t p+1}, y_p$

两两互素.

因为 $x_{2n} \equiv 1(\bmod 2)$, $y_{2n+1} \equiv 1(\bmod 2)$, 故 $x_{2^t p}$,
$x_{2^{t-1} p}, \cdots, x_{2p}, y_{2^t p+1}, y_p$ 均为奇数；又因为 $x_{2n+1} \equiv$
$0(\bmod 2)$, 而 $x_n \not\equiv 0(\bmod 4)$, 故 $\dfrac{x_{2^t p+1}}{2}, \dfrac{x_p}{2}$ 均为奇数.
又 $2(D) = 1$, 故 $2(Dz^2)$ 为奇数, 而

$$D(2^{4+t} x_{2^t p} x_{2^{t-1} p} \cdots x_{2p} y_{2^t p+1} y_p \cdot \dfrac{x_p}{2} \cdot \dfrac{x_{2^t p+1}}{2}) = 4+t$$

所以 t 只能为正奇数.

由引理 11 的（2）知 $\dfrac{x_p}{2}$ 为平方数仅当 $p=1$ 或
$p=-1$；由引理 11 的（3）知 y_p 为平方数仅当 $p=1$；由
引理 11 知对于任意的正奇数 p, $\dfrac{x_{2^t p+1}}{2}, x_{2^t p}, x_{2^{t-1} p}, \cdots,$
$x_{2p}, y_{2^t p+1}$ 均不为平方数, 故 $p \neq 1$ 时 $\dfrac{x_{2^t p+1}}{2}, x_{2^t p}$,
$x_{2^{t-1} p}, \cdots, x_{2p}, \dfrac{x_p}{2}, y_{2^t p+1}, y_p$ 均不为平方数.

又由式（3）知仅当 $p=1$ 或 $p=-1$ 时 $\dfrac{x_p}{2}=1$, 而对
于任意的正奇数 p, $\dfrac{x_{2^t p+1}}{2}, x_{2^t p}, x_{2^{t-1} p}, \cdots, x_{2p}$ 均恒不
为 1；由式（4）知仅当 $p=1$ 时 $y_p=1$, 而对于任意的正
奇数 p, $y_{2^t p+1}$ 均不为 1. 故当 $p>1$ 为正奇数时, $\dfrac{x_{2^t p+1}}{2}$,
$x_{2^t p}, x_{2^{t-1} p}, \cdots, \dfrac{x_p}{2}, y_{2^t p+1}, y_p$ 为 $t+4$ 个不为 1 的奇

数，故 $\dfrac{x_{2^t p+1}}{2}$，$x_{2^t p}$，$x_{2^{t-1} p}$，$\cdots$，x_{2p}，$\dfrac{x_p}{2}$，$y_{2^t p+1}$，y_p 至少为 D 提供 $t+4$ 个奇素因子，又 t 为正奇数，则 $t+4 \geqslant 5$，此时式(10)右边至少为 D 提供 5 个互异的素因子，矛盾.

当 $p=1$，$t \neq 1$ 时，$\dfrac{x_p}{2}$ 与 y_p 为平方数，且 $\dfrac{x_p}{2} = \dfrac{x_1}{2} = 1$，$y_p = y_1 = 1$，此时式(10)为

$$Dz^2 = 2^{4+t} x_{2^t p} x_{2^{t-1} p} \cdots x_{2p} y_{2^t p+1} \cdot \dfrac{x_{2^t p+1}}{2} \qquad (11)$$

此时 $x_{2^t p}$，$x_{2^{t-1} p}$，$\cdots$，x_{2p}，$y_{2^t p+1}$，$\dfrac{x_{2^t p+1}}{2}$ 至少为 D 提供 $t+2$ 个素因子. 又因为 $t \neq 1$，t 为正奇数，故 $t \geqslant 3$，因此 $t+2 \geqslant 5$，此时 $x_{2^t p}$，$x_{2^{t-1} p}$，$\cdots$，x_{2p}，$y_{2^t p+1}$，$\dfrac{x_{2^t p+1}}{2}$，至少为 D 提供 5 个互异的素因子，矛盾.

当 $p=1$，$t=1$ 时，式(10)为 $Dz^2 = 2^5 x_2 y_1 y_3 \cdot \dfrac{x_1}{2} \cdot \dfrac{x_3}{2} = 2^5 \cdot 7 \cdot 1 \cdot 15 \cdot 1 \cdot 13 = 2^5 \cdot 3 \cdot 5 \cdot 7 \cdot 13$，则 $D = 2 \cdot 3 \cdot 5 \cdot 7 \cdot 13$，$z = 4$，故方程组(2)的正整数解为 $(x,y,z) = (362,209,4)$，从而得 $D = 2 \cdot 3 \cdot 5 \cdot 7 \cdot 13$ 时，方程(2)的全部整数解为 $(x,y,z) = (\pm 362, \pm 209, \pm 4)$，$(\pm 2, \pm 1, 0)$.

(2) 当 m 为正奇数时，设 $m = 2^t p - 1 (t \in \mathbf{Z}^*$，$p$ 为正奇数)，则式(7)成为

$$Dz^2 = 4 x_{2^t p} x_{2^t p-1} y_{2^t p} y_{2^t p-1} \qquad (12)$$

仿(1)的证明可得，仅当 $p=1$，$t=1$ 时，式(12)有非平凡解，此时式(12)为 $Dz^2 = 4 x_2 x_1 y_2 y_1 = 4 \cdot 7 \cdot 2 \cdot 4 \cdot 1 = 2^5 \cdot 7$，则 $D = 2 \cdot 7$，$z = 4$，故方程组(2)的正整数解为 $(x,y,z) = (26,15,4)$，从而得 $D = 2 \cdot 7$ 时，方程组(2)的

全部整数解为 $(x,y,z)=(\pm26,\pm15,\pm4),(\pm2,\pm1,0)$.

综上,定理得证.

参考文献

[1] LJUNGGREN　W. Litt　om　Simultane　Pellske Ligninger[J]. Norsk Mat Tidsskr,1941,23:132-138.

[2] PAN JIAYU,ZHANG YUPING,ZOU RONG. The Pell Equations $x^2-8y^2=1$ 和 $y^2-Dz^2=1$[J]. Chinese Quarterly Journal of Mathematics,1999,14(1):73-77.

[3] 乐茂华. 关于联立 Pell 方程方程组 $x^2-4D_1y^2=1$ 和 $y^2-D_2z^2=1$[J]. 佛山科学技术学院学报(自然科学版),2004, 22(2):1-3,9.

[4] 柯召,孙琦. 谈谈不定方程[M]. 哈尔滨:哈尔滨工业大学出版社,2011:15,64.

[5] 赵天. 关于不定方程 $x^3\pm2^{3n}=3Dy^2$[D]. 重庆师范大学, 2008:9.

[6] 单墫,余红兵. 不定方程[M]. 合肥:中国科学技术大学出版社,1991:90.

[7] 陈永高. Pell 方程组 $x^2-2y^2=1$ 与 $y^2-Dz^2=4$ 的公解 [J]. 北京大学学报(自然科学版),1994,30(3):298-302.

[8] 乐茂华. 一类二元四次 Diophantine 方程[J]. 云南师范大学学报(自然科学版),2010,30(1):12-17.

[9] WALSH G. A note on a theorem of Ljunggren and the Diophantine equations $x^2-kxy^2+y^4=1$ or 4[J]. Arch Math,1999,73(2):504-513.

[10] TOGBÉ A,VOUTIER P M,WALSH P G. Solving a family of Thue equations with an applic ation to the equation $x^2-Dy^4=1$[J]. Acta Arith,2005,120(1):39-58.